A mia sorella Elena,
per la pazienza con cui ha
seguito il mio lavoro e i sapienti
consigli che mi ha dato

Pietro Greco

L'astro narrante
La Luna nella scienza e nella letteratura italiana

 Springer

ISBN 978-88-470-1098-7   e-ISBN 978-88-470-1099-4

Springer-Verlag fa parte di Springer Science+Business Media
springer.com
© Springer-Verlag Italia, Milano 2009

Quest'opera è protetta dalla legge sul diritto d'autore, e la sua riproduzione è ammessa solo ed esclusivamente nei limiti stabiliti dalla stessa. Le fotocopie per uso personale possono essere effettuate nei limiti del 15% di ciascun volume dietro pagamento alla SIAE del compenso previsto. Le riproduzioni per uso non personale e/o oltre il limite del 15% potranno avvenire solo a seguito di specifica autorizzazione rilasciata da AIDRO, Via Corso di Porta Romana n. 108, Milano 20122, e-mail segreteria@aidro.org e sito web www.aidro.org. Tutti i diritti, in particolare quelli relativi alla traduzione, alla ristampa, all'utilizzo di illustrazioni e tabelle, alla citazione orale, alla trasmissione radiofonica o televisiva, alla registrazione su microfilm o in database, o alla riproduzione in qualsiasi altra forma (stampata o elettronica) rimangono riservati anche nel caso di utilizzo parziale. La violazione delle norme comporta le sanzioni previste dalla legge.

Collana ideata e curata da: Marina Forlizzi

Redazione: Barbara Amorese
Impaginazione: Marco Lorenti
Progetto grafico della copertina: Simona Colombo, Milano
Immagine di copertina: © Edoardo Romagnoli, www.edoardoromagnoli.it
Stampa: Grafiche Porpora, Segrate, Milano

Stampato in Italia
Springer-Verlag Italia S.r.l., via Decembrio 28, I-20137 Milano

Indice

Prologo   1

Dante, "che n'ha congiunti con la prima stella"   3

Che fai tu, luna, in ciel?   21

Il "poeta della scienza"   73

Ariosto, "come un acciar che non ha macchia alcuna"   115

Bruno, "la Terra è della stessa specie della Luna"   135

Galileo, il *Sidereus Nuncius*   171

Leopardi, "dimmi, o Luna: a che vale?"   213

Calvino, "la Luna di pomeriggio..."   243

La Luna e la vocazione profonda della letteratura italiana   273

Bibliografia   287

Prologo

Il 2009 è l'anno della Luna.
Il 12 marzo 1610, quattrocento anni fa, un professore di matematica dell'università di Padova, Galileo Galilei, pubblicava il suo *Sidereus Nuncius* e mostrava, con la forza delle parole e delle immagini, cose "mai viste prima" del satellite naturale della Terra.
Il 3 ottobre 1959, cinquant'anni fa, la sonda sovietica, il Lunik III, inviava a Terra dallo spazio le prime immagini della faccia nascosta della Luna.
Il 21 luglio 1969, quarant'anni fa, l'astronauta americano Neil Armstrong è il primo uomo a mettere piede sulla Luna.
La Luna è l'oggetto cosmico più vicino alla Terra. Il suo satellite naturale. La sua compagna fedele.
L'astro narrante.
La Luna ci parla dell'universo fuori dalla Terra. Che, con Galileo, è diventato un universo conoscibile. E, con Armstrong, è diventato un universo ove possibile imprimere la nostra timida orma. Ma la Luna è da sempre, per l'uomo – per tutti gli uomini – l'astro narrante. L'astro che racconta del cosmo e della sua armonia. Del tempo e della sua regolarità. Dello spazio e della sua profondità.
La Luna è l'astro dove, da sempre, scienza e immaginazione si incontrano.
La Luna è l'astro che forse più di ogni altro ha ispirato la grande letteratura italiana e – da Dante a Galileo, da Ariosto a Bruno, da Leopardi a Calvino – le ha consentito di coltivare la sua "vocazione profonda": costruire "mappe del mondo" sempre più precise. Senza mai perdere, con la cura dei dettagli, l'insieme.

Dante, "che n'ha congiunti con la prima stella"

> *"Drizza la mente in Dio grata"*, mi disse,
> *"che n'ha congiunti con la prima stella"*.
> Dante, *Paradiso*, Canto II

La prima stella

C'è un *ménage à trois*, una storia a tre, che attraversa per intero la vicenda della cultura italiana. Una relazione triangolare, limpida, trasparente, per nulla ambigua, che – da Dante a Calvino, da Ariosto a Bruno, da Galileo a Leopardi – lega la letteratura alla filosofia e alla scienza d'Italia e la caratterizza.

Questa storia triangolare in cui si lascia coinvolgere la letteratura italiana, è la lucida tesi di Italo Calvino, ha un grande obiettivo: proporre una mappa aggiornata del mondo e della conoscenza, ricostruire incessantemente un'immagine dell'universo.

Questa storia triangolare che costituisce la *vocazione profonda* della letteratura italiana, è la modesta tesi di chi scrive, ha un narratore privilegiato. Un astro narrante. La Luna.

Perché è anche e soprattutto facendo parlare lei, la Luna, che Dante e lo stesso Calvino, Ariosto e Bruno, Galileo e Leopardi propongono "l'opera letteraria come mappa del mondo e dello scibile" e intendono

> lo scrivere [come] mosso da una spinta conoscitiva che è ora teologica ora speculativa ora stregonesca ora enciclopedica ora di filosofia naturale ora di osservazione trasfigurante e visionaria. [Calvino, 2002]

Consideriamo Dante, il poeta che è alle origini della letteratura italiana. E consideriamo la sua *Commedia*. L'opera con cui il fiorentino avvia e immediatamente sublima il *ménage à trois* trasformando la scienza (del suo tempo) in poesia e la poesia in "un linguaggio privilegiato e senza mediazioni della scienza" [Baránski, 2004].

Non è forse proprio la Luna uno degli strumenti principali che Dante utilizza per dimostrare che è possibile comunicare la filosofia in versi e "senza veli", direttamente, con un'efficacia divulgativa e narrativa pari se non superiore a quella concessa dalla prosa?

Alla Luna, la "prima stella", il poeta fiorentino dedica un intero canto, il secondo del *Paradiso*, della sua *Commedia* e affida il compito di inaugurare il suo viaggio nell'universo fisico per restituircene un'immagine completa. Il Canto II del *Paradiso* è un inno alla Luna. Ma non alla Luna come mito, metafora o allegoria, bensì proprio alla Luna come astro. Come oggetto fisico collocato nel cielo e in grado di raccontarci com'è fatto il cielo. Come astro errante e, appunto, narrante.

Con Dante e Beatrice "nella" prima stella

> *O voi che siete in piccioletta barca,*
> *desiderosi d'ascoltar, seguiti*
> *dietro al mio legno che cantando varca,*
> *tornate a riveder li vostri liti:*
> *non vi mettete in pelago, ché forse,*
> *perdendo me, rimarreste smarriti.*

Dante inizia il secondo Canto del *Paradiso* con un ammonimento spiazzante: lettori, state attenti. Perchè il discorso che sto per farvi, tramite Beatrice e tramite la Luna, è difficile. Conviene che mi seguano solo coloro, tra voi, che hanno avuto la possibilità di sedersi al tavolo degli Angeli e nutrirsi del loro stesso pane (la conoscenza) e sono quindi attrezzati con gli strumenti più raffinati della filosofia (naturale) e della teologia. In ogni caso, o voi che siete su una "piccioletta barca", seguite la scia della mia. Anche se avete spezzato il *Pan degli Angeli*, non perdete di vista il mio ragionamento. Perché altrimenti vi perdereste.

No, non pensate che Dante voglia inaugurare il Canto II del *Paradiso* con un atto di superbia. Non sta prospettando, in questo incipit del suo inno alla Luna, l'esistenza di una distanza immensa e incolmabile tra il suo sapere e quello dei lettori. Vuole solo metterli sull'avviso: vi trovate – ci troviamo, io autore e agente della *Commedia* e voi lettori, anche voi lettori colti – davanti a un'esperienza nuova.

In primo luogo perché:

L'acqua ch'io prendo già mai non si corse.

Perché nessuno sulla Terra ha mai vissuto qualcosa di simile. E nessuno l'ha mai raccontato. Questa esperienza – l'acqua che "già mai non si corse" – è l'ascensione di un uomo al cielo. E la novità non sta nel viaggio in sé, effettuato da miriadi di anime. Ma in chi lo compie: io, un uomo in carne e ossa.

Quanto al cielo che ho attraversato e che mi appresto a descrivere, non è una metafora. È proprio lo spazio fisico che sovrasta la Terra. È l'universo. Quello cui dunque vi invito a partecipare, ben attrezzati e senza distrarvi, è un viaggio nell'universo. Il viaggio di un filosofo naturale nell'universo fisico.

Seguiamo, dunque, la scia del legno di Dante con la nostra "piccioletta barca". Iniziamo con lui il viaggio. Prima però, e lo facciamo a uso esclusivo di chi non fosse fresco di lettura della *Commedia*, conviene, come si dice, proporre un breve riassunto delle tappe precedenti del viaggio, fantastico, che il poeta fiorentino ha intrapreso nell'Aldilà.

Dunque, fino al momento in cui propone il suddetto ammonimento, Dante ha utilizzato 68 canti della sua opera in versi (i 34 dell'*Inferno*, i 33 del *Purgatorio* e il primo del *Paradiso*) per raccontare ai suoi lettori come, nella notte tra il 24 e il 25 marzo (o, secondo altri, tra il 25 e il 26 marzo) dell'anno 1300, lui, poeta fiorentino giunto "nel mezzo del cammin di nostra vita", si sia improvvisamente ritrovato "per una selva oscura, ché la dritta via era smarrita". L'indomani mattina, venerdì 25 marzo, il provetto esploratore ha incontrato le tre fiere e al tramonto, accompagnato da Virgilio, eccolo che inizia la discesa negli Inferi, prima tappa del suo inedito viaggio nell'altro mondo. Un altro mondo che non esiste in una qualche dimensione spirituale o magica, ma nelle tre dimensioni della spazio fisico che contiene la Terra e tutto ciò che è fuori dalla Terra e in una misurabile dimensione del tempo.

La visita all'Inferno, collocato in un cono che punta verso il

L'astro narrante

centro del nostro pianeta, dura infatti la notte intera e il giorno seguente, fino a sera [Inglese, 2002; Sermonti, 1988]. Un viaggio veloce, dunque, ma piuttosto intenso. Che gli consente di interloquire con molte anime dannate.

Poi, dalle viscere del pianeta, risale verso il Purgatorio e giunge alla collina dell'Eden, il paradiso terrestre che si trova nell'altro emisfero, agli antipodi di Gerusalemme (il che ci dice che la Terra, per Dante, è sferica e finita).

È la risalita, fisica e spirituale. Al termine della quale Dante si ritrova ai piedi del beato monte: è l'alba della domenica, 27 marzo. Qui si immerge nelle acque della sorgente che hanno in comune i fiumi Letè ed Eunoè e a mezzogiorno di mercoledì 30 marzo ne esce "puro e disposto a salire alle stelle", cioè a compiere l'ultima parte del viaggio, lungo un tragitto che attraversa il cosmo intero oltre la Terra e, in appena 19 ore, lo porterà in Paradiso.

Intanto alla prima guida, il poeta pagano Virgilio, se n'è sostituita un'altra, l'amata cristiana Beatrice. Dante la segue. E con lei lascia il mondo dell'imperfezione e della corruzione – la Terra – e si avvia verso il mondo della perfezione e della purezza: il mondo sopra la Luna. Ma rapito dallo spettacolo armonioso dei cieli, immerso in una musica – quella delle sfere – mai prima ascoltata e abbagliato da una luce così intensa da trascendere ogni possibile esperienza terrena, il poeta neppure si accorge che, violando ogni legge della fisica, sta volando – lui, che al contrario dell'eterea Beatrice, ha un corpo greve – e sta attraversando veloce più di una freccia il primo dei dieci cieli che costituiscono l'universo. Anzi, il cosmo: il tutto armoniosamente ordinato dei Greci. Un'armonia geometricamente ordinata e razionalmente conoscibile che il cristiano apprezza ancora di più perché "è forma – come sottolinea Beatrice – che l'universo a Dio fa somigliante".

E mentre Dante spiega, attraverso Beatrice, la sua visione del cosmo assunta dalla filosofia naturale dei Greci e reinterpretata alla luce della fede cristiana, eccolo giungere alla prima tappa del viaggio. Ed entrare nella dimensione che a noi in questa sede più interessa.

Ma, prima di seguirlo definitivamente nella sua avventura lunare, conviene rubare ancora un po' della pazienza dei nostri lettori e aprire un'ulteriore parentesi per ricordare come e perché questo canto, il secondo del *Paradiso*, sia considerato un po' da tutti – dallo stesso Dante e da molti dei suoi critici – il più difficile della difficile *Commedia*. Un Canto, il più "tecnico" dei canti filosofici, "la cui difficoltà è divenuta addirittura proverbiale tra i dantisti" [Inglese, 2002].

Ma Dante e almeno una parte della costellazione dei suoi critici riconoscono la difficoltà del secondo Canto del *Paradiso* per motivi affatto diversi.

Per l'autore della *Commedia* il Canto è difficile, tanto da dover mettere sull'avviso i suoi lettori, perché questo viaggio sulla Luna – anzi, nella Luna – è cosa nuova e rivelerà fatti mai prima conosciuti, cui è poco adusa l'intelligenza umana. Detto in altri termini, Dante sa che il canto è più difficile degli altri non perché più ermetico, ma perché fornirà spiegazioni fisiche del tutto inusuali, lontane dal senso comune. Lui, che si è preso il carico di indicare la rotta al lettore nel viaggio fuori dalla Terra, intende però – anzi, perciò – assolvere a questo compito mediante 148 versi "senza veli", in maniera diretta, in punta di scienza e di filosofia, senza allegorie.

A molti dei suoi critici, invece, il Canto II del *Paradiso* risulta difficile e arido – con un riflesso condizionato che si manifesterà anche in alcuni lettori del *Sidereus Nuncius* di Galileo – semplicemente perché non lo comprendono. Non ne capiscono la fisica. Non ne afferrano la novità. Non ne afferrano la centralità. E giudicano quello stile inusitato – che non solo traduce in poesia le conoscenze scientifiche del tempo, ma usa la poesia come strumento di espressione di una logica rigorosa – uno stile sterile e monotono. Ravvedono nel lucido argomentare di Beatrice (in cui ci imbatteremo tra poco e che la santa e amata guida ha già iniziato a utilizzare nel canto precedente, il primo del *Paradiso*) un raziocinare strenuo e rigido: innaturale. Considerano l'intero canto, dal prologo di Dante alla chiusa di Beatrice, dottrinale e didascalico. Difficile, appunto. E, dunque, inessenziale.

Di più. Molti di questi critici, quando non capiscono perché non conoscono la fisica e l'astronomia che Dante comunica, travisano deliberatamente i versi. O, come ha osservato prima e meglio di noi l'astronomo Ernesto Capocci, direttore dell'Osservatorio di San Gaudioso a Napoli a metà del XIX secolo: "quando non giungono a comprenderlo sen'escono fuori con un'allegoria". Non capiscono quel che Dante dice e, brandendo come un'arma in modo improprio i versi del Canto IX dell'*Inferno*, sostengono che chissà quale

"dottrina [...] s'asconde sotto 'l velame de li versi strani".
La verità è che Dante: "vi parla di stelle, ed essi vi dicono che le son non so quali virtù." [Capocci, 1856]. Lui parla di fisica e di astronomia e loro sostengono che dietro il significato letterale (per loro) incomprensibile si nasconde un alto significato simbolico. Questa critica, criticata dall'astronomo Capocci, ha una cifra romantica e, vuoi per ignoranza, vuoi per convinzione, di fatto nega alla filosofia e, in particolare, alla filosofia naturale – e, persino, alla ragione – ogni valore in campo poetico. Persino un critico nostro contemporaneo e di grande valore, come Natalino Sapegno, commentando i primi versi del Canto II del *Paradiso*, scrive:

> Di qui prende l'avvio una delle pagine di sapore più schiettamente raziocinante di tutto il poema: e quindi delle più lontane dal nostro gusto. [Sapegno, 1968].

Quasi che la frontiera dello schiettamente raziocinante sia, per necessità, lontana del gusto e dall'opera del letterato.

Ma questa distanza tra letteratura, scienza e ragione è l'esatto contrario di quello che pensano Calvino, Leopardi e afferma lo stesso Dante. Il quale, invece, ha scritto la *Commedia* proprio per riunire in una grande sintesi la teologia, la filosofia naturale e la poesia e per proporre (anche) il suo *Weltbild* scientifico, la sua visione del mondo naturale. Anzi, per ricostruire un'immagine del cosmo. Un'impresa in cui riesce con una maestria davvero impareggiabile. Molto apprezzata dal linguista tedesco Wilhelm von Humboldt, fratello dello scienziato Alexander, che nel 1821 definisce Dante il "divino creatore di un nuovo mondo". Proprio perché, come riconosce l'astronomo Capocci, coi suoi versi fa vedere

> le più grandi e meravigliose scene del mondo sensibile e razionale, che meglio non potrebbe se avesse in sua balìa i colori e' pennelli di Michelangelo: è un magico artifizio, una camera ottica parlante. [Capocci, 1856]

Per il linguista von Humboldt, per l'astronomo Capocci e per molti critici contemporanei, dunque, la *Divina Commedia* è il cannocchiale – una camera ottica parlante – usato da Dante per gettare uno sguardo sull'universo in un'epoca in cui il cannocchiale non esiste.

Un'impresa straordinaria, che riesce perché Dante è padrone di tutto lo scibile del suo tempo. Sa di teologia e di filosofia, di astrologia e di alchimia, di astronomia e di scienza (filosofia naturale). Ed è padrone assoluto dell'arte di trasformare il linguaggio della scienza nel linguaggio della poesia senza erodere né il rigore del primo, né la cifra estetica del secondo.

Il difficile Canto II del *Paradiso*, lungi, dunque, dall'essere un momento in cui il poeta cede all'arida arroganza dell'erudito, è al contrario il momento in cui il progetto culturale di Dante (riunire la filosofia naturale, la poesia e la teologia) raggiunge un apice. Ed è il momento in cui, lasciando cadere ogni "velame" e rinunciando all'arte dell'allegoria di cui è maestro, propone la sua dottrina cosmologica in maniera limpida e, per dirla con il grande dantista inglese Pat Boyde, diretta [Boyde, 1979].

Ciò premesso, torniamo dunque al poeta che segue Beatrice e si inoltra nel cielo, rapito dallo stupore per ciò che vede molto più di quanto non lo fossero "que' gloriosi", gli Argonauti, "che passaro al Colco", varcando mari sconosciuti per conquistare il vello d'oro e Giasone "vider fatto bifolco", arare i campi alla guida di buoi con le corna di ferro, i piedi di bronzo e le narici sbuffanti fiamme e fuoco.

È un rapimento totale, ma non ingenuo: lo stupore infatti, sostiene Dante nel *Convivio*, è condizione necessaria della conoscenza.

Sbalordito, dunque, e muovendosi veloce, nel tempo che una freccia impiega a raggiungere il bersaglio, il poeta attraversa il "deiforme regno" – lo spazio oltre la Terra, l'universo, che trae la sua forma da Dio – finché "giunto mi vidi ove mirabil cosa mi torse il viso a sé".

Qualcosa di ancora più fantastico dei fantastici cieli lo attrae. E la donna, "cui non potea mia cura essere ascosa", ben si rende conto dello stato d'animo del provetto viaggiatore:

"Drizza la mente in Dio grata", mi disse,
"che n'ha congiunti con la prima stella".

Dante e Beatrice sono giunti sulla Luna. L'astro errante, che nella cosmologia tolemaica e araba è collocato nella prima sfera, quella che sovrasta immediatamente la Terra, a una distanza calcolata in circa 260.000 chilometri (non molto diversa, dunque, dai 384.000 chilometri misurati oggi).

Beatrice è un'anima. E conosce bene anche quell'oggetto cosmico. Per Dante è un'esperienza del tutto nuova.

> Parev'a me che nube ne coprisse
> lucida, spessa, solida e pulita,
> quasi adamante che lo sol ferisse.

Gli appare, la Luna, come fatta di materia eterea: una nube lucida (illuminata); spessa (densa), solida (compatta), pulita (liscia, per nulla scabrosa). Come un diamante attraversato dalla luce del sole.

Mirabile metafora, quella che accosta la Luna a una pietra preziosa e trasparente attraversata da un raggio di luce. Ma fallace. Perché il diamante non si fa penetrare da un altro corpo solido. Non rimanendo compatto, almeno. E invece:

> Per entro sé l'etterna margarita
> ne ricevette, com'acqua recepe
> raggio di luce permanendo unita.

E invece quella gemma perfetta, solida e incorruttibile riceve i due ospiti e li fa entrare al suo interno rimanendo compatta come l'acqua quando riceve un raggio di luce. Altra magistrale metafora. E altra metafora di cui Dante coglie immediatamente la fallacia. Perché se Beatrice, che è un'anima, può violare senza colpo ferire il principio fisico della impenetrabilità dei corpi e può effettivamente comportarsi come un immateriale raggio di luce che penetra nell'acqua senza turbarla (nel XIV secolo nessuno aveva idea della natura anche corpuscolare della luce), lui – Dante – è dotato di un corpo materiale e non può compenetrarne un altro senza romperne la compattezza. Senza violare le leggi note della fisica.

> S'io era corpo, e qui non si concepe
> com'una dimensione altra patio,
> ch'esser convien se corpo in corpo repe,

La curiosità vince alfine su ogni altro sentimento nel turbinio che accompagna il viaggio del poeta esploratore accanto alla donna amata. Qual è, dunque, la natura fisica di questa "prima stella"? E come può poi "l'etterna margarita", "lucida, spessa, solida e pulita", ospitare quelle macchie scure, "li segni bui", che a qualcuno laggiù in Terra appaiono come i segni del volto di un uomo?

> Io rispuosi: "Madonna, sí devoto
> com'esser posso più, ringrazio lui
> lo qual dal mortal mondo m'ha remoto.
> Ma ditemi: che son li segni bui
> di questo corpo, che là giuso in terra
> fan di Cain favoleggiare altrui?"

Questa sì che è una bella domanda. Perché lì sulla Terra le macchie lunari non fanno solo favoleggiare i superstiziosi, che ritengono quelle macchie il fascio di spine che Caino è costretto a portare per l'eternità a causa della sua colpa. Fanno discutere anche i filosofi. In primo luogo i filosofi che si occupano della natura. Perché se ha ragione Aristotele e lo spazio sopra la Terra, dalla sfera della Luna fino a quella del Primo Mobile, è il dominio della perfezione, non è semplice spiegare la presenza di "segni bui" sulla "prima stella". Qual è dunque l'origine delle "macchie lunari"?

Il quesito non è frutto solo della curiosità dell'esploratore, ma anche del filosofo. Quella che manifesta Dante è curiosità scientifica, componente essenziale del suo progetto culturale. Vuole capire e spiegare – in maniera non ingenua, ma argomentata – i fatti che accadono nel mondo fuori dalla Terra. A iniziare da quell'antico e magnifico rovello che Plutarco aveva chiamato "il volto della Luna" [Plutarco, 2002].

La questione delle macchie lunari non è dunque marginale, ma è coessenziale all'opera. E la domanda – qual è la loro origine? – è ciò che rende il Canto II del *Paradiso*, il "canto delle macchie lunari", uno dei luoghi della *Commedia* dove più chiaro si manifesta l'intreccio del *ménage à trois* che Dante intende narrare.

Da questo momento in poi Beatrice impegna l'intero Canto, per quasi due terzi dei suoi 148 versi, a soddisfare la curiosità di Dante e a risponde in maniera molto articolata alla sua domanda.

La prima risposta è epistemologia pura. Un discorso sulla conoscenza del mondo fisico:

> Ella sorrise alquanto, e poi "S'elli erra
> l'oppinion" mi disse "de' mortali
> dove chiave di senso non diserra,
> certo non ti dovríen punger li strali
> d'ammirazione ormai, poi dietro ai sensi
> vedi che la ragion ha corte l'ali".

Non dovresti meravigliarti, mio amato Dante, se la ragione umana sbaglia quando la conoscenza non può essere supportata dai sensi, perché come puoi constatare talvolta "la ragion ha corte l'ali" anche quando è aiutata dall'esperienza sensibile. Spesso in materia di filosofia naturale, caro il mio Dante, la conoscenza deve saper andare oltre i sensi. Deve saper navigare contro il senso comune. Perché i sensi e ancor più il senso comune possono ingannare.

E per andare oltre il senso comune e cogliere la verità malgrado la fallacia dei sensi, non c'è che un'unica possibilità: seguire la ragione e la filosofia.

No, Dante non prende le distanze, come pure alcuni sostengono, da quelle che Galileo avrebbe chiamato le *sensate esperienze*. Il poeta fiorentino aderisce alla filosofia naturale di Aristotele. E conosce l'importanza che hanno i fatti sensibili nella conoscenza del mondo fisico. Con le parole di Beatrice e l'indagine sulla natura della Luna intende solo mettere sull'avviso i lettori che, da soli, i sensi – anzi, il senso comune – non bastano a conoscere il mondo naturale.

Certo, non siamo ancora a una definizione moderna di teoria scientifica, ovvero della necessità di associare alle *sensate esperienze*, mediante rigorose regole di corrispondenza, le *certe dimostrazioni*, necessarie a "salvare le apparenze" e a spiegare in maniera economica le esperienze sensibili. Dante ravvede però i pericoli per il filosofo naturale di ogni "realismo ingenuo" e di ogni facile induttivismo, anche se non taglia – e come potrebbe all'inizio del XIV secolo in Italia? – i ponti col rischio opposto: quello di proporre per fisica una spiegazione metafisica, per quanto rigorosa, del mondo.

In ogni modo, avvertito il poeta sulla fallacia dei sensi e del senso comune, ecco che Beatrice gioca divertita con Dante, quasi come il gatto col topo, e gli chiede:

Ma dimmi quel che tu da te ne pensi.

L'amata invita lo stupefatto Dante a formulare la propria ipotesi sulla natura delle macchie lunari. E Dante, che sulla questione ha letto tutta la letteratura scientifica esistente, le propone la tesi di Averroé:

> E io: "Ciò che n'appar qua su diverso
> credo che fanno i corpi rari e densi".

Le macchie, sostiene Dante, dipendono dal fatto che la Luna ha un gradiente di densità. Lì dove la densità è minore, appare più chiara. Dove, invece, appaiono le macchie scure, la densità è maggiore. A questa tesi, come vedremo, Dante ha creduto davvero e a lungo. Ma ora, con una raffinata costruzione retorica, la espone a Beatrice, perché – attraverso le *certe dimostrazioni* della sua amata guida – possa essere confutata.

In altri termini, Dante ha cambiato opinione rispetto alle macchie lunari. E, per bocca di Beatrice, ci dice perché. Anzi, inizia a dirci i vari perché. Il primo è squisitamente metafisico.

> La spera ottava vi dimostra molti
> lumi, li quali e nel quale e nel quanto
> notar si possono di diversi volti

Nell'ottavo cielo – quello delle stelle fisse – ci sono per l'appunto molte stelle, che ci appaino diverse sia per la quantità sia per la qualità della luce che emettono. Se, spiega Beatrice a Dante, gli oggetti nel cielo – dalle "stelle ultime" alla "prima stella" – ci apparissero, come sostieni, più chiari o più scuri a causa della loro densità, ne discenderebbe che tutti quei lumi e tutti gli oggetti cosmici sarebbero fatti della stessa sostanza o, quanto meno, sarebbe possibile spiegare le loro caratteristiche sulla base di un medesimo e unico principio, sia pure diversamente distribuito.

> Se raro e denso ci facesser tanto,
> una sola virtù sarebbe in tutti,
> più e men distribuita e altrettanto.

E questo non è possibile, continua Beatrice. La differenza di densità, infatti, non può essere la spiegazione unica del fatto che i corpi celesti ci appaiono diversi. Più in generale, il "più e men" di una sola virtù, di un solo principio formale, non può essere ciò che determina le differenze nell'universo. Perché:

> Virtù diverse essere convegnon frutti
> di principii formali, e quei, for ch'uno,
> seguiteríeno a tua ragion distrutti.

Ora è vero che il principio formale, nella teologia naturale di Dante, è una forza che gli Angeli, intelligenze cosmiche, sono chiamati ad amministrare perché ordinatori del mondo, sopra e sotto la Luna, per conto di Dio. Ma quando sostiene che la diversità dei principi formali e, dunque, le intelligenze cosmiche non possono essere ridotte a una, Dante, per tramite di Beatrice, non ci sta proponendo una fuga nel misticismo, alla ricerca di una qualche causa esoterica evocata per spiegare un fenomeno fisico altrimenti inspiegabile. Sta proponendo il rigoroso ragionamento di un teologo naturale.

L'analisi di Beatrice – l'analisi che Dante svolge per bocca di Beatrice – segue una rigorosa logica ipotetico-deduttiva. E ci fornisce una rappresentazione coerente con la scienza del suo tempo e (come vedremo) dei tempi più antichi: l'idea che le diverse qualità degli esseri viventi e tutti gli oggetti qui sulla Terra derivano da altrettante qualità provenienti dal mondo sopra la Luna. Gli uomini e tutti gli esseri viventi e tutti gli oggetti presenti sul nostro pianeta sono diversi gli uni dagli altri perché informati (fisicamente informati) da diverse influenze celesti. Influenze fisiche che si trasmettono per via fisica e che Dante, insieme ad altri, chiama intelligenze angeliche. Per Dante solo un'entità in tutto l'universo sfugge a questo processo fisico: l'anima dell'uomo, che è creata direttamente da Dio.

Beatrice sostiene che cercare di spiegare la diversità cosmica sulla base del gradiente di distribuzione quantitativo di una sola qualità – la densità – farebbe venir meno il principio biunivoco di corrispondenza tra qualità diverse in Terra e qualità diverse nel cielo.

Poco vale rilevare oggi che l'assioma da cui parte – la pluralità delle apparenze deve discendere da una pluralità di cause – non è fondato. Il ragionamento segue una rigorosa logica deduttiva. Come peraltro Beatrice dimostra nel passaggio successivo della sua analisi, che questa volta è fisicamente oltre che logicamente fondato.

> Ancor, se raro fosse di quel bruno
> cagion che tu dimandi, od oltre in parte
> fòra di sua materia sí digiuno
> esto pianeta, o sí come comparte
> lo grasso e 'l magro un corpo, così questo
> nel suo volume cangerebbe carte.

Se la causa delle macchie lunari fosse la diversa densità della materia, delle due l'una: o il pianeta sarebbe rarefatto per tutto il suo spessore da lasciar passare la luce del Sole e, quindi, da essere trasparente da una parte all'altra; oppure alternerebbe nel suo volume zone rare e zone dense, proprio come nel corpo di un animale si alternano tessuti grassi e tessuti densi.

Ma nessuna delle due ipotesi regge alla prova dei fatti. Come Beatrice dimostra proponendo al suo Dante due autentici esperimenti mentali. Il primo è geniale, per la sua semplicità.

> Se 'l primo fosse, fora manifesto
> nell'eclissi del sol per trasparire
> lo lume come in altro raro ingesto.

La prima ipotesi non regge: la Luna non è tutta trasparente, perché altrimenti durante un'eclissi dovremmo continuare a vedere il Sole. E invece quel che vediamo durante un'eclissi è che il "pianeta che mena dritto altrui per ogni calle" scompare dietro la Luna. Non è più luce. Il giorno diventa notte. È come se il Sole fosse tramontato. Dunque, la Luna non può essere trasparente. CVD, diremmo oggi: come volevasi dimostrare.

Ma non basta. Ora, sostiene Beatrice, devo confutare l'altra possibilità per falsificare per intero la tua ipotesi, mio caro Dante. Ammettiamo che nel corpo della Luna ci sia un'alternanza di strati densi e di strati radi di materia, come tu dici, tali che il Sole non risulti visibile, ma la sua luce venga riflessa dalle parti scure come una lamina di piombo riflette la luce che attraverso il vetro rendendolo uno specchio.

> Or dirai tu ch'el si dimostra tetro
> ivi lo raggio più che in altre parti,
> per esser lì rarefatto più a retro.

A questo punto mi potresti dire che il raggio di luce trasmesso da quelle parti dove lo strato denso è più interno ci apparirebbe meno luminoso, perché riflesso da un punto più lontano. È, questa, un'altra ipotesi di spiegazione piuttosto in voga al tempo di Dante: molti filosofi ritenevano, infatti, che le macchie sulla luna fossero dovute a una progressiva perdita della luminosità dei raggi provenienti dal Sole mentre, in un tortuoso percorso a zigzag, sono riflessi più e più volte dalle parti scure e interne della Luna, fino a emergere esausti dall'altra parte. Questa perdita di luminosità massima lungo i percorsi dove le zone scure e riflettenti sono più frequenti, sostiene la teoria, ci darebbe l'impressione di una macchia. Ebbene "da questa tua istanza può deliberarti esperienza": da questa tua falsa ipotesi può liberarti l'esperienza (già, proprio quell'esperienza che prima l'eterea guida sembrava aver condannato). E Beatrice propone all'amato Dante un altro, più articolato e folgorante esperimento mentale:

> Tre specchi prenderai: e i due rimovi
> da te d'un modo, e l'altro, più rimosso,
> tr'ambo li primi li occhi tuoi ritrovi.

Allora, dice Beatrice, prendi tre specchi. Due li allontani a pari distanza da te ai lati della testa, e il terzo lo poni più lontano ma in modo che tu lo possa vedere nel mezzo degli altri due. Poi accendi una lanterna dietro le tue spalle. Ebbene, cosa vedrai? Vedrai che la lanterna apparirà più grande nei primi due e più piccola nel terzo specchio. Ma la luce, diversa per quantità, sarà uguale per qualità: senza macchie né perdite di luminosità.

Insomma, le macchie non possono essere spiegate in alcun modo con la teoria del gradiente di densità della materia lunare.

> Or, come ai colpi de li caldi rai
> de la neve riman nudo il suggetto
> e dal colore e dal freddo primai,
> così rimaso te ne l'intelletto
> voglio informar di luce sì vivace,
> che ti tremolerà nel suo aspetto.

E ora che ho confutato le tue false argomentazioni, posso dirti la verità. Una verità che ti illuminerà l'intelletto. E qui inizia la spiegazione cosmologica di Beatrice:

> Dentro dal ciel de la divina pace
> si gira un corpo ne la cui virtute
> l'esser di tutto suo contento giace.

Dentro l'Empireo, nella nona e penultima sfera che contiene il cosmo, si muove un corpo, il Primo Mobile, che conferisce virtù – ovvero la dinamica e la vita – all'intero universo. Come? Be', caro Dante, seguimi nel percorso e lo capirai. Il cielo successivo, l'Ottavo Cielo, quello delle stelle fisse, assume la virtù universale dell'essere e la distribuisce alla moltitudine dei lumi che lo costellano in maniera differenziata. E le intelligenze angeliche, i principi formali, dell'universo dispongono poi queste virtù nei sette cieli successivi, i cieli inferiori dei sette pianeti, attraverso un processo di generazione continua di varietà a partire dalla virtù originale, cosicché – come organi diversi di un unico organismo – essi possano produrre la diversità cosmica conservandone l'intrinseca unità. In questo modo la virtù universale del Primo Mobile giunge differenziato fin sulla Terra, e la rimodella come cera.

È in questo processo di generazione della diversità, conclude Beatrice, che si trova l'autentica causa delle macchie lunari.

> Virtù diversa fa diversa lega
> col prezïoso corpo ch'ella avviva,
> nel qual, sì come vita in voi, si lega.
> Per la natura lieta onde deriva,
> la virtù mista per lo corpo luce
> come letizia per pupilla viva.
> Da essa vien ciò che da luce a luce
> par differente, non da denso e raro;
> essa è formal principio che produce,
> conforme a sua bontà, lo turbo e 'l chiaro.

Anche la diversa luminosità dei corpi celesti ha la sua causa – la sua causa efficiente – nelle intelligenze angeliche. Le diverse virtù distribuite dalle intelligenze angeliche si legano in maniera diversa con i diversi corpi celesti che ravvivano, come fa l'anima col corpo umano. A causa della sua natura lieta (esuberante), la virtù angelica della luminosità ormai compenetrata (mista) alla stella la fa risplendere come fosse la parte più viva, la pupilla, di un uomo. La diversa luminosità delle stelle e dei pianeti – e quindi anche della Luna e delle singole parti della Luna – dipende dunque dalla molteplicità dei principi formali che fanno "diversa lega" con la materia cosmica (la "quinta essenza"). È da questo processo e dalla diversa potenza ("conforme a sua bontà") con cui ogni carattere si mescola a ogni stella, e non dalla rarità o densità della stella, che originano le macchie scure e le macchie chiare sulla faccia della Luna.

La Luna ci ha narrato che...

Diciamolo subito: la "teoria delle macchie lunari" che Dante lascia proporre a Beatrice oggi non la consideriamo per nulla fondata scientificamente. In prima battuta ci sembra addirittura esoterica. Tuttavia il Canto II del *Paradiso* ha almeno quattro caratteristiche significative per un filosofo naturale.

La prima è che Dante, attraverso Beatrice, confuta con autentici esperimenti scientifici – ancorché mentali – le ipotesi ricorrenti. L'esperimento mentale, nei secoli avvenire, sarà molto usato dagli scienziati. Albert Einstein, per esempio, ne sarà un maestro. Che li utilizzi con tanto rigore e maestria anche un poeta all'alba del XIV secolo corrobora l'idea di Calvino che la letteratura italiana fin dal principio – e che principio – intrecci una relazione solida e piuttosto sofisticata con la filosofia naturale.

La seconda caratteristica significativa del secondo Canto è che Dante, per bocca di Beatrice, propone una nuova spiegazione economica dei fatti astronomici noti, attraverso la confutazione delle ipotesi alternative e la costruzione di una ipotesi, logicamente coerente e fondata su nessi di causalità naturali (tali devono essere intesi quei principi formali chiamati intelligenze angeliche). Naturalmente quella di Dante è un'ipotesi metafisica, non fisica. Ma non può essere diversamente. Nessuno, nel XIV secolo, dispone dei mezzi tecnologici adatti – il cannocchiale, per esempio – per osservare il cosmo e cercare nuovi fatti in grado di falsificare la speculazione teorica e di trasformare un'ipotesi metafisica in una teoria scientifica.

La terza caratteristica significativa è che Dante, come ha osservato Ernesto Giacomo Parodi, col secondo Canto vuole

> subito esporre il grande e, si voglia o no, grandioso e mirabile sistema cosmologico delle influenze e, come nel primo Canto aveva cantato l'ordine reciproco di tutte le cose e l'ascensione dell'essere verso l'alto, in questo descriveva la perpetua irradiazione luminosa delle idee divine dall'alto verso il basso, compiendo con questi due momenti, che ne formano uno solo la prima e più generale sintesi dell'universo. [Parodi, 1965]

Il Canto II del *Paradiso* non è dunque il semplice e didascalico "canto delle macchie lunari" ma è il canto nel quale Dante, prendendo a pretesto il problema delle macchie sul volto della Luna, si impegna a dimostrare come il molteplice derivi dall'uno e come, attraverso l'influsso dei cieli, animati dalle intelligenze angeliche, il mondo sia sempre guidato dalla superiore giustizia e dall'infinito amore di Dio. Il Canto II costituisce, infatti, la naturale successione del Canto I con cui Dante apre il *Paradiso*. Entrambi sono posti lì per illustrare il suo sistema cosmologico, alla ricerca delle cause nascoste (le cause fisiche nascoste) che sottendono l'ordine e l'armonia dell'universo.

La teoria delle macchie lunari è dunque collocata in una visione più generale. Una coerente visione cosmologica e cosmogonica in cui c'è una causa iniziale, Dio, che crea immediatamente "forma e materia, congiunte e purette", ovvero: le forme pure (le intelligenze angeliche o, se si vuole, i principi formali); la materia pura e prima; i composti indissolubili di forma e materia (i cieli). Il cielo Primo Mobile è tutto identico a se stesso e da Dio ha ricevuto una "virtù informante"; che il contiguo cielo delle stelle fisse distribuisce secondo diverse essenze; i cieli inferiori ricevono la virtù vitale dall'alto e "per varie differenze" la trasmettono fino alla Terra, producendo la molteplicità della generazione. Quella che Dante esprime attraverso Beatrice è dunque la spiegazione di come l'uno originario (Dio) generi la diversità del mondo.

La sua cosmologia è di impronta emanatistica, tipica del pensiero neoplatonico. È pura metafisica. Ma Dante lo sa. Tanto da aver avvertito il lettore: in alcune questioni i fatti ci dicono poco. In attesa di fatti che ci dicano di più, non possiamo che cercare

> Dante, "che n'ha congiunti con la prima stella"

spiegazioni nella ragion pura. In fondo oggi un fisico delle stringhe non si trova, con le sue teorie matematizzate difficili da verificare per via sperimentale, in una posizione molto diversa.

La quarta caratteristica? Be', la quarta caratteristica che rende un po' più speciale degli altri – almeno a nostro giudizio – il Canto II del *Paradiso* è che Dante chiama la Luna, l'astro errante più vicino alla Terra, a dare testimonianza, in maniera elegante e solo in apparenza distaccata, di come la poesia possa proporsi come linguaggio privilegiato e senza mediazioni della scienza.

Già, ma perché proprio la Luna?

Che fai tu, luna, in ciel?

Che fai tu, luna, in ciel? dimmi, che fai,
silenziosa luna?
Giacomo Leopardi, *Canto notturno di un pastore errante dell'Asia*

A un certo punto il pastore errante dell'Asia si fermò e nella fertile terra tra i due fiumi inventò la città. Così le sue domande alla Luna e le risposte dell'astro narrante assunsero un nuovo significato.

Il pastore errante e l'astro narrante

Si dice che l'astronomia sia stata inventata dai pastori, e i primi a osservare in modo sistematico il cielo notturno, sulle loro pianure riarse, dal cielo sempre limpido, sarebbero stati i caldei [Verdet, 1995].

Sono i Sumeri, intorno al IV millennio avanti Cristo, i primi pastori erranti dell'Asia che, una volta giunti e fermatisi in Mesopotamia, inventano un nuovo modo, urbano, di stare insieme e di organizzare la società. Sono loro che danno origine al paradigma cosmologico che si trasmette, arricchito, fino ai tempi di Dante [Lo Sardo, 2007]. E in questa loro rivoluzione si lasciano accompagnare dall'astro che hanno conosciuto durante le freddi notti passate allo scoperto: dall'astro narrante, la Luna.

I Sumeri strappano la terra fertile alle paludi. Imparano a regolare il flusso delle acque del Tigri e dell'Eufrate. Organizzano le campagne e costruiscono città. Gli abitanti di quei primi agglomerati complessi nella regione della Caldea iniziano a distinguersi da quelli dei villaggi e dalle popolazioni nomadi perché non svolgono tutti lo stesso lavoro, ma si dividono i compiti, specializzandosi in determinate funzioni: il soldato e il commerciante, il medico e l'artigiano. Lo scriba, capace di associare in serie segni precisi e cuneiformi per prendere nota e tenere memoria degli eventi e delle osservazioni. I Caldei non si scambiano solo beni materiali. Ma iniziano a scambiarsi monete e servizi. E in questa loro vita sempre più complessa avvertono crescente il bisogno di misurare con precisione il tempo. E lo spazio.

Nella terra tra i due fiumi i confini tra i campi non vengono più misurati a spanne e delimitati con delle pietre, ma determinati con tecniche sofisticate e racchiusi da piccole steli incise a rilievo, i *kudurru*, ove sono simboleggiati il Sole, la Luna, Venere, alcuni altri pianeti e diverse costellazioni.

I Sumeri studiano per bene il cielo e i movimenti degli oggetti che lo popolano. E già a cavallo tra il III e il II millennio prima di Cristo nel *Poema della Creazione* (del 1900 a.C.) descrivono un universo diviso in otto diverse sfere mobili, racchiuse le une nelle altre, che si muovono a velocità differenti e descrivono il moto della Luna, del Sole e dei pianeti. Dividono il cielo delle stelle fisse in tre zone e ciascuna zona in dodici settori. Conoscono la precessione degli equinozi. E attribuiscono a precise influenze astrali tutti i fenomeni naturali che si verificano qui sulla Terra, inclusi i comportamenti umani. Pensano che ci sia un'assoluta omologia tra il cielo e la Terra. E che tutto quanto esiste e avviene qui da noi non sia altro che un'immagine, sia pure sbiadita e imperfetta, di ciò che sta nei cieli.

I pastori erranti dell'Asia e tutti gli uomini che alzano gli occhi al cielo si accorgono che ci sono dei movimenti nella calotta celeste e che questi movimenti sono ciclici. La ciclicità appartiene, in particolare, a due oggetti singoli facilmente distinguibili – il Sole e la Luna – e alle stelle.

La prima ciclicità che balza agli occhi è quella del Sole, che sorge ogni mattino a oriente e tramonta ogni sera a occidente. Il Sole è, con ogni evidenza, responsabile del giorno e della notte. E dalla sua posizione nel cielo è possibile calcolare in quale parte della giornata si è: se è basso e va salendo è mattino, quando raggiunge la posizione più elevata è mezzogiorno e quando poi inizia a scendere è pomeriggio.

Tuttavia ben presto un po' in tutto il mondo gli uomini si accorgono che il Sole è responsabile anche dell'alternarsi delle stagioni. E che in ciascuna stagione descrive un arco diverso nel cielo. In primavera in ogni giorno che passa il Sole tende a descrivere un arco diurno sempre più alto, fino a raggiungere un massimo (solstizio d'estate), poi l'arco inizia a diminuire, fino a raggiungere in inverno un minimo (solstizio d'inverno). Tra questo massimo e questo minimo, vi sono due posizione mediane, l'una in primavera (equinozio di primavera) e l'altro in autunno (equinozio d'autunno). L'intero ciclo si compie in circa 365 giorni. Anche se per gli antichi osservatori a quel circa è associato un errore piuttosto ampio. In ogni caso col Sole è possibile misurare con buona precisione lo scorrere del tempo.

Di notte il Sole non è nel cielo. Ma a muoversi ci sono le stelle. Anch'esse si muovono da Est verso Ovest. La gran parte di esse, le meno luminose, appaiono ogni notte nello stesso posto (o quasi) e si muovono compatte. Solo i più attenti osservatori notano che di notte in notte nuove stelle compaiono all'orizzonte e altre scompaiono. Ma la distanza relativa tra loro resta immutata. È come se ruotasse l'intera volta celeste.

Inoltre è possibile stabilire una correlazione tra l'arco diurno descritto dal Sole e le stelle presenti durante la notte. Di stagione in stagione, il cielo ritorna su suoi passi. Anche le stelle, dunque, possono servire per misurare il tempo e fornire così un calendario.

Ma il movimento delle stelle ci fornisce poche informazioni aggiuntive rispetto a quello del Sole, escluso il fatto che con le stelle è possibile misurare con precisione lo scorrere del tempo durante la notte.

La Luna, invece, fornisce informazioni davvero aggiuntive. Sia attraverso il ciclico mutare dell'arco che ogni giorno descrive nel cielo, sia attraverso il ciclico ripetersi delle sue quattro diverse fasi (Luna piena, Luna calante, Luna mancante, Luna crescente).

I pastori erranti dell'Asia conoscono bene la Luna e il moto che disegna nel cielo, col suo eterno ritorno e le sue cicliche fasi. Per secoli – per millenni – hanno osservato il pallido astro nascere e tramontare nel cielo. Hanno verificato che le fasi – in cui ha un faccione pieno e poi è luminosa a metà e poi scompare del tutto, prima di invertire la sequenza – non sono casuali, ma regolari. Che è possibile prevedere quando e come e dove apparirà nel cielo. E che questa possibilità di farsi raccontare dalla Luna il trascorrere del tempo è utile per prevedere la migrazione delle mandrie, il disgelo a primavera, le prime gelate d'autunno.

È assolutamente comprensibile che i pastori erranti del paleolitico, in Asia e altrove (il primo calendario lunare di cui si ha notizia potrebbe risalire addirittura a 13.000 anni prima di Cristo ed essere stato formulato in Europa) scelgano proprio la Luna per misurare il trascorrere del tempo, perché:

> Splendida, affascinante, rivestita della sua luce argentea che domina i cieli notturni, la Luna sembra a prima vista un perfetto orologio, affidabile e regolare. [Duncan, 1999]

Le sue fasi durano (più o meno) 29 giorni. E dodici fasi descrivono l'intero ciclo delle stagioni. L'inverno ritorna puntuale ogni dodici lune piene.

Ed è su questo moto che fin dall'inizio i Sumeri confidano per misurare il tempo, dividendolo in anni (o ciclo delle stagioni) e dividendo poi ciascun anno in dodici mesi (il ciclo della Luna). Sulle tavolette ritrovate a Ebla, che risalgono alla metà del III millennio a.C., è descritto un anno di 360 giorni e, in taluni casi, di 364 giorni. Un anno, dunque, che è molto simile al nostro. E il mese è già di 30 giorni, non più di 28.

Questo calendario si sposa bene con il sistema matematico dei Sumeri, basato sui numeri 6 e 60 (che moltiplicati l'uno per l'altro danno appunto 360). Così il giorno è diviso prima in 12 ore (due volte 6), poi in 24 ore (4 volte 6).

Il cielo per i Sumeri assume connotazioni religiose. Le divinità, pensano, si manifestano attraverso i tre astri più luminosi: Shamash attraverso il Sole, Sin attraverso la Luna e Ishtar attraverso Venere.

Shamash, il dio del Sole, è il signore della vita. Sin, il dio della Luna, regna sulla vegetazione e regola il fluire delle stagioni. Ishtar, invece, che è la dea di Venere ed è figlia del dio della Luna, ha una duplice personalità: ad Akkad è la bellicosa stella del mattino, a Uruk è la dea dell'amore.

Un anno di 360 o anche di 364 giorni approssima il ciclo delle stagioni, ma non vi si sovrappone completamente. Genera errori che, nel breve volgere di qualche lustro, diventa macroscopico. Quando gli Assiri, all'inizio del secondo millennio a.C. si insediano nelle terre di mezzo si pongono il problema di riformare il calendario per renderlo più preciso. E, ancora una volta, ricorrono alla Luna.

Il più antico calendario assiro noto risale al XIX secolo a.C. e presenta 12 mesi di 30 giorni ciascuno, con 5 giorni supplementari che vengono assegnati uno ciascuno ai mesi intercalari per avere un anno di 365 giorni. L'anno inizia con il solstizio invernale. Ma poco dopo la prima dinastia che regna da Babilonia stabilisce che l'anno abbia inizio con la *levata eliaca* della stella Hunga (α dell'Ariete), intorno all'equinozio di primavera. La *levata eliaca* è l'alba di una stella all'orizzonte che sparisce subito dopo nella luce del Sole che a sua volta sta nascendo. La *levata eliaca* può essere considerata l'ultima ora della notte.

Ma la Luna resta di gran lunga il punto di riferimento più importante per misurare il trascorrere del tempo. Come si può evincere dal *Poema della Creazione*, che risale al XIX secolo a.C. [citato in Biémont, 2002]:

> Il dio Marduk fece risplendere la Luna, affidandole la notte. Ne fece l'ornamento della notte per determinare i diversi momenti: tutti i mesi senza interruzione, esci dalla tiara; all'inizio del mese, quando sorgerai luminosa sui paesi, brillerai sulle punte per determinare 6 giornate; il settimo giorno, percorrerai metà della tiara. Per il plenilunio sarai in opposizione, e questo corrisponderà alla metà del mese. Quando il Sole ti raggiungerà all'orizzonte indebolendosi [...] comincia a decrescere. Nel giorno oscuro, avvicinati al percorso del Sole. Il ventinovesimo giorno mettiti nuovamente in congiunzione con il Sole.

È dunque la *lunazione* – l'intervallo di tempo necessario a che la Luna ritorni alla medesima fase – che costituisce la base del calendario mesopotamico. Le *lunazioni* sono costituite da 29,5 giorni e danno quindi origine a mesi lunari di 29 e di 30 giorni solari.

La Luna

La Luna è l'unico satellite naturale del pianeta Terra. È l'oggetto astronomico a noi più vicino. Il più intensamente studiato. L'unico visitato dall'uomo, il 21 luglio 1969.

Oggi sappiamo che si è formata insieme alla Terra circa 4,6 miliardi di anni fa. Alcuni sostengono che sia uscito addirittura dalle viscere della Terra primordiale, in seguito al catastrofico impatto con un altro pianeta. Altri, in maniera ritenuta ormai meno fondata, sostengono che sia stata catturata e non partorita dalla Terra, visto che la sua composizione chimica è molto diversa da quella del nostro pianeta e che la sua orbita non si colloca sul piano equatoriale della Terra, come ogni modello di "fissione" prevede. La diversa composizione chimica fa escludere che essa sia formata accanto alla Terra, per lenta accrezione. Non resta, quindi, che l'ipotesi della cattura, più o meno violenta, ma certamente fortuita, che sarebbe avvenuta, certamente, prima di 3,8 miliardi di anni fa. Forse poco dopo la formazione del nostro pianeta [Allegre, 1994]. Nuove osservazioni tuttavia hanno rilanciato di recente l'ipotesi dell'"'impatto gigante". La Luna sarebbe stata espulsa dalla pancia della Terra, colpita da un pianeta grande come Marte.

Sia come sia, la Luna risulta il più grosso satellite naturale relativo del sistema solare: in altri termini fa registrare il rapporto più alto tra le sue dimensioni e quelle del pianeta intorno a cui orbita. Tanto che potremmo considerare il sistema Terra/Luna un sistema a "pianeta doppio".

La Luna è rocciosa e la sua superficie è costellata da crateri, per lo più ricordi dei bombardamenti a opera di asteroidi e comete successivi alla formazione del sistema solare. Ha montagne altissime che coprono con la loro ombra enormi vallate, come constatò Galileo Galilei nel 1609, quattrocento anni fa, quando puntò per la prima volta contro di lei il suo cannocchiale. La Luna ha avuto un'attività vulcanica fino a 2 miliardi di anni fa. E i vulcani hanno inondato di basalto fuso grandi aree, rendendole pianeggianti (quelli che vengono chiamati mari).

Gli antichi Sumeri non lo potevano sapere. Ma pare proprio che la Luna abbia un piccolo nucleo di ferro. È certo che non ha un'atmosfera e che possiede una forza di gravità pari a un sesto di quella terrestre.

La Luna è, con il Sole, l'oggetto più visibile in cielo. E, come il Sole, attraversa il cielo con grande regolarità. Non fa dunque meraviglia il fatto che l'osservazione del moto della Luna coincida, nella storia dell'uomo, con la misura del tempo.

Il moto della Luna

La Luna è, con il Sole, l'oggetto più grande che vediamo nel cielo. Essa, tuttavia, è molto più piccola del Sole. Il raggio della Luna è 1.738 chilometri (pari a 0,27 volte il raggio terrestre) e la sua massa è di 7,35x10^{25} grammi, pari a 0,0123 volte la massa terrestre (1/81,3). Il Sole ha un raggio di circa 700.000 chilometri (oltre 400 volte maggiore) e una massa di 2,0 x 10^{33} grammi (circa 300 milioni di volte più pesante). Quella che vediamo è dunque una grandezza apparente. Il disco della Luna si sovrappone esattamente a quello del Sole, perché la Luna è molto più vicina alla Terra del Sole. La distanza media della Luna dalla Terra è di circa 400 volte inferiore alla distanza media del Sole.

La Luna si muove nello spazio disegnando un'orbita ellittica intorno al pianeta Terra: la distanza massima è di 406.700 chilometri, la minima di 356.400, la media è di 384.401 chilometri.

La Terra, a sua volta, si muove disegnando un'orbita ellettica intorno al Sole.

La Luna, vista dal Sole, si comporta come un pianeta e si muove, rispetto alla sua stella, ancora una volta lungo un'orbita ellittica, disturbata dalla presenza della Terra. Naturalmente la Luna e la Terra formano un sistema che orbita intorno al Sole. D'altra parte la Luna, come la Terra, ruota intorno al proprio asse. E quest'asse, proprio come quello terrestre, non è perpendicolare rispetto al piano descritto dalla sua orbita. Cosicché il sistema complessivo dei movimenti della Luna nello spazio risulta piuttosto complesso, ma presenta notevoli regolarità.

La Luna, per esempio, compie un'orbita completa della sfera celeste circa ogni 27 giorni, 7 ore, 43 minuti (*mese siderale* o *lunare*) ma un osservatore sulla Terra conta circa 29,5 giorni tra una nuova Luna e la successiva (*mese sinodico*), per via del contemporaneo movimento di rivoluzione della Terra intorno al Sole.

Sono regolari, anche, le *fasi lunari*. Ovvero i modi in cui il satellite si offre alla nostra vista. In pratica, si tratta di questo. Quando la Luna è più vicina al Sole, rispetto alla Terra, noi non la possiamo osservare perché offre alla nostra vista solo l'emisfero in ombra, non illuminato dal Sole (*Luna nuova* o *novilunio*). Quando, invece, si trova in direzione opposta, offre alla nostra vista di terrestri solo l'emisfero illuminato dal Sole (*Luna piena* o *plenilunio*). In questo caso la Luna sorge all'orizzonte proprio quando il Sole tramonta. Queste due fasi si dicono *sizigie* (derivato dal tardo latino *sysygia*, che significa congiunzione).

Quando l'angolo tra Luna, Terra e Sole diventa retto (*quadratura*), il disco della Luna ci appare illuminato a metà (*primo* e *ulti-*

mo quarto di Luna). Sul disco lunare si vede la linea di divisione tra la zona illuminata e la zona oscura, che si chiama *terminatore*.

Vi sono altre caratteristiche del moto lunare che noi come gli antichi possiamo osservare a occhio nudo. Nel corso di un'ora, per esempio, la Luna si muove nel cielo di una distanza vicina alla sua dimensione apparente, circa mezzo grado. L'astro resta sempre in una regione del cielo chiamata Zodiaco, che si estende circa 8 gradi sopra e sotto il piano dell'eclittica (l'intersezione tra il piano descritto dall'orbita della Terra e la sfera celeste).

L'eclittica viene attraversata dalla Luna ogni 2 settimane. Un attraversamento importante, perché solo quando la Luna si trova sul piano dell'eclittica possono avvenire le eclissi: ovvero Terra, Luna e Sole si trovano disposte su un'unica linea. Se è la Luna a trovarsi tra la Terra e il Sole, si verifica l'eclissi del Sole (è la stella a sparire dalla vista). Se, invece, è la Terra a trovarsi tra il Sole e la Luna, è quest'ultima a sparire alla vista, coperta appunto dall'ombra che il nostro pianeta proietta sul satellite naturale.

L'asse di rotazione della Luna è inclinato di 6,7° rispetto al piano dell'orbita intorno alla Terra, cosicché ogni metà mese è possibile vedere dalla Terra ora una parte del polo nord lunare ora una parte del polo sud (*librazione in latitudine*).

A causa della variazione della velocità con cui la Luna si muove intorno alla Terra all'apogeo e al perigeo dell'orbita, poiché la velocità di rotazione intorno all'asse resta costante, ogni 15 giorni vediamo un po' più del territorio orientale e poi un po' più del territorio occidentale. Questa variazione è detta *librazione in longitudine*. Analogamente, possiamo vedere zone un po' diverse della Luna quando è al meridiano o quando è all'orizzonte (*librazione diurna*). In pratica noi vediamo circa il 59% della superficie lunare.

Il piano dell'orbita della Luna intorno al Sole è inclinato di 5°9' rispetto al piano dell'eclittica terrestre. I due piani non sono, dunque, coincidenti. Ma si intersecano. L'intersezione tra il piano dell'orbita terrestre e il piano dell'orbita della Luna è detta *linea dei nodi*. Il piano dell'orbita lunare interseca il piano dell'eclittica in due punti, detti *nodo ascendente* e *nodo discendente*. La linea dei nodi non è fissa, ma cambia nel tempo ruotando in senso retrogrado (ovvero in senso orario) intorno alla Terra e compiendo un giro completo in 6.793 giorni, pari a 18,6 anni. Il fenomeno viene detto *retrogradazione dei nodi*.

A causa di questo moto retrogrado, la Luna passa due volte per lo stesso nodo in un tempo (27 giorni e 5 ore), detto *mese draconitico*, che è leggermente inferiore al *mese siderale*. Il nome draconitico deriva dal fatto che, nelle antiche leggende, si pensava che durante le eclissi il Sole e la Luna venivano quasi divorati dal drago che giace sul piano dell'eclittica.

Un'altra conseguenza della *retrogradazione dei nodi* è che la declinazione della Luna rispetto all'asse terrestre varia tra +28,6° e -28,6° al *nodo ascendente* e, nove anni dopo, tra 18,4°C e -18,4° al *nodo discendente* al punto γ, ovvero quando i nodi lunari si trovano sull'equatore terrestre. Questi fenomeni determinano variazioni notevoli degli *azimut* (ovvero delle posizioni) all'alba e al tramonto della Luna. Variazioni che si succedono con un periodo appunto di 18,6 anni.

Poiché il periodo di rotazione della Luna intorno al proprio asse è esattamente uguale al suo periodo orbitale intorno alla Terra, noi, qui dalla Terra, vediamo sempre la stessa faccia della Luna. Questa sincronia è il risultato della frizione gravitazionale (forze di marea) che ha rallentato la rotazione della Luna nella sua storia iniziale. A causa di queste forze, anche la rotazione della Terra viene gradualmente rallentata, e la Luna si allontana lentamente dalla Terra mentre il momento rotazionale di quest'ultima viene trasferito al momento orbitale della Luna. L'attrazione gravitazionale che la Luna esercita sulla Terra è la causa delle maree. Le variazioni delle maree sono sincronizzate con l'orbita della Luna attorno alla Terra.

La Terra e la Luna orbitano attorno a un centro di massa comune, che si trova a una distanza di circa 4.700 chilometri dal centro della Terra. Poiché questo centro si trova dentro alla massa terrestre, il moto della Terra è meglio descritto come un'oscillazione. Viste dal polo nord della Terra, le rotazioni dei due corpi celesti, l'orbita della Luna attorno alla Terra e l'orbita della Terra intorno al Sole, avvengono in senso antiorario.

Rispetto agli altri satelliti del sistema solare, la Luna è, come abbiamo detto, eccezionalmente grande, tanto che il sistema Terra-Luna può essere quasi considerato un pianeta doppio ("quasi" perché il centro di gravità del sistema Terra-Luna è comunque – anche se di poco – all'interno della Terra). In genere, satelliti di dimensioni a lei comparabili orbitano attorno ai giganti gassosi (Giove, Saturno), mentre i pianeti più affini alla Terra o non hanno satelliti (Venere) o ne hanno di minuscoli (Marte). Visto che ne parleremo spesso, conviene riprendere alcuni temi ricorrenti nell'osservazione della Luna. A iniziare dalle eclissi. Dalla Terra, come abbiamo detto, è possibile osservare due tipi di eclissi. L'eclisse lunare, ovvero quando la Terra si trova tra la Luna e il Sole, e impedisce ai raggi di quest'ultimo di raggiungere il satellite. E l'eclisse solare, quando la Luna si trova tra la Terra e il Sole. Poiché il diametro del Sole è 400 volte quello della Luna e poiché la distanza dalla Terra del Sole è proprio 400 volte superiore alla distanza tra la Terra e la Luna, nel cielo i due dischi risultano esattamente sovrapponibili. Così, durante l'eclisse solare totale, la Luna copre per intero il disco solare.

Entrambe le eclissi, naturalmente, si verificano quando il Sole e la Luna si trovano in vicinanza dei nodi. Per un'eclisse lunare la distanza deve essere generalmente inferiore a 9°9′ (valore che può eccezionalmente raggiungere i 12°15′): l'eclisse totale di Luna si ha quando la distanza è inferiore a 4°6′. Affinché si verifichi un'eclissi di Sole, la distanza tra il Sole e il nodo deve essere minore di 15°5′ (eccezionalmente di 18°31′).

Le eclissi di Sole sono dunque più frequenti delle eclissi di Luna. Poiché il Sole impiega sei mesi a passare da un nodo all'altro, le sue eclissi si verificano in due stagioni, distanti appunto sei mesi l'una dall'altra.

Abbiamo anche detto che le eclissi si ripetono allo stesso modo con un ciclo di 6.585 giorni, ovvero di 18 anni e 10 giorni (o 11, a seconda del numero di anni bisestili contenuti nell'intervallo). Questo periodo viene detto *saros*. Nell'arco di un *saros* si verificano 84 diverse eclissi.

Significative sono anche le occultazioni, ovvero quando la Luna muovendosi nel cielo passa davanti a una stella o a un pianeta e li occulta alla nostra vista. Il fenomeno comporta una *immersione*, il momento della sparizione della stella o del pianeta, e una *emersione*, il momento della riapparizione.

La Luna dei Babilonesi

La civiltà babilonese, che succede a quella sumera nelle terre tra i due fiumi, modifica ma non sostituisce la narrazione cosmologica.

Ne abbiamo un esempio nel poema cosmogonico *Enuma elish*, che risale a un periodo compreso tra il XIII e il XII secolo a.c., dove l'universo viene proposto come una enorme sfera divisa nettamente in due dal piano della Terra. Sopra la Terra c'è il cielo con i pianeti. Sotto ci sono gli inferi. La Terra è costituita dalla materia conosciuta. Tra il cielo e la Terra c'è invece un elemento, una "terza essenza", una specie di "vento", un "soffio" (*En-lil*) di cui l'uomo non ha molta esperienza e le cui caratteristiche sono l'espansione e il moto. Ebbene la Luna, come il Sole e le stelle, è costituita da questa stessa materia eterea e luminosa. Oltre l'universo c'è l'Oceano Cosmico, una mare primordiale e invisibile di natura misteriosa.

I Caldei sostengono che il cosmo è eterno, senza origine e senza fine. Conoscono cinque pianeti, oltre al Sole e alla Luna: Mercurio, Venere, Marte, Giove e Saturno, cui danno il nome di astri erranti, perché ruotano ciascuno su un'orbita propria, diversa da quella degli altri, seguendo, quindi, una propria via. I pianeti hanno la capacità di influenzare il comportamento degli uomini e dunque gli astri erranti sono anche interpreti, perché a chi lo sa leggere indicano il futuro.

Gli astri erranti non si muovono ovunque nel cielo, i loro movimenti sono confinati in una fascia ristretta di cielo, entro i ventitré gradi dall'equatore. Questa banda, chiamata Zodiaco, è divisa in dodici zone. "Lo Zodiaco raffigurava dunque nei cieli un viale degli amanti frequentato dai pianeti" [Koestler, 1991].

La Luna, astro errante, si muove sotto tutti gli altri, vicinissima alla Terra, a causa del suo peso, e rapida nella sua rivoluzione, a causa della sua brevissima orbita.

E nell'ambito di questa cosmologia che influenzerà non poco il pensiero occidentale nei secoli successivi, i Caldei approfondiscono l'osservazione del cielo e dei moti della stessa Luna. Appurando, tra l'altro, che le eclissi dell'astro errante si manifestano approssimativamente ogni sei mesi. Il fenomeno viene celebrato in apposite feste (*akitu*). Mentre l'avvio di un nuovo periodo di Luna crescente dopo l'eclissi viene evocato come l'inizio di una nuova era. Era per questo motivo, tra l'altro, che in un primo momento i Sumeri si erano dati un anno di sei mesi.

Fare iniziare con precisione il mese dopo l'eclissi non è affare semplice, tuttavia. Nel momento della congiunzione, la Luna è invisibile: il primo crescente di Luna inizia ad apparire quando tramonta il Sole. Cosicché l'osservazione visiva introduce un elemento di incertezza. Per rimediarvi i Babilonesi elaborano delle *tavole di effemeridi* che consentono di predire, con il calcolo, la posizione della Luna nel cielo e, dunque, anche le eclissi.

Sarebbe sbagliato raffigurare il rapporto dei Babilonesi con il cielo come una storia lineare. In realtà le loro osservazioni astronomiche attraversano almeno quattro diverse fasi. È solo dopo la prima fase, quella dei cosiddetti secoli bui, negli anni successivi al 1530 prima di Cristo, che l'astronomia viene studiata davvero a fondo. Come testimonia l'*Enuma Anu Enlil*, un trattato in 70 tavolette (solo in parte rinvenute), scritto tra l'anno 1000 e l'anno 900 a.C.

La prima tavoletta del trattato parla delle stelle fisse, ripartite in tre vie celesti. La seconda tratta della Luna e dei pianeti, delle stagioni e della lunghezza delle ombre. Tutte indicano una prima e forte connessione tra astronomia, osservazioni e matematica. Vi si dice come le eclissi di Sole possano prodursi solo alla fine del mese, al novilunio, quando Sole e Luna sono in congiunzione, e quelle di Luna alla metà del mese (al plenilunio, quando Sole e Luna sono in opposizione).

Risale al terzo periodo, detto neobabilonese, compreso tra il 611 a.C. e il 540 a.c., un almanacco che dimostra un'ulteriore, crescente attenzione nei confronti della Luna e dei pianeti. Nel quarto periodo, durante la dominazione persiana che dura fino al 75 a.c., le osservazioni si intensificano e, sotto il regno dei Seleudici e degli Arsacidi, appaiono i primi testi in cui lo studio dei moti celesti è fondato su osservazioni continue e su teorie matematiche algebricamente rigorose. Anche se, a differenza dei Greci, i Babilonesi non si avvalgono di modelli geometrici per lo studio dei cieli, ma solo di calcoli puramente numerici.

Il lavoro di questi astronomi produce molti cambiamenti, ma nessuna vera rivoluzione. In alcuni casi porta a risultati molto importanti: Seleuco, nel II secolo a.C., è un sostenitore della teoria eliocentrica, come il greco Aristarco di Samo, vissuto il secolo precedente.

La Bibbia fa spesso riferimento agli studi astronomici dei Babilonesi. Quando Abramo si reca a Harran, per esempio, trova che la città è dedicata, come Ur, al culto degli astri e in particolare a Sin, il dio della Luna. Secondo Filone Alessandrino (uno scrittore del I secolo d.C.) a Harran gli astronomi studiano gli astri, i loro moti e le loro reciproche influenze. Studiano in particolare il Sole e la Luna. Cercando di calcolare quanto misuri il primo: se più o molto più della Terra. E cercavano una spiegazione alla luminosità del satellite: quella della Luna è luce propria o riflessa?

Nel corso del primo millennio a.C. dunque, l'astronomia diventa capacità di predire ciò che succede nei cieli. Una capacità che se da un lato viene associata e si sviluppa come arte della divinazione e dell'astrologia – sono famosi i "maghi caldei" – dall'altro lato viene associata e si sviluppa come arte matematica. Come scienza.

All'epoca del re Nabonassar, nell'VIII secolo a.c., i Babilonesi iniziano a registrare in maniera regolare le osservazioni quotidiane realizzate da astronomi di professione, riconosciuti ufficialmente come tali. Stradone ne citerà tre di grande valore: Kidinnu, Naburianos e Sudinas. In particolare, si conoscono tavole su cui sono state registrate le eclissi lunari osservate tra il 747 e il primo secolo a.C. Dati che saranno utilizzati e ampliati da Claudio Tolomeo, che li riporterà nel suo *Mégalè Syntaxis*, più noto come *Almagesto*.

Tolomeo parlerà di una vera e propria *era di Nabonassar* che oggi possiamo definire come l'era in cui è nata l'astronomia scientifica. Una scienza tenuta in grande considerazioni per le sue implicazioni economiche e per la stessa vita politica.

Non vale dire che le capacità di previsione degli astronomi sono utilizzate dagli astrologi. I Babilonesi non hanno sempre ben distinto tra le due attività. D'altra parte anche in Europa, qualche millennio dopo, troviamo le due funzioni associate (Keplero, per esempio, era grande astronomo e anche astrologo; Newton grande fisico e alchimista). Tuttavia negli ultimi secoli dei regni caldei la distinzione inizia ad apparire in maniera sempre più netta.

I Babilonesi in realtà non supereranno mai il confine oltre il quale noi poniamo il regno della scienza: ovvero l'ambito al cui interno non ci si limita a descrivere, sia pure con estrema precisione, i fenomeni, ma ci si chiede perché avvengano. Quali sono le cause. Le loro domande tuttavia si fanno piuttosto stringenti. Le loro misure precise, fondate sull'osservazione diretta.

Al re mio signore, il tuo servitore, capo degli astrologi della città di Arsele, Salute! [...] il 29° giorno abbiamo fatto un'osservazione, l'osservatorio era nelle nubi, non abbiamo visto la Luna. L'8°

del mese di Nisannu la Luna si trovava a un cubito davanti alla stella del piede posteriore del Leone. [citato in Lo Sardo, 2007]

Gli studi astronomici e la capacità di prevedere gli eventi in cielo serve, essenzialmente, per stilare calendari. E i calendari servono in agricoltura, nel commercio, nella elaborazione delle leggi.

Kidinnu, che lavora come astronomo poco dopo il regno di Alessandro, nel III secolo a.c., indica nella sue tavole per ogni congiunzione la longitudine e la latitudine della Luna, il suo movimento angolare in 24 ore, l'eccedenza sui 29 giorni del mese sinodico e le date delle congiunzioni astronomiche. Inoltre egli calcola con estrema precisione la durata del mese sinodico in 29 giorni, 12 ore, 44 minuti e 3,3 secondi. Oggi il valore calcolato è di 29 giorni, 12 ore, 44 minuti e 2,8 secondi: lo scarto è di soli 5 decimi di secondo. Gli astronomi babilonesi conoscono anche il cosiddetto ciclo di Saros, quel periodo di 18 anni e 11 giorni dopo il quale, come abbiamo detto, le eclissi si ripetono a intervalli di tempo regolari.

È grazie a tutte queste conoscenze che nel IV secolo a.c. i Babilonesi inventano un nuovo e più preciso modo di misurare il trascorrere del tempo, il calendario *lunisolare*. Nel periodo storico più antico della civiltà babilonese il calendario prevede un anno formato da 12 mesi lunari, per un totale di 354 giorni (sei mesi lunari sono di 29 giorni e gli altri sei mesi di 30 giorni). Ma per far sì che l'anno lunare coincida con quello solare, si rende pertanto necessario intercalare di tanto in tanto alcuni mesi supplementari. Ogni tre anni, per esempio, su decisione del re, l'anno lunare viene intercalato con un tredicesimo mese. A partire dal secondo millennio si affermano metodi meno arbitrari per intercalare i mesi e coniugare il calendario lunare a quello solare, associando l'aggiunta di nuovi mesi lunari alla *levata eliaca* di alcune stelle. A partire dal 432 a.C., infine, viene usato quello che poi sarà chiamato il *ciclo di Metone* (dal nome dell'astronomo greco del V secolo a.C.) che prevede 7 intercalazioni ogni 235 *lunazioni*, ovvero ogni 19 anni. L'intercalazione di un mese avviene in concomitanza con l'equinozio di primavera.

I Caldei, infine, associano i nomi della settimana ai pianeti: la domenica al Sole, il lunedì alla Luna, martedì a Marte, mercoledì a Mercurio, giovedì a Giove, venerdì a Venere e sabato a Saturno. I nomi sono quelli che utilizziamo ancora oggi.

La Luna degli Egizi

La matematica egizia ha un carattere del tutto empirico. Non presenta alcuna legge generale o teoria astratta e non raggiunge mai un livello di sviluppo adatto alle applicazioni sofisticate in astronomia.

Le stesse osservazioni astronomiche sono piuttosto povere e la misura del tempo si risolve nei cicli più evidenti dei moti del Sole, della Luna e di alcune stelle, come Sirio, la "signora dell'anno". Gli Egizi conoscono i rapporti tra le rivoluzioni di questi tre astri. E conoscono i moti degli "astri che non conoscono riposo": il Sole e la Luna e i cinque pianeti più vicini alla Terra.

Non bisogna sottovalutare tuttavia le capacità degli Egizi, ammonisce giustamente Ronald A. Wells [Wells, 1997]. Perché sono loro i primi a stabilire un calendario civile solare con un anno di 365 giorni, e a suddividere il giorno e la notte in dodici ore ciascuno. E anche a darsi un calendario lunare religioso, probabilmente di importazione babilonese, abbastanza sofisticato.

Gli Egizi dividono il cielo in *decani*, gruppi di 36 stelle situate su una fascia equatoriale che sorgono (*levata eliaca*) a intervalli di 10 giorni l'una dall'altra e scandiscono l'anno solare. Descrivono così un calendario stellare.

Questi calendari, sostiene Jean-Pierre Verdet, sono la più benefica eredità lasciata ai posteri dagli astronomi che vivono sulle sponde del Nilo [Verdet, 1995].

L'anno egizio, per intenderci, sarà quello usato da Tolomeo e resterà in auge fino ai tempi di Copernico. Il calendario solare egizio in realtà farà da base a quello di Giulio Cesare e sarà modificato solo nel 1582 da papa Gregorio XIII sulla base delle proposte di una commissione presieduta dal gesuita e matematico bavarese Christoph Clau, meglio noto in Italia come Cristoforo Clavio.

In Egitto tutto è visto in relazione col Nilo e con le sue periodiche inondazioni. Così all'inizio gli Egizi propongono un anno formato da 360 giorni, ripartito in 12 mesi di 30 giorni, raggruppati in tre stagioni: i mesi dell'inondazione, i mesi della germinazione e i mesi del raccolto. L'inizio dell'inondazione da parte del Nilo avviene con straordinaria regolarità e coincide con la *levata eliaca* di Sirio, che gli Egizi chiamano Sothis. La *levata eliaca* della stella rappresenta dunque il primo giorno dell'anno. Ma dallo studio delle albe di Sirio, gli Egizi deducono che l'anno non è di 360, bensì di

365 giorni solari: per questo al loro vecchio anno aggiungono 5 giorni supplementari, i *giorni epagomeni*, che costituiscono un gruppo a parte, fuori dai mesi tradizionali, e sono giorni di festa. Anche l'anno così congegnato, tuttavia, non dimostra un perfetto isocronismo con le inondazioni del Nilo. Cosicché gli Egizi apportano una nuova modifica al calendario, ogni quattro anni aggiungono un giorno ai normali 365.

Anche gli Egizi correlano astronomia e religione. Il Sole, identificato con il dio Ra, nasce ogni mattino a Oriente, cresce e acquista vigore fino a mezzogiorno attraversando il grande fiume cosmico a bordo di una barca[1]. A metà giornata trasborda su un'altra barca che lo porta all'ingresso della valle di Dait. Qui cambia di nuovo imbarcazione e viaggia durante la notte, illuminando varie regioni dell'oltretomba, per ripresentarsi puntuale al mattino alla porta d'Oriente. A volte, durante le ore diurne, la barca di Ra è assalita da un enorme serpente e il Sole scompare temporaneamente. Il medesimo fiume cosmico, tuttavia, è percorso da un'altra barca e assiste a un'altra storia. L'altra barca è quella che trasporta la Luna (Yaahu Auhu). L'imbarcazione è assalita il quindicesimo giorno di ogni mese da una scrofa: ogni volta la Luna, viene ferita a morte e muore dopo un'agonia di quindici giorni e un crescente pallore. Poi, però, la Luna rinasce. Talvolta la scrofa riesce a ingoiarla interamente per breve tempo, causando un'eclisse.

La storia è bella, ma la Luna non cattura particolarmente l'attenzione degli Egizi. Anche se gli astronomi del faraone scoprono un bel po' di cicli legati ai moti della Luna. Ce n'è uno, per esempio, di 30 anni che correla la posizione di Sirio e la posizione del satellite nello spazio: le fasi della Luna possono, così, essere associate all'anno siriano. C'è, tuttavia, un ciclo lunare ancora più importante: quello di 25 anni (9.125 giorni) che corrisponde a 309 mesi sinodici, al termine del quale le stesse fasi lunari si presentano negli stessi giorni dell'anno solare. Sulla base di questo ciclo, chiamato *periodo Api*, riescono a prevedere i giorni di plenilunio e, di conseguenza, i giorni che corrispondono alle altre fasi lunari.

In realtà gli Egizi si accorgono che c'è uno scarto tra i 309 mesi sinodici (un mese lunare è pari esattamente a 29,530588 giorni) e

---

[1] Il Sole è in realtà il corpo di Ra, o anche solo il suo occhio.

i 25 anni solari: i primi cadono non al termine di 9.125 giorni esatti, ma al termine di 9.124,95 giorni. In pratica c'è lo scarto di un giorno ogni 500 anni. Il calendario viene così rettificato ogni cinque secoli (*periodo Fenice*).
Gli Egizi hanno il senso del tempo profondo.

La Luna dei Greci

Ma l'immagine della Luna con cui si confronta Dante è soprattutto quella dei Greci, a sua volta debitrice sia di quella mesopotamica sia di quella egizia.

Si dice che la cultura greca nasca con Esiodo, il primo poeta dell'Ellade, vissuto tra l'VIII e il VII secolo a.C., di cui abbiamo notizia. Tra le sue molte opere ce n'è anche una intitolata *Astronomia*, e molte sono le informazioni astronomiche utili in agricoltura che il poeta nato forse ad Ascra, in Boezia, fornisce.

Esiodo prende in considerazione due orologi cosmici: le stelle e, soprattutto, la Luna. Per il poeta greco il calendario deve essere fondato su un anno lunare (12 cicli di 29 giorni e mezzo per un totale di 354 giorni), anche se ogni 8 anni bisogna aggiungere 90 giorni per recuperare lo sfasamento con l'anno solare.

L'orfismo, la corrente mistica sviluppatosi intorno al VI secolo a.C., canta l'etere (la materia delle stelle) e il Sole. Ma canta soprattutto la Luna fiammeggiante, il supremo elemento del mondo, dalle corna taurine, errabonda pellegrina del cielo, lampada fulgente, regina delle stelle.

Ma in Grecia il rapporto dell'uomo con la natura cambia radicalmente proprio a partire da quel VI secolo a.C. in cui vivono Buddha in India, Confucio e Lao-Tse in Cina, Zoroastro in Mesopotamia. È in quel secolo memorabile che anche nel Mediterraneo, tra la Ionia e la Magna Grecia, una schiera nutrita di spiriti critici scopre la potenza della ragione. E il valore dell'osservazione attenta della natura.

È la civiltà greca in particolare che viene scossa da un vento impetuoso e pone, con Talete nella Ionia e Pitagora in Magna Grecia, domande che mettono in discussione il paradigma culturale di Esiodo. Quei filosofi iniziano a chiedersi: perché? È una rivoluzione che costituisce un passaggio cruciale dal *mythos* al *logos*. Naturalmente i Greci non partono da zero. Hanno (e li riconoscono) grandi debiti nei confronti dei Babilonesi e degli Egizi. Non a caso la nuova concezione del mondo emerge nella Ionia, la regione abitata dai Greci a più immediato contatto con l'Oriente. Mileto è la città di Talete, Anassimandro e Anassimene. E i fondatori di Elea, in Italia, provengono da Focea, nell'Asia Minore.

Le idee del passato, riconoscerà Aristotele, sono "reliquie di un antico tesoro". Non è il caso, in questo nostro veloce discorso sulla Luna, di richiamare in dettaglio le idee dei filosofi ionici e presocratici. Ci limiteremo a brevi cenni sulle novità che avranno maggiore influenza sul pensiero ellenistico e poi sul pensiero europeo ai tempi di Dante (e oltre). Alcune notazioni, tuttavia, sono importanti.

I filosofi greci del VI secolo si pongono alla ricerca dell'*archè*, ovvero alla ricerca di un principio unificante e di leggi generali. E poi usano un linguaggio comprensibile a tutti. Consapevoli che la conoscenza è un bene universale che non deve avere finalità di potere, né religioso né temporale. Le leggi della *polis*, per esempio, vanno scritte in modo che tutti le possano capire, per meglio strutturare la democrazia. E la scienza – o meglio, la filosofia che si occupa della natura – deve seguire un percorso analogo. Come afferma Talete in una lettera in cui si complimenta con Ferecide, uno dei *sette savi* citati da Diogene Laerzio, per la decisione di esporre pubblicamente il suo sapere e di accettare il dibattito, in modo da raggiungere un sapere condiviso che trovi rispondenza nei fatti osservati.

Il nuovo paradigma culturale coinvolge anche l'astronomia e la cosmologia.

Molte idee, come abbiamo detto, vengono dalla Mesopotamia o dall'Egitto, ma i Greci le organizzano in una forma sempre più organica e logicamente coerente, cercando di evitare le contraddizioni interne e, soprattutto, le contraddizione con i fatti osservati. In definitiva, cercando di fondere astronomia e cosmologia, trasformandole in filosofia della natura ed elaborando vere e proprie teorie cosmologiche sfrondate dal mito.

In questa ricerca, tra i primi filosofi greci già nei primi decenni del VI secolo inizia ad affermarsi la convinzione che il cosmo, il tutto armoniosamente ordinato, ha forma sferica e che la Terra è al centro di questo spazio circolare. Parmenide (o forse anche Pitagora) propone che la Terra stessa sia un globo. Se la Luna e il Sole sono con ogni evidenza sferici, perché la Terra dovrebbe avere forma diversa?

In realtà, come dicevamo, i perché cui cercano di rispondere sono molti.

Se il Sole sorge a Oriente e tramonta a Occidente, come fa a compiere il tragitto inverso? Perché le stelle fisse girano intorno a un polo inclinato rispetto all'asse del punto di osservazione? In particolare, perché ruotano intorno alla stella polare, che rimane alla stessa altezza immutata nel cielo durante tutto l'anno? E perché alcune stelle compaiono e scompaiono durante le stagioni?

I perché riguardano anche la Luna. Le sue fasi pongono dilemmi difficili da esorcizzare. Quel suo crescere e decrescere indica forse che c'è un qualche corpo piuttosto grande che si frappone tra la Luna e la luce del Sole? Se la luce della Luna è il riflesso di quella proveniente dal Sole, la Luna allora non è fatta di fuoco? Vi sono, in cielo, altri astri che non sono di fuoco? La Luna quindi è una sfera costituita di materia, solida o liquida. E se è liquida, perché in alcune occasioni eclissa il Sole? Quanto ai pianeti, perché scompaiono spesso e a lungo, riapparendo nel cielo in posizioni difficili da prevedere?

Ogni filosofo ha un modo diverso di rispondere a queste domande. Ciascuno sembra elaborare una sua teorica cosmologica. Tutti apportano idee e, soprattutto, aprono il dibattito. Secondo la tradizione il primo a porsi queste e altre domande è Talete di Mileto, vissuto tra il 624 e il 546 a.C.. Noto nella sua città come "il più sapiente di tutti gli astronomi", Talete è il primo a portare in Grecia la geometria astratta. Famosa resta la meraviglia che genera nei sui concittadini quando predice un'eclisse, probabilmente quella del 585 a.C..

Talete ha obiettivi astronomici precisi: cerca per esempio di calcolare la grandezza del Sole, pari a suo dire alla 720ma parte del tragitto circolare che la nostra stella percorre nei cieli. Con lui, si dice, la Terra "inizia a fluttuare".

Ma è il suo allievo Anassimandro il primo ad applicare con sistematicità la geometria allo studio dei cieli. Le sue ricerche lo portano a costruire gnomoni e meridiane, ovvero orologi che si basano sulle ombre associate rispettivamente ai raggi del Sole o della Luna. Costruisce, a quanto pare, una sfera celeste e sostiene che la Terra resta, immobile, al centro dell'universo – un universo infinito per dimensioni ed eterno per durata – solo ed esclusivamente a causa della posizione che occupa, equidistante da tutti gli altri punti posti alle estremità cosmiche. In altri termini, la stabilità della Terra si spiega con le proprietà geometriche dello spazio.

Anassimandro, tuttavia non pensa che la Terra sia una sfera. È convinto, al contrario, che sia un cilindro circondato da aria. I cieli, sferici, circondano la Terra come la scorza circonda il tronco di un albero. Tutti i pianeti sono in corrispondenza di altrettanti cilindri, la loro è solo un'apparenza sferica. Il Sole per esempio è un buco che lascia intravedere l'interno infuocato di in un enorme cilindro rotante. Anche la Luna è un buco in un cilindro rotante. Il parziale o totale occultamento del buco ne spiega le eclissi e le fasi. Quanto alle stelle, sono a loro volta un buco: un buco di un ago nell'enorme tronco rotante che lascia intravedere il fuoco cosmico che riempie lo spazio più esterno dell'universo.

Il meccanismo sembra bizzarro. E l'immagine dell'universo che ci restituisce, come rileva Arthur Koestler, sembra più un quadro surrealista di Salvador Dalì che non il preciso orologio di Isaac Newton [Koestler, 1991]. Ma costituisce il primo tentativo di fornire una descrizione meccanica dell'universo. Al mito delle barche che traghettano il Sole e la Luna, Anassimandro oppone una spiegazione meccanica e geometrica.

Anche quella di Anassimene, compagno di Anassimandro, è una spiegazione meccanica. Il filosofo, anche lui di Mileto, pensa che gli astri sono fissati come chiodi a una sfera materiale, cristallina e trasparente, che gira intorno alla Terra come il cappello intorno alla testa. Tra tutte le ipotesi di architettura del mondo finora esposte, questa della sfera cosmica sembra la più plausibile agli uomini del tempo di Anassimene. D'altra parte l'idea verrà ripresa e sviluppata in mille modi diversi in futuro, diventando sempre più complessa. Ma il concetto di sfera rotante (di sfere rotanti) resterà sul tappeto per un paio di millenni, almeno fino a Galileo Galilei.

Senofane di Colofone, invece, ritiene che gli astri non siano affatto oggetti cosmici, ma esalazioni che salgono dalla Terra e prendono fuoco in atmosfera. Le stelle si consumano all'alba, di sera nuove esalazioni ne formano altre. Allo stesso modo nasce e muore ogni giorno il Sole. Quanto alla Luna, è una nuvola luminosa, compressa, la quale impiega un mese a dissolversi completamente, prima che se ne formi una nuova. Nelle diverse parti della Terra si vedono stelle, soli e lune diverse. Tutte illusioni nuvolose, chiosa Koestler. Le idee di Senofane presto si dissolveranno,

come le sue nuvole. Tuttavia qualcosa rimane, se Galileo stesso tenderà a considerare le comete delle illusioni atmosferiche.
Tutte queste ipotesi sembrano bizzarre. E quella di Senofane tra tutte ci appare come la più bizzarra. Ma tutte hanno un tratto comune: rifuggono il mito e tendono a dare spiegazioni naturalistiche. Ciò non significa che siano spiegazioni veritiere. O anche solo verosimili. Ma al loro fondo c'è il ragionamento e un primo tentativo di salvare le apparenze, ovvero i fenomeni osservati.

Anassagora, maestro di Socrate, oltre che di Pericle e di Euripide, si cimenta con il problema dell'origine cosmica, sostenendo che all'inizio l'universo fu sottoposto a un vorticoso movimento circolare, una sorta di immensa centrifuga, che avrebbe separato gli elementi opposti: il rado dal denso, il freddo dal caldo, la luce dalle tenebre. Ma, forse, è importante ricordare che Anassagora viene sottoposto a un processo nella democratica Atene, salvando a stento la vita, per aver sostenuto che la Luna, come il Sole, non ha alcuna natura divina. E che il Sole, in particolare, è una massa di terra incandescente. Anassagora non sarà l'ultimo a dover pagare per le sue idee sull'universo.

Ma, tra i presocratici, il filosofo più interessante per chi si occupa di Luna, scienza e poesia, è certamente Parmenide, nato a Elea, a sud di Salerno, sul finire del VI secolo a.C. (intorno al 520 a.C.). Del suo famoso poema *Sulla Natura* non disponiamo, in realtà, che di pochi frammenti. Tuttavia sappiamo che il libro imita sì, nella sua struttura, la *Teogonia* di Esiodo, ma Parmenide lo utilizza non per proporre racconti mitologici, ma per comunicare le ultime conquiste dei filosofi naturalisti.

Parmenide come Dante, dunque.

Il paragone non è affatto azzardato. È, anzi, probabile che il poeta fiorentino abbia tratto ispirazione dal suo predecessore eleatico. Fatto è che nel suo poema Parmenide compie come Dante un viaggio tra gli astri e come Dante è accompagnato da una guida. Dapprima quattro cavalle, figlie del Sole, lo conducono fino alla porta di bronzo che spalanca sull'immensità dello spazio cosmico: la porta del giorno e della notte. L'uscio poggia sulla Terra, ma nell'estremo occidente: in regioni non abitate dall'uomo. È così alto che l'architrave tocca il cielo. Parmenide vi giunge al tramonto e davanti a lui scorge "un vuoto infinito". Oltre quella porta, infatti, si apre l'abisso dove c'è il mondo dei morti, il regno di Ade e di Persefone.

Qui sopravviene Dike che, come Beatrice col poeta fiorentino, diventa la guida di Parmenide, lo prende con la mano destra e lo trascina "per una strada mai calcata dall'ombra di un uomo". Dike è la giustizia. Ma rappresenta anche le leggi della fisica che "vincono gli elementi e i fenomeni". Parmenide la utilizza per sostenere (come farà Dante) che non dobbiamo lasciarci guidare dalla *doxa*, dal realismo ingenuo dei nostri comuni sensi, perché possiamo essere ingannati. Dobbiamo invece lasciarci guidare dal *logos*, dalla ragione.

Il viaggio nel cosmo inizia e Parmenide comincia subito a distinguere tra le antinomie del cosmo: per esempio tra ciò che è generato (e per questo destinato a morire) e ciò che è perfetto ed eterno. Ecco, dunque, che si imbatte subito nel problema dell'*arché*: l'inizio del cosmo. Può nascere l'universo dal nulla? La sua celebre risposta è: l'universo o è o non è. Poiché è, non può essere nato dal nulla.

L'universo di Parmenide è dunque un'entità enorme, indivisibile, isotropa (uguale in ogni sua parte), tutta piena, senza principio e senza fine. Anch'esso, però, ha un limite estremo, che lo rende "simile alla massa di una rotonda sfera, che dal centro preme in ogni parte con egual forza". La sua forma è, dunque, sferica. E al centro della sfera cosmica c'è la Terra, a sua volta sferica. Secondo Diogene Laerzio è proprio Parmenide il primo tra i Greci a sostenere che la Terra è al centro dell'universo. Ed è il primo a sostenere che è sferica.

Anche la Luna è un globo. Lo è sempre, anche durante le fasi che dipendono dalla posizione reciproca di Sole e Terra, oltre che della stessa Luna. Nel corso delle fasi, quello che cambia è semplicemente la parte della Luna illuminata dal Sole e rivolta verso la Terra. La luce della Luna, che nell'immaginario collettivo si contrappone a quella solare, è descritta da Parmenide come la

> luce notturna riflessa che vaga intorno alla Terra [...] sempre rivolta e pronta agli sguardi radiosi del Sole.

Le eclissi sono normali fenomeni astronomici e non segni funesti. Gli astri non hanno alcuna dimensione mistica, sono solo oggetti posizionati nell'universo materiale: blocchi di fuoco, tutti uguali, incorporati nelle sfere celesti. La stella della sera *Hesperos* e quella del mattino *Phosphoros* sono il medesimo astro, che prenderà il nome di Afrodite: Venere, per i Latini.

Lo spettacolo delle teorie naturalistiche che fioriscono nel VI secolo a.c., sostiene con una bella immagine Arthur Koestler,

> evoca quello di un'orchestra prima del concerto quando ogni musicista accorda il suo strumento ed è assorbito in quel che fa senza prestare orecchio ai miagolii degli altri. Poi un silenzio emozionante: il direttore entra, batte tre colpi, alza la bacchetta e l'armonia emerge dal caos. Il direttore d'orchestra è Pitagora di Samo. [Koestler, 1991]

Tutto è numero, sostiene il filosofo di Samo. E l'armonia delle relazioni tra i numeri governa tutto quanto avviene in natura. I numeri hanno sottratto il mondo al *caos* e lo hanno reso *cosmo*: un tutto, appunto, armoniosamente ordinato.

La musica è armonia, spiega ai discepoli della sua scuola a Crotone, perché è relazione tra numeri. Le vibrazioni di una corda, infatti, diventano musica quando si susseguono a intervalli regolari, cioè quando diventano rapporti perfetti tra numeri interi.

La relazione armonica tra numeri è musica, continua Pitagora. Osservate i moti celesti. Osservate la loro perfetta regolarità. I moti delle sfere celesti sono numeri. E il loro rapporto è un rapporto tra numeri. Ora ascoltate una a una le sfere celesti. Il Sole, la Luna, ogni pianeta, così come la volta delle stelle fisse, producono ciascuno un suono diverso. L'insieme armonico di questi suoni produce una musica. La musica delle sfere celesti. I nostri occhi e le nostre orecchie, spiega ancora Pitagora, sono stati creati per catturare l'armonia, matematica, del mondo.

Pitagora rappresenta davvero uno spartiacque. Perché è il primo filosofo che tenta in maniera sistematica di matematizzare lo studio dei processi naturali e compie, quindi, un primo passo essenziale verso la nascita della scienza.

Il valore del matematico e filosofo di Samo emigrato a Crotone appare così grande, anche rispetto ai suoi grandi contemporanei, da indurre Arthur Koestler a sostenere che la sua

> influenza sulle idee e quindi sul destino della razza umana fu probabilmente maggiore di quella di qualunque altro uomo prima o dopo di lui. [Koestler, 1991]

Un tantino esagerato. Ma con un pizzico di verità.

Lo studio del cosmo in relazione ai numeri porta Pitagora a occuparsi degli oggetti che appaiono nel cielo, in primo luogo la Luna, e a tentare di calcolarne la reciproca distanza in una successione di numeri che ha l'armonia degli intervalli musicali. Così l'"intervallo" tra la Terra e la Luna equivale a un tono. Tra Mercurio e Venere a un semitono. Da Venere al Sole a una terza minore. Dal Sole a Marte a un tono. Da Marte a Giove un semitono. E da Giove a Saturno a un semitono. Infine una terza minore è l'intervallo che separa Saturno dal cielo delle stelle fisse.

Ma la Luna non è solo un oggetto distante. È un oggetto intrigante. Che cattura l'attenzione di Pitagora e della sua scuola. A Crotone molti vanno sostenendo che le ombre e le luci che appaiono sulla faccia della Luna siano provocate dai riflessi degli oceani della Terra. Mentre per altri, la faccia della Luna riflette la faccia di un Antiterra, un pianeta che noi non vediamo. Ma che sia l'una o l'altra a irrorarla di luce, una serie di fatti sembra certa per i discepoli di Pitagora: la Luna non brilla di luce propria; non riflette neppure la luce del Sole, ma la luce di un pianeta (sia esso la Terra o l'Antiterra) che a sua volta non brilla di luce. La Luna, dunque, riflette una luce riflessa: e ciò spiegherebbe il suo pallore.

Gli allievi di Pitagora elaborano diverse immagini della struttura cosmica. Quella di Filolao è forse la più interessante. Secondo il matematico e astronomo nato a Crotone (o, forse, a Taranto) al centro dell'universo c'è un fuoco centrale (ove abita Zeus) che è il generatore del cosmo. Intorno vi ruotano nove corpi che descrivono orbite concentriche e sono, rispettivamente: *Antichton* (l'Antiterra), la Terra, la Luna, il Sole e poi Mercurio, Venere, Marte, Giove e Saturno. Il tutto è chiuso e trascinato dalla sfera delle stelle fisse.

La Terra compie la sua orbita intorno al fuoco centrale in ventiquattro ore e gli espone sempre la medesima faccia, quella non abitata: proprio come fa la Luna con la Terra. L'*Antichton* fa da barriera e impedisce alla Terra di essere bruciata dal fuoco centrale. Quanto al Sole, non è un globo infuocato, ma un grande specchio che riflette la luce del fuoco centrale. La Luna è invece del tutto simile alla Terra – l'unico corpo dell'universo simile alla Terra – popolata da esseri viventi e da piante quindici volte più grandi e comunque più belle di quelle terrestri. Il quindici non è un numero casuale. La Luna è infatti illuminata per quindici giorni consecutivi, dice Filolao.

Cosa ha di particolare la cosmologia di Filolao? Be', il fatto – rileva Eugenio Lo Sardo – niente affatto banale che nelle sue teorie "si scorgono le prime immagini di un sistema solare, di rotazione della Terra e di altri mondi abitati". È il primo modello non geocentrico. La Terra di Filolao fluttua nel vuoto e si muove. Proprio come la Luna.

Certo il crotoniate propone anche la curiosa idea dell'Antiterra, il pianeta invisibile dalla parte abitata della Terra. Ma anche questa proposta che non ha alcun fondamento empirico, riveste una sua notevole importanza. La discussione sull' esistenza di *Antichton* si accende, vivacissima, per un breve periodo, poi velocemente decade. E decade per motivi che potremmo dire scientifici. I rapporti dei marinai che navigano in mari sempre più lontani, infatti, non mostrano alcun indizio né dell'Antiterra, né del fuoco centrale. Così pian piano si insinua – forse a opera di due siracusani, Iceta ed Ecfanto – l'idea che la Terra ruoti in ventiquattro ore intorno al proprio asse.

Platone e Aristotele

Si dice che tutta la filosofia occidentale sia contenuta negli scritti e nelle idee di due greci vissuti nel IV secolo a.C., Platone e Aristotele. Tutto il resto sono note a margine del loro pensiero.

Lungi da noi voler anche solo commentare questa affermazione o tentare di riassumere il pensiero dei due giganti. È solo una presa d'atto: il pensiero occidentale si svolge alla luce di quello di Platone e Aristotele. Che è riuscito a influenzare ogni campo dello scibile umano. Compresa la cosmologia. Entrambi hanno parlato (anche) del cielo. E, quindi, della Luna.

Platone è allievo di Socrate. E attribuisce al maestro queste convinzioni cosmologiche: la Terra è sferica, è un oggetto molto grande, con tante regioni abitate da persone che noi non conosciamo, ed è collocato al centro dell'universo. Non ha bisogno di nessun appoggio per restare al suo posto, fluttua nel vuoto, perché intorno l'universo è tutto uguale a se stesso e la Terra è in perfetto equilibrio.

Platone affida al *Timeo* le sue riflessioni cosmologiche, che fanno proprio il pensiero attribuito a Socrate. In una parte del dialogo, che è la forma narrante del libro, Timeo, che viene da Locri, espone le sue idee cosmologiche, rispondendo a una serie di domande che egli stesso si pone.

Prima fra tutte: l'universo è stato generato o è sempre esistito? Si tratta della medesima domanda che si è posto Parmenide e a cui il filosofo di Elea ha risposto in maniera apodittica: l'universo è eterno ed eternamente uguale a se stesso. Non è un universo evolutivo. L'evoluzione non è spiegabile. Osserviamo, con i nostri fallaci sensi, il cambiamento. Ma il cambiamento non c'è.

Platone la pensa in modo diverso. L'universo non è eterno. Quanto meno non è sempre esistito. Ma è stato generato in un dato momento, perché si può vedere e toccare: ed è, quindi, dotato di un corpo corruttibile. Che non può esistere in eterno, appunto. Se è nato, la sua nascita deve essere stata generata da una causa. Un creatore nascosto, il demiurgo, che nel generare l'universo fisico ha guardato al modello delle entità eterne e perfette: le idee. Il demiurgo conduce la materia primordiale dal disordine all'ordine, riproducendo l'immagine che gli oggetti hanno nel mondo delle idee. Gli elementi su cui agisce sono tre: le idee eterne, il mondo sensibile generato a partire dai modelli, e un terzo elemento "difficile e oscuro" in cui avviene la creazione, la *chora*, uno spazio composto da una materia indefinibile che è molto simile a quella che gli orfici chiamano etere.

Nella *chora* giacciono le imitazioni e le copie dei paradigmi. La *chora* è in continuo movimento e comunica il moto agli oggetti che sono presenti in essa. Il demiurgo forgia gli oggetti mescolando nelle debite proporzioni e forma quattro elementi originari (terra, acqua, aria e fuoco).

L'universo così prodotto evolve secondo precise ed eterne leggi fisiche. Il demiurgo interviene seguendo precise regole geometriche e matematiche. Per questo noi oggi possiamo esplorare l'universo con la geometria e la matematica. Il dio di Platone è un Dio geometra. Le forme originarie sono solidi geometrici regolari: il tetraedro, l'esaedro, l'ottaedro, l'icosaedro e il dodecaedro. Il dodecaedro è il più simile alla forma, sferica, dell'universo ed è usato dal demiurgo come ornamento.

L'universo così prodotto è completo, autosufficiente e indipendente: con un unico movimento, quello circolare e uniforme. L'universo è anche dotato di un anima: l'*anima mundi*. Quest'anima non è stata creata dopo l'universo, ma lo precede. È formata dalla miscela di tre generi – l'essere, l'identico e il diverso – che informano e governano il cosmo, ancora una volta secondo precise regole matematiche.

Con questi vincoli, il demiurgo ha realizzato un universo che ha la forma di una sfera armillare. Ha costruito una sfera (l'universo intero), dividendola poi in due, una caratterizzata dall'identità (il cerchio delle stelle fisse) e l'altra caratterizzata dalla diversità, (il cerchio dei pianeti). Poi ha diviso ancora la sfera dei pianeti, generandone una per ciascuno dei sette pianeti e facendo in modo che i primi tre – la Luna, il Sole e Mercurio – avessero la medesima velocità di rotazione e gli altri quattro – Venere, Marte, Giove e Saturno – ciascuno una velocità diversa.

Il demiurgo, lui sì, è eterno. E così ha cercato di rendere simile a se stesso l'universo corruttibile, inventando il tempo che al cosmo conferisce l'eternità, se non nel passato, almeno verso il futuro. Sono nati così le scansioni del tempo: i giorni, i mesi, gli anni. Misura del tempo sono la Luna, il Sole e gli altri astri erranti, che non hanno alcuna influenza sulle cose terrestri. Dopo averne formato i corpi, il demiurgo ha posto i pianeti nelle loro orbite finali. Nell'orbita più vicina alla Terra ha posto la Luna, che – con il Sole – scandisce il tempo per gli organismi viventi.

Compito dei matematici è studiare e capire le apparenti irregolarità dei moti planetari per ricondurli nell'ambito del circolare e dell'uniforme. Nasce così quella che Arthur Koestler chiamerà la "maledizione del cerchio", che dominerà l'astronomia per un paio di millenni.

Platone muore nel 346 a.C. . E uno dei suoi allievi più brillanti, Aristotele di Stagira, fonda nel 335 a.C. una propria scuola filosofica, il Liceo, ad Atene. Ma Aristotele ha una propria visione del mondo, profonda, vasta e complessa almeno quanto quella del maestro. Lo stagirita scrive molto. E i suoi saggi, con quelli di Platone, sono destinati a costituire la struttura portante del pensiero filosofico occidentale nei successivi due millenni e mezzo.

Aristotele si occupa e scrive anche di astronomia. E un suo trattato, *Il Cielo*, delinea quello che – con lievi modifiche – costituirà il paradigma astronomico per i successivi due millenni. Bisognerà attendere Galileo Galilei prima che gli occhiali con cui Aristotele ha guardato il cielo vengano sostituiti con altri.

Nella sua ricostruzione dell'universo Aristotele evita il problema dell'origine, che si era invece posto non senza coraggio Platone. Per il filosofo di Stagira il cosmo è eterno: è sempre esistito e sempre esisterà. Non c'è stata alcuna transizione primigenia dal caos al cosmo, dal disordine all'ordine, il mondo e la materia che lo costituiscono sono sempre stati ordinati. E tale resteranno per sempre.

La Grecia del IV secolo a.C. ha una vivacità intellettuale come raramente nella storia umana. E di visioni del mondo, filosoficamente fondate, ve ne sono più d'una. E spesso sono divergenti. Aristotele non è una voce nel deserto, ma un grande che dialoga, spesso in modo serrato, con altri grandi. Cosicché a chi, come Eraclito ed Empedocle, contesta la sua idea di eterna immutabilità del cosmo e prospetta, piuttosto, un ciclico ritorno di caos e di ordine, Aristotele ribatte: può l'uomo nascere, invecchiare, morire e poi rinascere e tornare fanciullo? Certo che no. E allora, conclude con un'estrapolazione che oggi riteniamo infondata, se non è possibile all'uomo, non è possibile neppure al cosmo.

Nulla cambia, dunque, nel cosmo. Ciò è confermato, precisa Aristotele, dalle osservazioni empiriche. Nessuno infatti ha mai osservato una qualche mutazione nei cieli. Non nel cielo nel suo complesso né in ciascuna delle sue parti. Anche in questo caso Aristotele forza un po' le conoscenze del tempo: egli stesso ha avuto notizia di fenomeni di cambiamento, come la precessione degli equinozi (poi scoperta da Ipparco) e dello stesso spostamento dell'asse terrestre, ma li ritiene frutto di errori nella verifica empirica dei fenomeni e non cambiamenti reali.

Naturalmente ci sono oggetti che nel cielo si muovono, a iniziare dal Sole, dalla Luna e dagli altri astri erranti. Ma tutto ciò che si muove nell'universo, si muove di moto naturale circolare. Cosicché tutto ritorna eternamente sui suoi passi. Ciò è possibile sia perché il movimento circolare non ha contrari ed è esente da corruzione e generazione, da accrescimento e diminuzione, sia perché gli oggetti cosmici, compresi gli astri erranti, non hanno né gravità né leggerezza, sono eterei e senza peso. In realtà, sostiene lo stagirita, tutti gli elementi si muovono di un moto naturale: la terra, per esempio, cade naturalmente giù verso il centro dell'universo; il fuoco, invece, tende a salire. Ebbene, il moto naturale della quintessenza cosmica, l'etere, è quello circolare.

Ciò significa che ha torto Anassagora a considerare gli astri del cielo oggetti materiali costituiti dagli stessi quattro elementi che troviamo qui sulla Terra: terra, acqua, aria e fuoco. Non è un caso che gli antichi abbiano sempre attribuito al cielo una natura divina. Non è solo perché non lo conoscevano. Ma perché avevano intuito che la natura del cielo e degli oggetti che lo popolano è davvero diversa da quella terrestre, costituita com'è da un elemento, l'etere, totalmente diverso dai quattro elementi di cui sono formati gli oggetti materiali qui sulla Terra.

Sbagliano coloro che – come Anassimandro, Anassimene, Anassagora e Democrito – parlano dell'esistenza di una pluralità di mondi. L'universo è chiuso e finito. Con un numero finito di mondi: i sette pianeti e le stelle fisse. Ma i critici possono controbattere: se l'universo fosse finito come dici, cosa accadrebbe, caro Aristotele, se un uomo si avvicinasse a quel limite e scagliasse una freccia verso l'esterno? Ci sarebbe qualcosa a impedire che la freccia esca dall'universo? E se l'universo è finito, tutta la sua materia non sarebbe collassata al fondo?

No, risponde Aristotele. Tutti gli oggetti cosmici sono eterei, senza peso e quindi naturalmente sospesi nel vuoto. In realtà gli astri erranti e le stelle fisse non fluttuano liberamente nel vuoto, ma sono incastonati in otto sfere rotanti e trasparenti che si muovo l'una rispetto all'altra. E il calore che alcuni, come il Sole, sembrano emanare è in realtà l'attrito generato dalla rotazione delle sfere e che si propaga nell'atmosfera terrestre. Non accade forse anche ai proiettili scagliati dalle macchine da guerra? Viaggiano a tale velocità da generare un attrito nell'aria capace di fondere le palle di piombo.

Sbaglia dunque anche Platone a sostenere che gli astri ruotano su se stessi. Essi se ne stanno ben fermi. Non ce lo dice chiaramente la Luna, che mostra alla Terra sempre la stessa faccia?

Il cosmo chiuso di Aristotele è una maestosa costruzione meccanica. Con un carattere specifico e impegnativo: è asimmetrico. Divide l'universo in due. Da una parte c'è il cielo, costituito dall'eterea e incorruttibile quintessenza. Dall'altra c'è la Terra, costituita da materia greve e corruttibile. Ciò determina di per sé la geografia cosmica. Poiché il moto naturale della materia dotata di peso è verso il centro del cosmo, la Terra – costituita da materia greve – è naturalmente al centro dell'universo.

> Che fai tu, luna, in ciel?

Ciò pone un problema, tuttavia: l'asimmetria cosmica, con la linea di confine che separa il mondo incorruttibile dei cieli da quello corruttibile della Terra. Questa linea è segnata dalla Luna. Tutto ciò che sta sulla Luna e più su della Luna è etereo e immutabile. Tutto ciò che sta sotto la Luna, l'atmosfera e la Terra, è greve e corruttibile.

La Terra ha tre caratteristiche speciali nell'universo di Aristotele: è al centro del cosmo, non ha movimento ed è anche la parte più bassa e umile. La più lontana da Dio. Per aver proposto questa specificità della Terra, Arthur Koestler affida ad Aristotele un ruolo di restaurazione cosmologica:

> Gli ionici avevano liberato il mondo dalla sua conchiglia, i pitagorici vi avevano lanciato la palla terrestre, gli atomisti ne avevano dissolto i limiti nell'infinito. Aristotele chiuse brutalmente il coperchio, spingendo di nuovo la Terra al centro del mondo e la privò di movimento. [Koestler, 1982]

La Terra è naturalmente sferica. Lo si comprende per via logica: le particelle di materia di cui è costituita tendono a muoversi verso il centro e la sfericità è la condizione di massimo equilibrio che possono trovare. Ma lo si vede anche per via empirica: non è forse sferica l'ombra che proietta sulla Luna durante le eclissi?

Già, la Luna. Anche l'astro narrante ha una sua spiccata specificità nell'universo di Aristotele. È, infatti, lo spartiacque cosmico. È lei che segna la linea di confine tra il perfetto e l'imperfetto. Tra due fisiche. Dalla Luna in su vale la fisica della perfezione e della incorruttibilità, sotto la Luna vale la fisica dell'imperfezione e della corruttibilità.

Tra La Terra e la Luna c'è uno spazio, l'atmosfera, interamente colmato dall'aria. L'atmosfera è una regione omogenea, tuttavia. La sua parte più alta e più vicina alla Luna non è vera e propria aria. Ma, piuttosto, una sostanza facilmente infiammabile, che produce alcuni fenomeni effimeri possibili solo nel corruttibile cielo sotto la Luna: le comete e le meteore.

A ben vedere, la Luna di Aristotele non segna solo il confine tra due fisiche. Ma anche tra due filosofie cosmologiche. Tra l'evoluzionismo dinamico di Eraclito (che agisce nel mondo sublunare) e la mancanza assoluta di divenire di Parmenide (che caratterizza il cielo sopra la Luna).

Da Eudosso ad Aristarco

La costruzione del cielo con otto sfere rotanti non è, in realtà, esattamente quella di Aristotele. Lo stagirita ne ha proposto una più complessa, costituita non da sole sette sfere rotanti (più quella delle stelle fisse), ma da ben 55 sfere. Il suo problema, infatti, è quello tipico degli scienziati: salvare le apparenze. Ovvero elaborare una teoria che spiega quello che davvero si vede nei cieli.

E quello che si vede nei cieli non è spiegabile con un modello di *sfere omocentriche*, ovvero di sfere che hanno tutte il medesimo centro e si muovono di moto perfettamente circolare. Il guaio è che i sette astri che vediamo errare nel cielo non rispettano questo semplice ed elegante disegno. Essi ci appaiono ora più grandi, ora più piccoli. Come se, nel tempo, si trovassero a distanze diverse. E poi si muovono a velocità mutevoli: ora rallentano, ora sembrano accelerare e talvolta sembrano tornare indietro; hanno, in apparenza, un moto retrogrado.

Prima di Aristotele un grande astronomo greco, Eudosso, contemporaneo di Platone, ha proposto un modello dei moti celesti molto più complesso del modello delle *sfere omocentriche*. Solo il movimento delle stelle fisse può essere spiegato con il movimento nel cielo di una sola e compatta sfera rotante intorno alla Terra. Il movimento degli astri erranti deve essere una combinazione del moto composto da una sfera principale, che ruota intorno al centro dell'universo, e da altre sfere che ruotano rispetto alla sfera principale.

Eudosso spiega con migliore precisione i movimenti apparenti della Luna e del Sole nel cielo, assegnando a ciascuno di loro tre diverse sfere. E spiega il moto apparente dei pianeti assegnando loro quattro sfere. In totale nel cielo di Eudosso ruotano 27 sfere.

Il modello di Eudosso funziona meglio del modello semplice a sette sfere principali. Ma non ancora abbastanza bene. Un suo allievo, di nome Calippo porta il numero totale delle sfere cosmiche a 33. Aristotele affina il modello e propone ben 55 diverse sfere rotati.

C'è una differenza notevole, tuttavia, tra il nuovo modello di Aristotele e i modelli precedenti, che va oltre il numero delle sfere. Eudosso e Calippo hanno proposto un modello geometrico utile per calcolare la posizione dei pianeti. Aristotele lo trasforma in un modello matematico. Ciò ha un significato epistemologico molto forte. Con il loro modello Eudosso e Calippo non vogliono proporre alcuna spiegazione fisica di ciò che accade nei cieli. Aristotele, invece, propone un modello fisico che ha l'ambizione di spiegare come vanno davvero le cose nel cielo.

È un modello molto più preciso, in grado di descrivere con buona approssimazione i tragitti "anomali" dei pianeti nel cielo. Ma non di spiegare le differenze di luminosità e brillantezza, dovute – oggi lo sappiamo – alla distanza dei pianeti dalla Terra che cambia ciclicamente nel tempo. Per il sistema "geometrico" di Eudosso e Calippo questo non è un problema di sostanza. Per il modello fisico di Aristotele è un problema serio.

Quello di Aristotele, per quanto autorevole, non è certo l'unico modello astronomico che il IV secolo a.C. lascia in eredità ai secoli successivi. In realtà esistono diverse scuole di pensiero che si sviluppano nel corso di secoli.

Prendiamo il caso, per esempio, di Eraclide Pontico. Il grande astronomo, amico e avversario di Platone, è forse il primo a sostenere che la Terra ruota nell'arco di un giorno intorno al proprio asse. Ed è tra i primi ad affrontare il problema centrale dell'astronomia del tempo: la rivoluzione annuale dei pianeti nel cielo. Il problema dei pianeti erranti.

Non se ne riesce proprio a prevedere l'orbita con esattezza. Anche se è un fatto rassicurante che queste orbite siano schiacciate se non in un piano, in una regione tridimensionale molto piatta del cielo, lo Zodiaco. E pare proprio che i pianeti interni, Mercurio e Venere, ruotino intorno al Sole. Tutti e tre, poi, insieme ruotano intorno alla Terra.

Eraclide non propone un modello compiutamente eliocentrico. Ma, certo, apre la strada alle ricerche di Aristarco di Samo, un astronomo che studia e lavora ad Alessandria, contribuendo a fare della città egiziana il centro delle attività scientifiche nella nuova era ellenistica che si apre nel III secolo a.C..

Aristarco propone una struttura dell'universo in cui il Sole e le stelle fisse sono immobili nello spazio, mentre invece i pianeti e la Terra ruotano intorno al Sole. La leggenda vuole che l'astronomo nasca proprio nel 310 a.C., l'anno della morte di Eraclide. Di lui ci resta un breve trattato: *Delle dimensioni e delle distanze del Sole e della Luna*. Dove si nota l'impostazione scientifica, l'originalità del pensiero e il rigore delle osservazioni tipici dello scienziato. I risultati non sono da meno del metodo. Aristarco calcola che la durata dell'anno solare è di 365 giorni, 6 ore, e 1/1623: la misura più precisa prima del telescopio.

Purtroppo è andata perduta l'opera in cui propone il sistema eliocentrico e la rotazione contemporanea della Terra intorno al proprio asse. Tuttavia che ci sia stata quella proposta ce ne offrono testimonianza indiretta due autorevoli personaggi: Archimede e Plutarco.

Aristarco sostiene che la Terra e i pianeti sono dotati di moto circolare uniforme di rivoluzione intorno al Sole. La Terra è dotata anche di un moto di rotazione diurno (di 24 ore) intorno a un proprio asse che è inclinato rispetto al piano dell'orbita che il nostro pianeta descrive intorno al Sole. Nessuna di queste ipotesi è direttamente osservabile. O meglio, non c'è una prova empirica diretta che sia la Terra a muoversi nello spazio e non lo spazio a muoversi intorno alla Terra. Ma se si assume l'intero pacchetto delle ipotesi di Aristarco è possibile "salvare tutti i fenomeni osservati". Insomma, si possono spiegare il moto apparente nel cielo non solo del Sole e della Luna, ma anche di tutti gli altri pianeti erranti. C'è una differenza tra il modello eliocentrico di Aristarco e quello geocentrico di Aristotele? Rispondono diversamente al criterio di semplicità e di economia. Nessuno dei due, al tempo di Aristarco, può contare su prove empiriche decisive. Entrambi possono, con una certa approssimazione, "salvare i fenomeni". Ma mentre il modello di Aristarco può "salvare i fenomeni" in maniera piuttosto semplice, facendo sparire stazioni (il punto in cui i pianeti sembrano fermarsi) e moti retrogradi, il modello geocentrico di Aristotele può "salvare i fenomeni" solo proponendo un'architettura cosmica molto complicata e macchinosa.

Questo principio estetico ha una sua forza straordinaria. Ma, come ricorda Arthur Koestler, non c'è nulla di più errato nell'avvicinarsi alla storia dell'uomo e della sua cultura che immaginare un cammino lineare e trionfante per la scienza e la ragione. Al contrario, il loro è un percorso tortuoso. Con molte curve, continui saliscendi, persino qualche ritorno indietro.

In breve, il modello eliocentrico convince astronomi del calibro di Seleuco, che vive a Babilonia nel II secolo a.C.. Ma alla fine risulta perdente. Per alcuni secoli le idee di Eraclide e, soprattutto, di Aristarco saranno persino dimenticate.

Non è facile rinunciare all'idea della Terra (dell'uomo) centro dell'universo.

L'astronomia ellenistica

Tra i discepoli di Aristotele non ci sono solo giovani e brillanti filosofi. C'è anche Alessandro, figlio di Filippo di Macedonia, il condottiero nato nel 356 a.C. e salito al trono nel 336, che in pochi anni dà vita a un grande impero e avvia un grande processo di unificazione culturale del Mediterraneo.

Alessandro muore nel 323 e Aristotele l'anno dopo, nel 322 a.C. La loro morte segna l'inizio dell'ellenismo: la diffusione della cultura greca in tutto il bacino mediterraneo, che si realizza attraverso profonde contaminazioni con le culture degli altri popoli che gravitano intorno al mare. Il mondo ellenistico è caratterizzato da un formidabile sviluppo civile e intellettuale. La scienza ellenistica, in particolare, raggiunge in molti ambiti risultati, teorici ed empirici, davvero inediti. Tanto che, anche da un punto di visita epistemologico, si configura come molto simile, se non del tutto analoga, alla scienza moderna [Russo, 1996].

Forse non tutti saranno in accordo con questa affermazione. Ma non è questa la sede per cimentarsi in un dibattito intorno alla natura della scienza ellenistica e della scienza *tout court*. Conviene tuttavia sottolineare che nell'ambito di quelle che oggi definiamo scienze fisiche, gli scienziati ellenistici tendono proprio come gli scienziati odierni a far coincidere i modelli teorici matematizzati con i dati delle osservazioni, mediante precise regole di corrispondenza [Greco, 2002].

In realtà i modelli teorici sviluppati nell'ambito del periodo ellenistico sono vere e proprie teorie scientifiche, formati da proposizioni dedotte con rigoroso metodo logico da poche assunzioni (postulati o ipotesi) non giustificati direttamente da osservazioni. Le teorie traggono la loro validità dalla possibilità di dedurre ciò che realmente appare e permettono – come rimarcano gli ellenisti – di "salvare i fenomeni" [Russo L., 2003].

Uno dei più grandi rappresentanti del pensiero scientifico ellenistico è certamente Euclide (vissuto intorno al 300 a.C.). Una delle sue opere, gli *Elementi*, grazie a un percorso logico di deduzione rigorosa a partire da poche ipotesi assiomatiche, ancora oggi informa non solo la geometria e la matematica, ma tutto il modo di fare scienza.

Un altro grande rappresentante del pensiero scientifico di età ellenistica è certamente Archimede (nato nel 287 a.C. e morto nel

212), che a Siracusa dimostra con argomenti rigorosi l'inconsistenza dei presupposti stessi della fisica aristotelica. La sua opera consente di realizzare un poderoso scatto in avanti anche rispetto alla fisica del cielo. Archimede comprende, per esempio, che non esistono moti assoluti, ma solo moti relativi. Il siracusano elabora le prime leggi di idrostatica: e da queste deduce la sfericità del globo terrestre, già ipotizzata da Parmenide. Se in un sistema fisico masse di acqua liquida sovrastano altre masse, l'equilibrio non può reggere davvero a lungo. Non in maniera spontanea, almeno. La stabilità viene raggiunta solo quando le acque si distribuiscono in modo tale da raggiungere un medesimo livello. Ne deriva che gli oceani possono essere in equilibrio solo se la Terra è sferica. E poiché molti ritengono, osservando la lava dei vulcani, che la Terra in principio sia stata una massa di fluidi incandescenti, ecco che ci sono ottime ragioni per ritenere che essa abbia forma sferica, proprio come il Sole, la Luna e gli altri astri del cielo.

Nell'*Arenario* Archimede tenta una misura del cosmo, anche se riconosce di non avere gli strumenti e di non poter effettuare le misure indispensabili per ottenere risultati precisi. In ogni caso calcola che il Sole è almeno trenta volte più grande della Luna.

Pare che Archimede abbia costruito un planetario mobile – una vera e propria macchina del cosmo – con il cielo delle stelle fisse, il Sole, la Luna e i cinque pianeti noti. Il cielo si muove con un unico movimento di rivoluzione e quando il Sole tramonta appare la Luna. La macchina consente di prevedere esattamente le eclissi. Qualcuno sostiene che il meccanismo ritrovato ad Anticitera nell'anno 1900 sia proprio il planetario mobile di Archimede.

In quegli stessi anni Eratostene di Cirene (vissuto tra il 276 a.C. e il 194 a.C.), molto noto per essere il costruttore del Faro di Alessandria, non solo ribadisce la sfericità della Terra, ma ne calcola anche la dimensione. Misurando l'angolo delle ombre formate dalla luce del Sole tra l'attuale Assuan e la stessa Alessandria d'Egitto prevede che la circonferenza della Terra sia pari a 250.000 stadi (ogni stadio è 170 metri), circa 42.500 chilometri. Un valore davvero non molto lontano da quello che oggi consideriamo esatto, circa 40.000 chilometri. Questo ci fornisce un'idea della precisione e della capacità di previsione mediante la corretta applicazione di ipotesi e teorie raggiunte dalla scienza ellenistica.

Anche da un punto di vista concettuale il salto di qualità opera-

> *Che fai tu, luna, in cielo?*

to dalla scienza ellenistica è enorme. Apollonio di Perga (vissuto tra il 262 a.C. e il 190 a.c.), verifica che Mercurio e Venere si muovono lungo orbite il cui centro geometrico non è esattamente il centro della Terra. Inoltre il modello geocentrico di Eudosso e di Aristotele non spiega l'alternarsi delle stagioni, né i moti del Sole né la diversa luminosità dei pianeti. Apollonio elabora una sua teoria astronomica basata su due concetti piuttosto complicati da descrivere: quello di epiciclo e quello di deferente. In pratica il Sole, la Luna e i pianeti si muoverebbero seguendo un moto composto: un doppio movimento circolare. Il primo lungo un deferente: ovvero un'orbita circolare che ha la Terra al centro. Il secondo lungo un epiciclico: ovvero un'orbita circolare il cui centro giace sulla linea della prima circonferenza. Sulla base di questa costruzione geometricamente rigorosa, Apollonio calcola che il modello geocentrico richiede molto spazio tra un pianeta e l'altro, per consentire a ciascuno di loro il doppio movimento. Ma l'astronomo di Perga dimostra anche la sostanziale equivalenza tra il moto epiciclico da lui calcolato e il moto eccentrico dei pianeti da tutti osservato. Ciò implica che il moto della Terra intorno al Sole, ipotizzato da Aristarco, è geometricamente equivalente al moto del Sole intorno alla Terra proposto dal modello geocentrico. Come sottolinea Lucio Russo, con Archimede e Apollonio in età ellenistica si va affermando l'idea davvero rivoluzionaria della relatività del moto [Russo, 2001].

Tuttavia è con le osservazioni realizzate in maniera sistematica da Ipparco tra il 162 a.C. e 126 a.C. che l'astronomia ellenistica raggiunge l'apice. L'astronomo di Rodi realizza una vera e propria mappa del cielo, individuando 850 oggetti cosmici diversi e ordinandoli per dimensioni secondo sei diversi gradi. Ipparco misura con inedita precisione la distanza tra Sole, Terra e Luna; dimostra che le stelle fisse sono in realtà mobili; comprende, confrontando i suoi dati con quelli di Aristarco, che l'anno tropico è di 365 giorni, 6 ore meno 1/300 di ora; calcola con il mese lunare, e, registrando il moto del Sole rispetto a quello di una stella fissa (Spica), dimostra la precessione degli equinozi, ovvero l'orientamento dell'asse terrestre rispetto alla sfera ideale delle stelle fisse, che segue un ciclo di 27.735 anni.

Tutti questi esempi non ci danno, certo, una visione completa dell'astronomia in età ellenistica. Ci suggeriscono, tuttavia, quanto profonda sia la sua capacità di descrizione scientifica. E anche quanto, almeno tra le persone informate, il modello aristotelico dei cieli non sia considerato l'unico esistente. E neppure il più avanzato. Tutt'altro.

La Luna di Cicerone

A riprova di ciò possiamo ricordare come Lucrezio, il primo "poeta cosmico e lunare", vissuto tra il 98 a.C. e il 56 a.c., non faccia il minimo cenno al cielo di Aristotele nel suo *De Rerum Natura*. Non è un caso. Anche un altro uomo molto colto del I secolo avanti Cristo come Marco Tullio Cicerone (nato ad Arpino nel 106 a.C. e morto a Formia nel 46 a.C.) fa altrettanto nel suo *De Natura Deorum*.

Anche se è proprio leggendo Cicerone che possiamo avere un'idea dell'immaginario cosmologico e lunare di quegli anni. Che è un immaginario abbastanza aristotelico. Nel *Sogno di Scipione* che pone a conclusione del *De Repubblica*, il giurista, letterato e filosofo latino raffigura un quadro cosmologico e una proposta narrativa davvero interessanti. La storia è ambientata a casa del re di Numidia, Massinissa, alleato di Roma e amico degli Scipioni. Il re accoglie il romano Publio Scipione, che durante la prima notte alla reggia del re numida, ha un sogno: gli appare il suo famoso avo, Scipione l'Africano, che, dopo averlo rassicurato, lo prega di ricordare tutto quanto sta per dirgli. Inizia così un viaggio nel cosmo che ha finalità morali: Cicerone vuole dirci come e perché è nostro compito prenderci cura delle cose della Terra. Ma ci rivela anche una preziosa ricostruzione del cosmo, alla luce di quanto si conosce. Nel suo viaggio Publio vede, certo, la Terra al centro dell'universo. Ma dalla Via Lattea in cui presto si ritrova, vede gli innumerevoli mondi che popolano l'universo, alcuni invisibili dalla Terra e di dimensioni enormi. Anche gli astri noti gli appaiono in genere più grandi e fulgidi di quanto non si percepisca dalla Terra. Quanto al nostro pianeta, rispetto agli altri astri, ha dimensioni così piccole che Publio ne resta sgomento: i confini dei domini di Roma sono dunque una nullità su scala cosmica?

Scipione l'Africano spiega al nipote che l'universo è costituito da nove sfere. La più grande è quella delle stelle fisse, che abbraccia i cieli e si identifica con Dio. Al di sotto ci sono le sette sfere dei sette pianeti. La più vicina al cielo e la più lontana dalla Terra è quella di

Saturno, poi Giove e Marte. In una posizione mediana c'è il Sole, che pur ruotando intorno alla Terra, è guida, capo e moderatore di tutti gli astri. Seguono Venere e Mercurio. Chiude la Luna. L'astro, il più vicino alla Terra e il più lontano dal cielo, non brilla di luce propria.

Le sfere cosmiche producono un suono caratteristico. La sfera delle stelle fisse produce un suono acuto e vibrante. La Luna un suono basso e grave. In totale ci sono sette tonalità e questo numero è vincolo di tutte le cose. Il suono è così assordante che gli uomini non possono udirlo.

Quanto alla Terra, è una sfera. Non è tutta popolata, però. I due poli sono irrigiditi dal gelo, la parte equatoriale è bruciata dal Sole, per cui sono abitabili solo le due parti restanti. Nell'emisfero boreale nulla possono sapere gli uomini di ciò che accade nell'emisfero australe. Sulla Terra tutto è caduco e mortale. Ma verso il nostro pianeta, centro dell'universo, sono attratti tutti i pesi.

Plutarco e il volto della Luna

Quasi un secolo dopo il *De Repubblica* di Cicerone un altro grande scrittore, Plutarco di Cheronea, vissuto dal 47 al 127 dopo Cristo, affronta i temi astronomici in un'opera scritta nell'anno 75 che, per usare le parole di Eugenio Lo Sardo, appare "enigmatica e densissima": il *De facie*, il cui testo ci è giunto un po' incompleto.

Il libro, in realtà, ha un titolo più lungo, *De facie quae in orbe lunae apparet*, tradotto in italiano come *Il volto della Luna*, ed è un autentico *summa* del pensiero antico sul satellite naturale.

Plutarco vi propone di un dialogo tra suo fratello, Lampria, ed Epigone, dell'Accademia di Platone, che si intrattengono con diversi esponenti delle varie scuole astronomiche e filosofiche del tempo. Il tema in discussione è ciò che appare sulla faccia della Luna. Ma il problema riguarda la natura stessa dell'astro.

Il dialogo inizia con il ricordo dei versi dedicati alla Luna da un poeta del II secolo a.C., Agesianatte di Alessandria, che sulla faccia della Luna vede dipinto un bellissimo volto femminile:

> tutta intorno rifulge di fuoco, ma in mezzo più blu dello smalto si mostra un occhio di donna e morbida fronte, e un viso ti appare dinanzi.

La prima parte del dialogo approfondisce la critica al modello cosmologico degli Stoici, secondo cui l'universo è strutturato, dall'esterno verso l'interno, in quattro cerchi concentrici fondamentali: fuoco, aria, acqua e terra. In questo quadro, la Luna è una "miscela d'aria e di fuoco blando", "simile ai fulmini senza lampo che i poeti chiamano sulfurei".
Nel corso della discussione si critica anche l'idea di Empedocle, secondo cui la Luna è un cristallo di aria ghiacciata. E si critica Aristarco, colpevole di empietà per aver cercato di

> perturbare il focolare dell'universo nel tentativo di salvare i fenomeni con l'ipotesi che il cielo resti immobile, mentre la terra percorre un'orbita obliqua, rotando nel contempo intorno al proprio asse.

Ma questa interpretazione non è unanimemente condivisa. Secondo Lucio Russo il testo di Plutarco sarebbe stato mal interpretato [Russo L., 2001]. Avvalora, non critica, il modello eliocentrico di Aristarco.

Ma di questo parleremo tra poco. Per ora procediamo con ordine e diamo conto delle posizioni che Plutarco mette a confronto dei dialoganti che sono, essenzialmente, tre.

Quella di Lampria, secondo cui non esiste un centro di gravità dell'universo, perché

> ogni entità cosmica costituisce un tutto organico, in cui i singoli elementi tendono a conseguire la rispettiva posizione.

Lampria critica apertamente la teoria aristotelica dell'etere. La Luna, in particolare, in quanto corpo originario, è fatta di terra, proprio come il nostro pianeta, perché provvista di una propria forza di coesione che attrae l'elemento solido verso il proprio centro. Unica tra gli astri del cielo, non brilla di luce propria. Tuttavia "guardando sempre ai raggi del Sole", come sosteneva Parmenide, ne riflette la luce.

> Mio caro Aristotele – dice Lampria – se la Luna è fatta di terra si dimostra un oggetto bellissimo, nobile ed elegante, mentre temo che in veste di astro o di luce o corpo divino e celeste essa risulti brutta e deforme.

> Se la Luna è della stessa pasta imperfetta della Terra, allora il suo volto è bellissimo. Al contrario quelle macchie e quelle ombre non si addicono a un astro perfetto.
> La seconda posizione sostiene che l'universo è infinito e non avendo né inizio né fine né limiti, non ha alcun senso affermare che la Terra sta al centro del cosmo. Non esiste neppure un centro della Terra. Quanto alla Luna, essa è più vicina alla Terra che al Sole e pertanto in lei predomina l'elemento Terra. Questa seconda posizione rilancia il calcolo delle distanze cosmiche di Aristarco.
> La terza posizione sostiene che il cosmo è un organismo vivente, con i vari elementi fondamentali dislocati da una mente divina e razionale in diverse proporzioni.
> Nel dialogo fra le varie posizioni emerge l'idea di Plutarco, secondo cui la Luna è un corpo terroso sostanzialmente identico alla Terra, con avvallamenti, montagne e depressioni che proiettano ombre sulla sua superficie, particolarmente estese viste dalla Terra a causa della particolare inclinazione dei raggi del Sole.
> La Luna potrebbe essere abitata. Anche se Teone, uno degli interlocutori di Lampria, fa notare che la temperatura e la tenuità dell'aria porterebbero a escludere questa ipotesi. Malgrado ciò la Luna assolve a un'importante funzione nell'ordine cosmico: non è stata creata "senza scopo e senso"; esercita un'influenza di tipo umido e femminile sul nostro pianeta. Le piante crescono, le carni si corrompono, i vini cambiano di gusto, si alternano i flussi e i riflussi delle maree: tutto grazie alla Luna.
> Ma non sono questi "lo scopo e il senso" della Luna. In un'isola a occidente delle isole britanniche, lì dove Zeus ha confinato il padre Cronos, c'è uno scienziato sapiente che conosce la vera funzione della Luna. E quel sapiente sostiene che la Luna è il luogo dove abitano i buoni dopo la morte del corpo, in attesa della seconda morte, quando l'intelletto si separerà dall'anima. Per questo la Luna, tra tutti i corpi celesti, è l'unica che ha una natura divina – anzi, è una divinità da venerare "perché essa è attigua ai prati dell'Ade, è signore di vita e di morte".

La Luna, la gravità, le maree

Nella filosofia di Aristotele la gravità è una forza che agisce solo sui corpi pesanti che sono attirati verso il luogo naturale, che è il centro della Terra. Tutti i corpi pesanti sono sulla Terra. Solo ed esclusivamente sulla Terra.

Secondo Plutarco, invece, sono anche sulla Luna, perché l'astro errante è fatto della stessa materia della Terra. Sulla Luna valgono le medesime leggi fisiche che agiscono sulla Terra. In particolare agisce una forza di gravità, che impone ai corpi pesanti di cadere verso il centro lunare. Ma se la Luna è corpo pesante dovrebbe cadere sulla Terra (e la Terra sulla Luna). Ciò non avviene perché, come il sasso in una fionda che rotea a gran velocità, la forza di gravità che spinge la Luna a cadere sulla Terra (e la Terra sulla Luna) è equilibrata dalla forza centrifuga, che spinge la Luna ad allontanarsi dalla Terra.

Se la Luna non cade sulla Terra a causa della forza centrifuga e se, viceversa, non fugge via a causa della forza di attrazione gravitazionale della Terra, è perché la stabilità del sistema binario Terra-Luna è definito da un equilibrio dinamico di forze opposte. Questo di Plutarco è uno dei primi modelli dinamici proposti nella storia della meccanica celeste. Tuttavia Plutarco non si riferisce solo al sistema Terra-Luna. Tutti gli altri corpi celesti sono, come la Luna, dotati di proprio centro di gravità. E tutti non cadono reciprocamente l'uno sull'altro a causa di una forza centrifuga che riesce a equilibrare la caduta per attrazione gravitazionale, come sosterrà anche Seneca nelle sue *Naturales quaestiones*. Se tutto questo è vero, allora c'è un unico modello in grado di "salvare i fenomeni" e di spiegare perché i corpi celesti dotati di peso non cadono sulla Terra. Questo modello è l'*eliocentrismo dinamico* di Aristarco: tutti gli astri, Terra compresa, ruotano intorno al Sole e sono sottoposti a due forze in equilibrio, quella gravitazionale e quella centrifuga. Ecco perché, secondo Lucio Russo, Plutarco non critica l'astronomo di Samo, ma al contrario critica chi attacca Aristarco [Russo, 2001].

La Luna è, dunque, dotata di una sua forza di attrazione gravitazionale che si fa sentire anche sulla Terra. L'attrazione gravitazionale della Luna, in particolare, perturba la simmetria sferica che, come diceva Archimede, è la condizione all'equilibrio delle messe fluide sulla Terra, facendo oscillare il livello delle acque. In definitiva, è la Luna che causa le maree.

L'attrazione gravitazionale della Luna ha un carattere generale. Si esercita su tutta la materia terrestre. Assume dimensioni macroscopiche e diventa evidente sulla materia oceanica perché, essendo liquida, risponde alla forza di attrazione della Luna in maniera più netta e visibile.

Quella proposta da Plutarco è una spiegazione molto profonda. Ma Plutarco è uno scrittore, oggi diremmo un divulgatore, non uno scienziato. È presumibile, dunque, che queste affermazioni non siano frutto originale del pensiero di Plutarco, ma una rappresentazione di idee assunte dal mondo scientifico ellenista. Probabilmente, sostiene Lucio Russo, sono il risultato dei lavori e delle idee di Ipparco.

A fornire prove decisive a favore dell'*eliocentrismo dinamico* sarebbe stato Seleuco, che, come abbiamo detto, è vissuto nel II secolo avanti Cristo ed è espressione della contaminazione tra diverse culture astronomiche. Seleuco è il primo a proporre l'esistenza di un moto della Terra con un ciclo mensile che influenza il ciclo delle maree. In pratica le maree sarebbero il frutto del fatto che la Luna ruota intorno al nostro pianeta, che insieme, Terra e Luna, ruotano intorno al Sole, e che, infine, la Terra ruota intorno al centro di massa del sistema Terra-Luna con ciclicità mensile.

Seleuco non si basa solo su ipotesi teoriche. Su calcoli matematici e argomenti logicamente fondati. Si basa soprattutto su dati empirici nuovi, frutto di accurate osservazioni. E questi dati, raccolti dai grandi esploratori di epoca ellenistica, dicono che le maree esistono. Nel Mediterraneo le maree sono trascurabili, quasi mai importanti per la navigazione e non sono state oggetto di osservazioni sistematiche e precise. Lì dove invece sono giunti i geografi ellenistici, lungo le coste dell'Oceano Indiano e dell'Oceano Atlantico, la differenza del livello di marea è netta – può raggiungere diversi metri – e influenza la navigazione. Ecco perché gli studiosi ellenistici raccolgono dati accurati sulle maree. Seleuco, per esempio, ha osservato direttamente i fenomeni di marea nel *Mare Eritreo* (che comprende gli attuali Mar Rosso, Mar Arabico e il Golfo Persico). Tutti questi dati dimostrano non solo che le maree si verificano e che la loro altezza varia nei diversi mari. Ma anche che si verificano con una periodicità semidiurna (due flussi e due riflussi al giorno) e che il doppio ciclo si ripete a intervalli regolari, di circa 24 ore e 50 minuti.

C'è una correlazione causale tra il ciclo semidiurno delle maree e la posizione nel cielo della Luna. Resa evidente sia dal fatto che il giorno lunare è proprio di 24 ore e 50 minuti, sia dal fatto che il massimo livello giornaliero delle maree segue in genere di poco (un paio di ore) il momento in cui la Luna è giunta alla massima altezza nel cielo. E, al contrario, il massimo riflusso si verifica poco dopo che la Luna è giunta alla massima distanza dall'orizzonte.

Quella di Seleuco è una spiegazione davvero profonda per spiegare un fenomeno cui si riserva attenzione, tutto sommato, da poco tempo. Il riferimento più antico alle maree che ci è giunto è a opera di Erodoto. Nessuno dei presocratici ne parla. E pare (se ne ha notizia indiretta da Aezio) che solo Platone azzardi una spiegazione: sarebbero dovute a una gigantesca oscillazione delle acque che entrano o sono espulse da enormi cavarne sottomarine. Una spiegazione che verrà ripresa nel II secolo d.C. da Solino. Lo stesso Aezio riferisce che Eraclide e Aristotele avrebbero attribuito le maree a venti provocati dal Sole. Ma sta di fatto che prima dell'epoca ellenistica pochi in Grecia si occupano di maree e nessuno in maniera approfondita.

Le cose cambiano in seguito a due eventi storici e, per così dire, geografici. Quando Alessandro, con la sua spedizione militare, si spinge fino all'Oceano Indiano si accorge che, se non si tiene conto delle maree, si rischiano di perdere diverse navi alla fonda. In un'altra zona del mondo, invece, è un singolo esploratore, Pitea di Marsiglia, che esplorando, più o meno nello stesso periodo, la Britannia e l'Atlantico del Nord nota grandi fenomeni di marea debitamente citati nell'*Oceano congelato* (il mare artico ghiacciato).

Eratostene, che come abbiamo ricordato lavora tra il III e il II secolo a.C., dalla sua posizione privilegiata di direttore della biblioteca di Alessandria, elabora questa enorme massa di dati osservativi e propone una prima spiegazione scientifica del fenomeno: il doppio ciclo diurno delle maree è correlato alla posizione della Luna nel cielo.

Eratostene, il più grande geografo dell'antichità e capo della comunità scientifica della città della scienza ellenistica, prende, dunque, atto del fatto che ci siano acque più alte e più basse nei mari. Il che sembra contraddire la teoria di Archimede sulla sfericità degli oceani. Il dibattito diventa vivo.

La coerenza tra fatti osservati (le maree) e la teoria di Archimede sembra poter essere salvata solo se si ipotizza un ciclo sincrono di dilatazione e contrazione di tutti gli oceani del mondo. In questo caso, la perfetta sfericità sarebbe salva. Ma questa ipotesi non spiegherebbe né la diversa altezza delle maree che si riscontra nei diversi mari (men che meno la diversa altezza delle acque che si riscontra nel medesimo istmo), né avrebbe alcuna correlazione con la posizione della Luna.

Ma è evidente che la teoria di Archimede – la gravità terrestre ha simmetria sferica e induce i liquidi sulla superficie terrestre a distribuirsi riempiendo uno spazio sferico – è valida in condizioni di equilibrio. Non esclude affatto la possibilità di perturbazioni. E la posizione della Luna nel cielo è, appunto, una perturbazione. In particolare, anche la gravità lunare ha una simmetria sferica. La gravità lunare a simmetria sferica introduce un elemento di asimmetria nell'insieme delle forze gravitazionali che agiscono sulle acque terrestri.

Seleuco riprende e approfondisce le tesi di Eratostene. La teoria è così potente da consentire a Ipparco, nel I secolo a.C., di stabilire che l'Indiano e l'Atlantico sono oceani diversi e che devono essere separati almeno da un grande continente. Ipparco, infatti, non studia solo le stelle in cielo, ma anche le maree sulla Terra, calcolando con precisione crescente la loro correlazione con le fasi della Luna. Si avvede così che i fenomeni mareali avvengono in tempi e con modalità diverse sulle sponde orientali e sulle sponde occidentali degli oceani conosciuti. È dunque chiaro che l'Indiano e l'Atlantico sono mari diversi. Tra loro deve esserci un continente. Oggi sappiamo che quel continente c'è e si chiama America.

La capacità di previsione della scienza ellenistica è davvero grande. Tuttavia gli scienziati cercano di spiegare anche le cause dei fenomeni. E pochi sanno spiegare come la Luna causi le maree. Pochi anni dopo le ricerche di Ipparco, Posidonio di Apamea – considerato il più grande esperto di maree dell'antichità – propone l'esistenza di una *simpatia* tra Luna e Terra. La *simpatia* di Posidonio non ha nulla di mistico o psicologico, è una parola che per gli ellenisti significa solo reciproca influenza. Posidonio è convinto che questa reciproca influenza si eserciti attraverso una tensione del pneuma, ovvero dell'etere.

Posidonio studia con attenzione tutti i tre cicli delle maree: semidiurno, bimensile e annuale. In realtà, come riferisce lo storico romano Stradone, riconosce a Seleuco il merito di aver sviluppato una teoria completa delle maree. In ogni caso Posidonio verifica che vi sono dei cambiamenti nei cicli giornalieri e mensili delle maree. E questi cambiamenti sono correlati al segno zodiacale ove si trova la Luna: in particolare le maree sigiziali presentano una differenza massima in prossimità dei solstizi e una minima in prossimità degli equinozi, dando così luogo a un ciclo annuale delle maree, che si aggiunge a quelli diurni e mensili.

Non sappiamo se Posidonio abbia dedotto che le maree sono il frutto di una relazione gravitazionale a tre: Terra, Luna e Sole, come si potrebbe dedurre. Ma la deduzione non è scontata visto che – nota Lucio Russo – non sono stati capaci di effettuarla più tardi né Descartes, né Keplero, né Galileo e neppure Stevino. Sappiamo, tuttavia, che gli scienziati dell'epoca ellenistica ben sapevano che le fasi della Luna dipendono dalla posizione relativa della Terra, del Sole e della stessa Luna.

In particolare, dai resoconti di Plinio il Vecchio (ma anche di Pisciano Lidio, VI secolo d.C., che nel *Solutiones ad Chosroem* propone una serie di risposte alla domande che gli ha formulato il re persiano Cosroe), sappiamo che gli scienziati ellenisti sanno che: causa del flusso e del riflusso delle maree sono, insieme, la Luna e il Sole; che la maggiore ampiezza delle maree durante i plenilunii e i novilunii è dovuta al sommarsi dell'azione del Sole e della Luna; che la Luna esercita una perturbazione maggiore sulle acque perché è più vicina del Sole; che le maree di massima ampiezza del ciclo mensile non si verificano esattamente durante i plenilunii e i novilunii, come detto in un primo tempo, ma con qualche giorno di ritardo e sanno che un analogo ritardo, di una o due ore, è presente nel ciclo diurno.

Tutto questo dimostra, come rileva Lucio Russo, sia che gli scienziati ellenistici hanno elaborato una complessa "teoria solilunare" delle maree, sia che la teoria non è stata elaborata da Posidonio (nel I secolo) ma già al tempo di Seleuco, forse proprio da Seleuco [Russo, 2003].

Lucio Russo ha scritto anche un altro libro, significativamente intitolato *La rivoluzione dimenticata*. Ebbene questa delle maree è una componente della scienza del periodo ellenistico che viene dimenticata. È come se la spiegazione delle maree si perdesse, travolta dalle onde del tempo. Tolomeo stesso le cita solo nella sua opera astrologica, il *Tetrabiblos*, dove sostiene che la Luna, essendo fonte di umidità, gonfia i corpi, che per la loro natura umida sono soggetti al suo dominio. Mentre Diogene Laerzio, già nel III secolo d.C., include le maree tra i fenomeni inspiegabili. E Isidoro di Siviglia, nel VII secolo d.C. conclude una breve rassegna sulle maree sostenendo che la vera ragione dei flussi e dei riflussi è nota solo a Dio [Russo L., 2003].

Nei secoli successivi – i secoli bui, in Europa – la Luna avrà un ruolo altalenante nella fisica delle maree e nell'immaginario degli uomini. Alcuni sostengono che è lei, la Luna, a determinare le maree attraverso la sua luce, che trasmette una piccola quantità di calore facendo dilatare i mari. Ipotesi non del tutto irragionevole, se non fosse che l'effetto dovrebbe essere ben maggiore con la luce del Sole. Ma non c'è nessuno che sia mai riuscito a dimostrare che i raggi del Sole riescono a dilatare così tanto le acque da determinare livelli di marea di diversi metri.

Nel mondo islamico Al-Msudi (vissuto nel X secolo) attribuisce le maree a periodiche trasformazioni di aria in acqua e viceversa. Una tesi ripresa proprio ai tempi di Dante, a cavallo tra il XIII e il XIV secolo, dal fondatore della scuola agostiniana, Egidio Colonna.

Il problema delle maree viene ripreso da tutti i maggiori pensatori del XIII secolo: Ruggero Bacone, Alberto Magno, Tommaso d'Aquino, Giovanni Duns Scoto. Albumasar nel suo *Introductorum maius* elenca otto possibili cause delle maree: una terrestre (i venti), le altre sette astronomiche. Ebbene, tra queste sei hanno per protagonista la Luna, riconosciuta come il principale agente degli eventi mareali.

La Luna sta tornando.

Claudio Tolomeo

Ma torniamo a Claudio Tolomeo, figura centrale nella storia dell'astronomia e, quindi, nella nostra storia. Lo studioso vive tra il 100 e il 178 d.C. ad Alessandria d'Egitto. Sono giunte a noi due opere fondamentali, la *Composizione matematica* o *Almagesto* e, sia pure incompleta perché priva delle carte geografiche che la illustrano, la *Cosmografia*. Tolomeo scrive queste opere nell'intento, esplicito, di conservare memoria del pensiero del passato, consapevole del declino verso cui sembra essersi avviato il (suo) presente. Sebbene sia matematico e astronomo di gran vaglia, egli si presenta come, ed è soprattutto, un sistemizzatore.

Nell'*Almagesto* ritiene, cinque secoli dopo Aristotele, di dover riaffermare che la Terra ha forma sferica, che è al centro dell'universo, che è solo un punto in rapporto agli spazi cosmici e non compie alcun movimento di traslazione. Gli astri si muovono nel cielo di moto circolare uniforme.

In breve, Tolomeo rilancia il sistema geocentrico e l'universo chiuso di Aristotele. Si accorge, però, che per "salvare i fenomeni" conosciuti deve introdurre importanti innovazioni rispetto al cosmo dello stagirita, poggiate su rigorose dimostrazioni geometriche. La principale tra queste innovazioni è che, nel modello tolemaico, la velocità dei pianeti non è uniforme rispetto alla Terra, ma rispetto a un punto eccentrico, detto *equante*.

Claudio Tolomeo è certamente astronomo e matematico di valore, ma compie anche alcuni errori. Per esempio corregge, sbagliando, la lunghezza della circonferenza della Terra calcolata da Eratostene, riducendola a 180.000 stadi (30.000 chilometri) e inducendo una dozzina di secoli dopo Colombo alla sua fortunata navigazione.

Tolomeo, tra l'altro, è convinto assertore delle influenze astrali. Attribuisce alla Luna la capacità di influire, per mezzo della sua luce e del suo movimento, le cose qui sulla Terra. Non solo le maree fluiscono e rifluiscono, ma anche i fiumi crescono e decrescono a causa dell'influenza lunare.

In ogni caso il modello cosmologico di Aristotele, corretto da Tolomeo, si afferma come "il" modello cosmologico. Conosciuto da tutti e da tutti diffuso. Le opere scritte direttamente da Tolomeo, molto apprezzate dagli Arabi, torneranno in Europa solo alla fine del Trecento, quando saranno divulgate dall'umanista Manuele Crisolora e tradotte dal greco in latino da Iacopo Angelo da Scarperia. Ma siamo già agli anni compresi tra il 1406 e il 1409.

Gli Arabi

Tolomeo ha intuito un declino che in Europa si verifica puntualmente. Per molti secoli nel Mediterraneo Occidentale non si produrrà alcun progresso delle scienze e la rivoluzione ellenistica viene dimenticata.

Una debole congiunzione tra il naturalismo greco e la civiltà monastica è rappresentata dal lavoro che Isidoro di Siviglia realiz-

"Che fai tu, luna, in ciel?

za tra il 612 e il 621 su invito del re visogoto Sisebut. Il suo *De Rerum Natura* sarà un testo su cui si formeranno i monaci nei cosiddetti secoli bui. Un testo che nel complesso dimentica le conquiste ellenistiche e rappresenta un ritorno più o meno fedele alla cosmologia di Aristotele, corretta da Tolomeo.

La rivoluzione greca ed ellenistica non viene dimenticata, invece, dagli Arabi. Che non solo la riprendono, facendo tradurre in arabo, nel IX secolo, i manoscritti dei filosofi e degli scienziati ellenistici. Ma vi apportano contributi originali, anche grazie alla diffusione della carta giunta dalla Cina, che consente il poderoso sviluppo delle biblioteche, pubbliche e private.

I contributi originali degli Arabi alla scienza sono numerosi. Introducono in occidente il concetto di zero e inventano l'algebra. Sul piano tecnologico raggiungono vette molto alte nell'idraulica e nell'agronomia, mentre perfezionano strumenti già esistenti, come gli astrolabi, indispensabili per la navigazione.

Non possiamo entrare nei dettagli della scienza araba. Possiamo dire che molto le dobbiamo. E che se la scienza rinascerà in Europa nel XVII secolo è anche perché non è mai morta nell'Islam. Sta di fatto che nel XII secolo iniziano nel Vecchio Continente le traduzioni dall'arabo in latino. Gli Europei possono così leggere opere come il *Liber de aggregatione scientiae stellarum* di Abu'l Abbas al Farghani (Alfragano) ben conosciuto da Dante. Ma di questo parleremo tra poco.

Conviene ora ricordare come gli Arabi pongano grande attenzione alla cosmologia di Aristotele e di Tolomeo. Ma non si tratta in alcun modo di un'attenzione acritica. Tre studiosi arabi ben rappresentano questo aristotelismo critico destinato ad avere grande influenza in occidente.

Il primo è certamente al-Bîruni, vissuto nell'XI secolo, assiduo frequentatore dell'India e dei suoi scienziati, il quale, in campo astronomico, rileva che la rotazione della Terra non metterebbe affatto in discussione la validità dell'astronomia e che il modello eliocentrico è del tutto equivalente a quello geocentrico. In ogni caso l'osservazione diretta, ricorda al-Bîruni, ci costringe a riconoscere la forma sferica della Terra e dei cieli.

Un secondo personaggio è Avicenna, vissuto anche lui nell'XI secolo. Sostiene che l'universo è eterno, è sempre esistito e non ha avuto origine. Per Avicenna nulla si sottrae al principio di necessità. Tutto sulla Terra è determinato, anche le azioni umane, dagli eventi cosmici, a loro volta voluti dal dio (da un dio necessitante).

Il terzo personaggio è Averroé, che vive nel XII secolo a Cordova sostenendo che il libero arbitrio dell'uomo esiste ed è capace di spezzare le rigide leggi di necessità. Averroé si concentra anche sul tema della creazione, mettendo in dubbio l'immortalità dell'anima (per questo viene perseguitato). Ed è convinto che l'universo sia eterno. Se Dio, a un certo punto, avesse creato il mondo, lo avrebbe fatto o per un motivo estraneo alla sua natura o per un cambiamento del suo stato. Entrambe le ipotesi gli risultano inaccettabili. Averroé tuttavia conferma l'ipotesi aristotelico-tolemaica del moto nei cieli.

Nessun arabo, mai, proporrà un modello alternativo dei cieli.

L'Europa nei secoli bui

La "scoperta della ragione", tra la Ionia e la Magna Grecia, si verifica nel VI secolo a.C.. Segue l'epoca delle grandi sistemazioni filosofiche di Platone e di Aristotele, ma anche di Eraclito e degli atomisti, tra il V e il IV secolo a.C.. Proprio nel IV secolo inizia l'epoca della vera e propria scienza ellenistica, con Euclide e Aristarco, Eratostene e Archimede. Questo periodo di straordinaria creatività si chiude intorno al II secolo a.C.: è il secolo di Ipparco.

Segue un'epoca, quella romana, di stallo, con grandi compilatori (come Cicerone e Plutarco), ma con pochi uomini di scienza. Dura alcuni secoli e culmina nel II secolo d.C. con Tolomeo e la restaurazione del modello geocentrico.

Poi le conquiste scientifiche vengono quasi del tutto dimenticate. Si affermano i pensatori neoplatonici e i primi pensatori cristiani: un nome per tutti, Agostino. In quest'epoca lo studio della natura diventa pressoché irrilevante. Le conoscenze sulla natura semplicemente regrediscono. La cosmologia torna a essere quella di prima dei Greci, dominata dal mito. Persino la Terra torna a essere piatta. Il titolo del primo dei dodici libri che il monaco Cosma dedica nel VI secolo alla *Topographica Christiana*, la prima cosmografia completa dell'Alto Medioevo, è a questo proposito molto esplicito:

Contro coloro che, volendo professare il cristianesimo, credono ed immaginano come i pagani che il cielo è sferico.

Solo nel IX secolo, come rileva Arthur Koestler, millecinquecento anni dopo Pitagora, l'idea di sfericità della Terra tornerà a essere quantomeno oggetto di discussione nell'Europa cristiana. Eppure i geografi continueranno a disegnare le carte geografiche di una Terra piatta e rettangolare fino al XIV secolo.

Tuttavia la salita al soglio pontificio di Gerberto, nel 999, col nome di Silvestro II, segna una svolta: gli studi sulla natura possono iniziare, sia pure lentamente, ad avere legittimità intellettuale. La sfericità della Terra viene di nuovo riconosciuta. Iniziano a circolare i disegni dell'universo aristotelico-tolemaico, qualcuno cita persino il modello di Eraclide.

Idee fossili.

Il guaio è che quasi tutti hanno dimenticato il greco. E nessuno più conosce i testi greci originali. Tutto sommato ci si ritrova in una condizione cosmologica non dissimile da quella del V secolo a.C. in Grecia. Di tutta la scienza ellenistica non c'è memoria.

Il cosmo a nove sfere concentriche – senza gli epicicli di Aristotele e Tolomeo – viene reinterpretato in chiave cristiana. Come scrive Macrobio nel suo *Commento al "Sonno di Scipione"*:

> Poiché dal Dio supremo nasce lo Spirito e dallo Spirito l'Anima e poiché tutte le cose si susseguono in successione continua, degenerando una dopo l'altra fino al basso della serie, l'osservatore attento scoprirà una connessione delle parti, dal Dio Supremo alle polveri più infime, tutte legate le une alle altre senza rottura alcuna. Ed è la Catena d'Oro che Dio, secondo Omero, lascia pendere dal cielo sulla terra. [citato in Koestler, 1982]

Come nota Koestler, Macrobio riecheggia la teoria neoplatonica dell'"emanazione" che risale al *Timeo*: l'Uno, l'essere perfetto, "non può rimanere chiuso in sé", deve "tracimare" e creare il mondo delle idee, il quale a sua volta crea una copia a immagine di sé nell'*anima mundi*, l'anima del cosmo, la quale genera "le creature sensibili e vegetative" e via di seguito fino "alle polveri più infime".

È l'idea di degenerazione che è opposta a quella di evoluzione cosmica. C'è un autore, in particolare, lo Pseudo-Dionigi, che esercita una grande influenza sulla cultura europea a partire dal IX secolo, quando le sue opere – la *Gerarchia Celeste* e la *Gerarchia Ecclesiastica* – vengono tradotte in latino da Scoto Eurigena. È proprio in queste opere che viene ripresa la descrizione cosmica aristotelica, con una prima reinterpretazione cristiana: viene assegnato a una gerarchia di angeli il compito di mantenere in movimento le sfere degli astri: i serafini spingono il *primum mobile*, i cherubini la sfera delle stelle fisse, i troni la sfera di Saturno, le dominazioni, le virtù, le potenze le sfere di Giove, di Marte e del Sole, i principati e gli arcangeli quelle di Venere e di Mercurio, mentre i semplici angeli si occupano della Luna.

Sotto la Luna c'è il mondo terrestre della corruzione. E nelle viscere della Terra c'è infine la massima forma di degradazione, il Diavolo. Non è, dunque, un caso che Satana si ritrovi a essere il vero centro del cosmo.

Il monopolio della visione aristotelica del cosmo non è tuttavia così netto. Vale la pena ricordare, infatti, che lo stesso Scoto Eurigena ripropone un universo più simile a quello di Eraclide che a quello dello stagirita, con tutti i pianeti che ruotano intorno al Sole, a eccezione della Luna e di Saturno.

Possiamo dire che dal V all'XI secolo il pensiero europeo è dominato dal neoplatonismo di Agostino e dello Pseudo-Dionigi. E che solo a partire dal XII secolo si assiste al ritorno di Aristotele. Ma siamo ormai al tempo di Dante.

Il "poeta della scienza"

> *Ci guardava, come suol da sera*
> *Guardar l'un l'altro sotto nuova Luna*
> Dante, *Inferno*

Adesso che sappiamo qual era lo stato dello scibile sulla scienza e sul suo astro narrante, la Luna, tra la fine del XIII e l'inizio del XIV secolo, possiamo ritornare a Dante e al suo interesse per questi due argomenti.

Non prima però, di aver dato un velocissimo sguardo all'ambiente culturale nel quale il poeta fiorentino vive. Perché Dante non è una meteora che improvvisa compare nel cielo italiano al confine tra il Medioevo e una nuova era. È un figlio del suo tempo. E il suo tempo ha una relazione speciale con la Luna.

Dante al tempo di Dante

Dante Alighieri nasce a Firenze, probabilmente tra il 21 maggio e il 20 giugno 1265, da Donna Bella degli Abati e da Alighiero degli Alighieri. I genitori, dunque, appartengono entrambi alla nobiltà fiorentina. E il padre vanta tra i suoi avi il Cacciaguida, uomo d'armi nominato cavaliere da Corrado III, re d'Italia e zio di Federico Barbarossa.

Come egli stesso racconta nella *Vita Nuova*, Dante incontra Bice di Folco Portinari – Beatrice – quando ha nove anni, nel 1274, e scambia con lei le prime parole solo nel 1283, quando ormai di anni ne ha diciotto. Tanto basta per invaghirsene e restarne invaghito per tutta la vita.

Si tratta di un amore del tutto platonico. Perché la ragazza, che è figlia di un ricco banchiere ed è nata a quanto pare nel 1266, andrà sposa al rampollo, Simone, di un'altra famiglia di banchieri, i Bardi, prima di morire giovanissima, nel 1290, a soli 24 anni. Ma è un amore destinato a una memoria immortale. Perché il giovane Alighieri, divenuto poeta, lo celebrerà con innumerevoli versi, tra i più belli della poesia di ogni tempo.

Invece di Beatrice, nel 1285, Dante sposa Gemma, figlia di Manetto della nobile e influente stirpe dei Donati. Firenze, guelfa, era uscita sconfitta dalla battaglia di Montaperti che, nel 1260, l'aveva vista opposta alla lega ghibellina formata dalle altre città toscane. Il partito amico dell'imperatore s'insedia, dunque, al governo di Firenze e manda via, in esilio, il partito amico del papa. Ma ben presto, morto Federico II, l'impero stesso entra in crisi e i guelfi ritornano da dominatori in città. I Donati sono una delle più potenti famiglie guelfe di Firenze. E gli Alighieri sono guelfi.

Gemma darà quattro figli a Dante, ma – al contrario di Beatrice – non sarà menzionata mai in nessun verso dal poeta. Di lei sappiamo poco.

Sappiamo, invece, che la morte di Beatrice segna profondamente il cuore e la mente del giovane Alighieri e che il suo *traviamento* lo spinge a studiare la filosofia e la teologia, accostandolo a Boezio, autore di una *De consolatione philosophiae*, e a Cicerone, di cui legge avidamente il *De amicitia*. Intanto Dante conosce e frequenta Brunetto Latini, uno dei 12 Priori di Firenze, protagonista della vita politica cittadina e autore del *Tesoretto*, un'opera incompiuta in cui l'autore – perdutosi in una *selva diversa* – si imbatte nella personificazione della Natura e della Virtù che gli insegnano, oltre al modo cortese di comportarsi, anche com'è fatto il mondo. Il *Tesoretto* si interrompe quando l'autore annuncia l'incontro con Tolomeo, che si dice pronto a insegnargli i fondamenti dell'astronomia e della cosmologia. La morte di Brunetto Latini interviene a bloccare il progetto. Anche se, forse, un seme nel fertile campo della mente di Dante è stato gettato.

Tolomeo è naturalmente Claudio Tolomeo, l'astronomo del II secolo che, come abbiamo visto, ha rivisitato e matematizzato la teoria geocentrica proposta da Aristotele per spiegare il comportamento dei cieli. Il suo *Almagesto* è ritornato da poco in Italia e sta contribuendo a portare la cultura italiana fuori dal medioevo.

È difficile dire – e certo non è compito che possiamo assolvere noi – quando la cultura nella penisola che svicola dall'Europa e si incunea in profondità nel Mediterraneo diventa, appunto, italiana. Ma senza dubbio una decisa accelerazione a quel processo di evoluzione è data dagli eventi che, nel 1130, portano Ruggero II di Altavilla a unificare sotto di sé l'intera Italia meridionale, riunendo tutte le conquiste normanne. Ne nasce un regno che durerà, in buona sostanza, fino al 1861: fino all'unità d'Italia. E che sarà segnato non poco, almeno per un secolo e più, dal fatto che l'unificazione avvenga contro la volontà del papa, Onorio II: Ruggero, infatti, si lascia incoronare re di Sicilia dall'antipapa, Anacleto II.

Il Regno di Ruggero – che si estende fino all'Abruzzo, alla Puglia, alla Calabria e alla Campania – si distingue subito per il fatto di essere poliglotta e multiculturale. Le lingue e i saperi di genti latine e normanne, greco-bizantine, arabe ed ebree vi si incontrano e si contaminano. La Sicilia è il suo cuore pulsante. E la Sicilia ha conosciuto a fondo non solo la dominazione araba, ma anche la sua grande cultura. La poesia, per esempio. E le scienze.

E se, per parlare di Dante al tempo di Dante, partiamo dalla Sicilia di Ruggero II è proprio per via del rifiorire della cultura scientifica, per lo più su spinta araba, che iniziata nel XII secolo nel Mezzogiorno si svilupperà, nei decenni e nei secoli successivi, nel resto del paese. Mentre, infatti, l'opera dei grandi poeti siciliani di lingua araba non avrà grande influenza sulla poesia volgare romanza che sta per nascere – tanto che quei poeti si troveranno nella singolare condizione di essere molto noti in Oriente e quasi sconosciuti in Occidente – per la scienza il tema si pone in maniera alquanto diversa [Varvaro, 2007].

Ma veniamo ai fatti. E i fatti ci dicono che la Sicilia di Ruggero II assume un ruolo culturale e politico primario nel Mediterraneo; che il regno, a partire dal 1140, è dotato di una carta costituzionale (le *Assise di Ariano*) e che la corte del re normanno diventa un centro cosmopolita di cultura, frequentata da intellettuali di assoluto valore, come il geografo di origine islamica, al-Idrisi, che tra l'altro cura la stesura collettanea di quel *Libro di Ruggero* oggi considerato la maggiore opera geografica del medioevo. È un fatto che a corte ci sono grandi storici, come il greco Nilus Doxopatrius, e giuristi, come l'inglese Thomas Brun. Ed è un fatto che ci sono anche appassionati di matematica e scienze naturali, come l'ammiraglio Eugenio, che si incarica di tradurre dall'arabo l'*Ottica* di Tolomeo. O come Enrico Aristippo, un calabrese di

Santa Severina, arcidiacono di Catania e poi grande ammiraglio del figlio e successore di Ruggero, Guglielmo I detto *il Malo*, che ha portato da Costantinopoli una copia in lingua originale dell'*Almagesto*, l'opera che da un millennio informa di sé la cosmologia nel Mediterraneo e che manca in Italia da tempo. L'*Almagesto* è tradotto in latino nel 1160 da un ignoto collaboratore di Aristippo, mentre l'ammiraglio arcidiacono traduce di suo pugno in latino il IV libro della *Meteorologia* di Aristotele, oltre al *Menone* (il dialogo sulla teoria della conoscenza) e il *Fedone* di Platone, alcuni opuscoli di Gregorio Nazianzeno (dottore della Chiesa del IV secolo) e le *Vite dei Filosofi* di Diogene Laerzio.

Per chi nutrisse dubbi sulla vivacità culturale del Regno di Sicilia durante il governo di Ruggero II, vale la pena notare come la traduzione dell'*Almagesto* nell'isola avvenga ben quindici anni prima di quella, destinata a diventare famosa e ad avere maggiore influenza in Europa, realizzata a Toledo da Gherardo da Cremona.

E, soprattutto, vale la pena ricordare che proprio in questi anni la scuola medica di Salerno, nata tra il IX e il X secolo, giunge al culmine del suo sviluppo culturale, grazie al pieno utilizzo delle opere attribuite ad Alfano e a Costantino Africano, dell'*Antidotarium Nicolai* (scritto da Niccolò salernitano intorno al 1150), dei testi di igiene e di ginecologia di Trotula de Ruggiero (la più famosa delle *Mulieres Salernitanae*, le Dame della Scuola medica salernitana) e dei testi giunti da oltre mare del medico, filosofo e naturalista arabo Ibn Sina, più noto in occidente come Avicenna. A questo poderoso *corpus* di letteratura medica si aggiungerà, ben presto, l'opera di un altro intellettuale arabo, di origine spagnola: Abibn Rushd, conosciuto da noi come Averroè, che lavorerà tra Siviglia e Toledo nella seconda parte del XII secolo.

Ruggero II protegge la Scuola di Salerno, dove insegnano anche medici siciliani di origine e lingua araba, e riserva a sé un giudizio decisivo per la storia della professione ippocratica: quello sull'esame di abilitazione alla pratica medica.

Qualcuno nega alla Scuola salernitana di medicina il diritto di definirsi primo ateneo d'Europa in ordine di tempo. Ma è un fatto che il medioevo europeo inizia a morire tanto in Sicilia quanto in Spagna. Che la filosofia naturale e le scienze ritornano in Occidente tanto dalla Sicilia quanto dalla Spagna. E che, vuoi per la fama della scuola vuoi per l'aria culturalmente frizzante che si respira nel nuovo regno di Ruggero II, inizia un flusso cospicuo – una sorta di migrazione dei cervelli – dall'Italia centrale e settentrionale verso il Sud d'Italia, nonostante altrove in Europa – da Bologna a Parigi – mietano successo altre scuole di alta formazione chiamate università.

Ruggero muore il 26 febbraio 1154. Il Regno di Sicilia vive alcuni decenni più o meno felici, sotto vari monarchi, suoi discendenti, finché, dopo la morte di Guglielmo II, nel 1189, entra in una fase piuttosto acuta di declino. Che si interrompe però venti anni dopo, quando il re bambino, Federico I di Sicilia, raggiunge l'età adulta e assume i pieni poteri a Palermo.

Federico è nato nel 1194 a Iesi, nelle Marche, da Enrico VI di Hohenstaufen, figlio di Federico Barbarossa, re di Germania e imperatore del Sacro Romano Impero, e da Costanza d'Altavilla, figlia di Ruggero II il Normanno e legittima erede del Regno di Sicilia. A soli quattro anni, nel 1198, viene incoronato re di Sicilia col nome di Federico I, affidato alla tutela del papa, Innocenzo III, e alle cure di Pietro di Celano, conte della Marsica, e di Berardo di Laureto, conte di Conversano. Anche se a Palermo il vero tutore è Gualtieri di Pagliara, vescovo di Troia.

Il suo destino sembra segnato: resterà in Sicilia in attesa che, con la maggiore età, l'erede degli Altavilla possa assumere l'effettiva guida del regno. Ma nel 1212 viene chiamato in Germania in quanto erede degli Hohenstaufen. L'imperatore Ottone IV di Brunswick con le sue mire espansionistiche – minaccia tra l'altro di voler occupare proprio la Sicilia – ha messo in allarme sia il papa che alcuni principi tedeschi. Federico è dunque richiesto in Germania perché, come Hohenstaufen, possa contendere a Ottone la carica, elettiva e non ereditaria, di imperatore. Il giovane sedicenne accetta e si reca nel paese del padre dove dimostra notevoli capacità diplomatiche e militari. Nel 1213 Federico promette di mantenere separati l'Impero e il Regno di Sicilia. Nel 1214, col decisivo aiuto di Filippo Augusto, re di Francia, sconfigge a Bouvines l'esercito di Ottone, divenendo di fatto il nuovo imperatore e nel 1215 annuncia che rispetterà i desideri del papa di Roma e intraprenderà una nuova crociata. In realtà una nuova crociata viene effettuata, tra il 1217 e il 1221, e lui vi partecipa, ma Federico ne approfitta più per rinsaldare i legami di amicizia col sultano d'Egitto che per aiutare i soldati cristiani a combatterlo. A Roma sono piuttosto irritati. Così, nel 1220, il nuovo papa, Onorio III,

= "poeta della scienza"

> lo convoca in San Pietro per incoronarlo Imperatore del Sacro Romano Impero col nome di Federico II, nella speranza che realizzi finalmente le promesse e organizzi una vera spedizione militare in Terrasanta per liberare Gerusalemme.
>
> Federico, I di Sicilia e II dell'Impero, preferisce invece ritornare nella sua isola e concentrarsi, finalmente, nell'arte del regnare in tempo di pace. È da questo momento in poi che il sovrano normanno e tedesco, impartisce una nuova accelerazione allo sviluppo culturale dell'Italia e, in particolare, delle regioni meridionali su cui governa direttamente.
>
> Le motivazioni di fondo sono politiche, naturalmente. Federico vuole costruire uno stato moderno, fortemente centralizzato, con una burocrazia capace ed efficiente, per farla finita con i ricatti dei piccoli e grandi feudatari. E per contenere l'invadenza della Chiesa. In questo progetto politico la cultura ha un ruolo decisivo. Per due motivi, perché Federico vuole conferire definitivamente al Regno di Sicilia la leadership nel Mediterraneo, e sa che nessuna leadership può essere costruita senza solide fondamenta culturali. E perché vuole costruire una classe dirigente, e sa che nessuna classe dirigente valida può nascere senza solide fondamenta culturali.
>
> È per questo che il 5 giugno 1224, istituisce a Napoli, con editto formale, la prima *universitas studiorum* statale e laica della storia d'Occidente, per sottrarre il sostanziale monopolio dell'alta formazione all'ateneo di Bologna, nato nel 1088 come aggregazione privata di studenti e docenti e poi finito sotto il controllo papale. L'università partenopea, polarizzata intorno agli studi di diritto e retorica, contribuisce all'affermazione di Napoli quale capitale delle scienze giuridiche, dove formare la classe dirigente dello stato. La città non era e non diventa la capitale del Regno. Ma Federico la considera, per la sua posizione strategica, il luogo ideale per farne uno dei maggiori centri culturali d'Europa. Il re e imperatore guarda a Napoli come alla città della conoscenza, una capitale di cultura. O, detto in termini forse più rigorosi, considera Napoli come città ideale di una sorta di umanesimo globale, dove si coltivano la filosofia, la matematica, la medicina, lo studio della lingua e della cultura latina e greca.
>
> Si tratta di un progetto – del primo progetto in Europa – di costruzione di un centro culturale laico. Vuoi per motivi generali e

forse generici: anche se per volontà del papa, Federico è ormai imperatore del Sacro Romano Impero ed è portato in qualche modo a contendere al pontefice romano la guida della cristianità o di una sua importante componente. Vuoi per motivi particolari e molto concreti: Federico la crociata proprio non la vuole fare, mentre il papa che lo ha incoronato imperatore insiste. Dopo continue dilazioni, Onorio III riesce a stringere nell'angolo Federico e a fargli sottoscrivere nero su bianco, nell'estate del 1225, un patto, noto come *trattato di San Germano*, in cui il sovrano si impegna a partire per la Palestina entro e non oltre il 1227, pena la scomunica. L'anno 1227 giunge, ma di Federico in Terrasanta non v'è traccia. In realtà il sovrano ha anche tentato di partire, ma è stato bloccato da un'epidemia di peste. Dati i pregressi, il nuovo pontefice, Gregorio IX, non crede troppo a quella versione. E il 29 settembre 1227 lo scomunica, confermando la decisione nel successivo mese di marzo. Tanto più che il pontefice è irritato per il confronto che a ogni livello il re e imperatore ha instaurato con la Chiesa, sottraendo ai suoi preti risorse ingenti.

Benché scomunicato, Federico si decide a partire per la Palestina. E ottiene lo scopo: rendere libera Gerusalemme. Solo che lo ottiene a suo modo, senza combattere e stringendo un solido patto con al-Malik al-Kamil, sultano d'Egitto e nipote di Saladino. Gerusalemme è sì libera, ma libera da tutti e per tutti. Senza presidi cristiani e senza mura. Indifendibile, in caso di minaccia. Non era quello che voleva il papa cristiano.

Federico, soddisfatto, si incorona re di Gerusalemme.

La tensione con Roma ritorna altissima e ben presto sfocia in un conflitto aperto e armato. Nel 1229 il papa organizza una sorta di crociata contro il re di Gerusalemme, ormai irriso come il *sultano battezzato*: le truppe pontificie varcano i confini del regno di Sicilia e lo occupano. Tra le prime misure dell'occupante, c'è la chiusura dello *Studium* di Napoli: l'università laica e statale verrà riaperta da Federico solo dieci anni dopo.

Il re e imperatore, intanto, ritorna precipitosamente dalla Palestina e organizza la reazione all'occupazione pontificia. È una reazione vincente, che obbliga il papa a stipulare una pace – la pace di Ceprano, del 23 luglio 1230 – carica di irrisolti: Gregorio IX ritira la scomunica e Federico II ne riconosce l'autorità spirituale, restituendo i beni confiscati a chiese e monasteri.

Si tratta, come abbiamo detto, di un pace carica di irrisolti. Perché la tensione tra Federico II e Gregorio IX ha rinfocolato gli antichi e mai del tutto sopiti conflitti tra guelfi (alleati del papa) e ghibellini (alleati dell'imperatore) un po' in tutta Italia, inclusa la Toscana, divisa al suo interno, e la Lombardia, dove contro l'imperatore è tornata a operare la Lega dei comuni. Una tensione che è pronta a riesplodere in aperto conflitto, come vedremo, nel giro di appena sette anni.

Ma intanto per sette anni c'è un po' di pace. E l'assenza di conflitti militari consente a Federico di riprendere il suo progetto di governo e di (attraverso lo) sviluppo della cultura. Un progetto che non si esaurisce certo in Napoli e nella sua laica università. Ma è un progetto lucido e complesso, anche se non privo di contraddizioni e limiti: primo tra tutti, quello di essere calato dall'alto e di non esprimere bisogni e movimenti diffusi della società meridionale.

Il progetto politico consiste nella costruzione di uno stato moderno e centralizzato. E Federico lo dota di solide fondamenta sia organizzative – creando presso la sua corte itinerante una forte e preparata burocrazia, la Magna Curia – sia giuridiche, che si esprimono subito – già nel 1231 – nelle *Costitutiones Augustales*, più note come *Costituzioni di Melfi*, promulgate nella città pugliese per ordine dell'imperatore dal giustiziere Riccardo da Montenero sulla base del diritto romano e normanno. Alla stesura delle leggi costituzionali partecipa anche Pier Della Vigna, colui che, per dirla con Dante, tenne "ambo le chiavi del cor di Federigo", perché giurista e letterato.

E il cuore del sovrano ha per l'appunto due porte, quella della conoscenza applicata alla politica e al diritto e quella della conoscenza *tout court*, che si esprime attraverso le arti, la letteratura, la filosofia e lo studio della natura (la scienza).

Veniamo, dunque, a questa seconda porta, che a sua volta spalanca su due grandi sale, solo in parte comunicanti, nel cuore di Federico. La sala della poesia e la sala della filosofia (compresa la filosofia naturale). Due dimensioni che, unite a quella squisitamente politica, faranno parlare di una *Scuola siciliana* e avranno grande influenza su Dante.

Iniziamo, dunque, dalla sala della poesia della *Scuola siciliana*. Federico favorisce, anzi vuole la formazione di una specifica comunità intellettuale che si occupi di letteratura in versi. Che esprima, in maniera formalmente organizzata, una nuova poesia: laica, e dunque in grado di contrapporsi all'egemonia culturale della Chiesa; ma nobile, sia perché si occupa del delicato tema dell'amore sia perché scritta sull'esempio di quanto succede in Provenza in un "volgare illustre": un volgare che non sia un dialetto qualsiasi, ma aspiri a proporsi quale lingua universale, come il latino anche se non necessariamente al posto del latino.

Federico non favorisce la creazione di un movimento poetico per così dire spontaneo, come quello cha ha dato origine alla lirica cortese in occitano (*lenga d'òc*), ma

> punta invece a dotare la corte di un'ulteriore manifestazione della sua eccellenza: una lingua letteraria volgare che compete con le altre, una produzione d'amore che dia prova della qualità squisita di chi qui vive e opera. [Varvaro, 2007]

Il progetto di creazione dall'alto di una "lirica volgare" si realizza. E, infatti, alla corte di Federico II tra il 1230 e il 1250 nasce e si sviluppa la cosiddetta *Scuola siciliana* – ma sarebbe meglio dire l'ala poetica della *Scuola siciliana* – che ha alcuni caratteri davvero innovativi. In cui il nuovo non è costituito solo dalla lingua (il "siciliano illustre", usato anche da poeti provenienti da altre parti d'Italia) e dalla formalizzazione di una originale struttura metrica (il sonetto di Jacopo da Lentini), ma anche dall'idea stessa di scuola (intesa come comunità molto omogenea di persone che, pur essendo di provenienza geografica diversa, hanno un comune progetto poetico, ruotano intorno alla Magna Curia e sono quasi tutte burocrati di corte).

L'amore – non la donna e le storie d'amore – ma proprio l'amore in sé è il tema pressoché unico della *Scuola siciliana*, che consente a quei poeti di rispettare le precise indicazioni di Federico: dar prova delle loro qualità letterarie senza toccare argomenti spinosi, come quelli politici.

Se Federico ne è il promotore, il siciliano Jacopo da Lentini, il "notaro" di corte, conferisce un'anima (l'anima poetica) e persino una struttura (metrica) al progetto. Pare che sia stato lui, infatti, a inventare il sonetto, con la sua tipica struttura in 14 versi endecasillabi distribuiti in due quartine e due terzine. Ed è lui, in qualche modo, il capo riconosciuto della scuola alla corte di Federico di cui fanno parte molti siciliani, ma anche molti che siciliani non sono, come il campano Pier della Vigna, capo della cancelleria del regno, il toscano Compagnetto da Prato, il ligure Paganino da Sarzana, il genovese Percivalle Doria, il notaio bolognese Semprebene e moltissimi altri (alcuni parlano di 25 poeti). Per la gran parte sono, come Pier della Vigna, funzionari di corte e non si spalmano, come in Provenza, sull'intera società. Né pongono in alternativa netta, come in Francia, la poesia e la prosa, la poesia in volgare e la poesia in latino. Pier della Vigna, per esempio, è un ottimo prosatore (in latino) e scrive versi sia in siciliano illustre che nell'antica lingua dei Romani. È interessante notare – ci dà una dimensione della natura della comunità e del clima che vi si respira – come della *Scuola Siciliana* facciano parte ben tre re: Giovanni de Candia, conte di Brienne e re di Gerusalemme fino al 1210; il re Enzo, figlio di Federico, e naturalmente Federico stesso. Tutti scrivono poesie a tema amoroso in siciliano illustre (a Federico sono attribuite quattro canzoni): nessuno dei tre raggiunge livelli eccelsi.

Una simile comunità difficilmente poteva sopravvivere al suo mentore, soprattutto in un panorama politico e culturale rapidamente cangiante com'è quello dell'Italia del Duecento. E, infatti, la sua intensa fioritura non durerà più di due decenni, prima di appassire. Ma alla *Scuola siciliana* resta il grande merito di aver prodotto le prime poesie in volgare in Italia, ove si escluda il magnifico ma piuttosto isolato *Cantico delle Creature*, scritto da Francesco di Assisi proprio in quegli anni (intorno al 1226). E di proporsi immediatamente come esempio da cui partire per gli intellettuali che vivono e operano soprattutto nelle città ghibelline dell'Italia centrale. Per esempio a Bologna, dove vive e opera quel Guido Guinizelli, considerato il fondatore del *Dolce Stil Novo* e che non a caso Dante definirà "il padre mio e de li altri miei miglior".

Ma, prima di seguire il cammino che lega Dante e Guinizelli e questi ai poeti siciliani, conviene entrare nella seconda stanza del cuore di Federico: l'altra ala della sua *Scuola*. L'ala della filosofia e delle scienze naturali.

Il re e imperatore, sebbene non scriva eccelse poesie, è davvero un uomo che è giusto definire colto. Non solo perché parla il tedesco e il francese, oltre che il siciliano, e conosce il greco, il latino, l'arabo e l'ebraico. Non solo perché si circonda di uomini di grande valore culturale: di giuristi e poeti, come abbiamo visto, ma anche di filosofi, medici e studiosi della natura. Ma anche e forse soprattutto perché, con queste persone e lucidi progetti, cerca di creare nel Mezzogiorno d'Italia una classe dirigente estesa e ben consapevole delle sue funzioni.

Quest'ultimo obiettivo non viene propriamente raggiunto, non in modo tale, almeno, da rendere l'esistenza di una classe dirigente estesa e consapevole indipendente da quella del sovrano illuminato. Ma è certo che Federico riesce a creare presso la sua corte itinerante e in numerose città del suo regno una comunità di filosofi e scienziati di valore che si affianca a quella dei poeti e che, per qualità, non le ha nulla da invidiare.

A partire dai giuristi napoletani e dai medici salernitani: nel 1241, infatti, conferisce alla nota scuola di Salerno il privilegio di essere l'unica facoltà medica del regno e la configura, pertanto, come una vera e propria scuola superiore di Stato, mentre ribadisce che è il re a detenere il diritto esclusivo di rilascio dei diplomi che autorizzano alla delicata e alta professione del medico.

Con la fondazione (e la rifondazione) dello *Studium* a Napoli; con l'elaborazione delle carte costituzionali (nel 1220 e nel 1231); con il reiterato riconoscimento a Salerno del suo primato assoluto negli studi medici; con la scelta attenta dei suoi eclettici collaboratori – come Pier della Vigna, che non a caso è insieme burocrate, giurista, retore (autore di una magistrale sintesi tra la tradizione latina e l'*ars dictandi* che si è sviluppata nell'Italia settentrionale e in Francia), prosatore e poeta – Federico riesce a creare un clima di cultura multipolare ed enciclopedica che si diffonde in tutto il regno e che lascia ammirati tutti fuori dal regno, tanto da meritare al re l'appellativo di *Stupor Mundi*.

Un appellativo che ha un indubbio sapore apologetico, ma che ha numerosi punti d'appoggio. A iniziare dalle qualità dell'uomo: che è "curioso di tutto, aperto a tutte le esperienze e a tutte le culture", come ha scritto di recente Alberto Varvaro [Varvaro, 2007]; che è "molto abile nello scrivere, dotto di lingue, artigiano esperto di ogni arte meccanica, che l'animo osserva", come scriveva già nel XIV secolo Riccobaldo da Ferrara [citato in Antonelli, 1979].

Qualità, queste, che lo portano ad approfondire – oltre alla poesia – la filosofia, l'astrologia (consigliere molto ascoltato è l'astrologo Guido Bonatti), la matematica (il re è in corrispondenza e anche in amicizia con il pisano Leonardo Fibonacci, il matematico che ha scoperto la famosa serie numerica che porta il suo nome, *la successione di Fibonacci*, e che dedica proprio a Federico il suo *Liber quadratorum*), l'algebra, la medicina e le scienze naturali (il re fa realizzare a Palermo uno zoo, famoso ai suoi tempi per il numero di animali esotici che ospita).

Al suo interesse per la matematica, alla sua amicizia con Fibonacci e alle sue capacità diplomatiche dobbiamo davvero molto. È in seguito ai colloqui di Federico col sultano al-Malik al-Kamil, spostatisi rapidamente dalle questioni politiche alle questioni filosofiche, durante la sua incruenta crociata e ai conseguenti colloqui di Fibonacci con i matematici arabi, che il simbolo e il concetto stesso del numero zero, elaborati in India, giungono in Europa.

Ma Federico, come in ambito poetico, non si limita a studiare la scienza e organizzare la cultura scientifica. Opera, anche. Ovvero ricerca e pubblica i risultati delle sue ricerche. Dopo lunghe osservazioni e meditate riflessioni, scrive per esempio un libro, il *De arte venandi cum avibus*, un manuale sull'arte della caccia con il falco, che circola in molte copie illustrate per tutto il XIII e il XIV secolo. L'argomento sembra marginale (almeno agli occhi di una persona del XXI secolo). Ma il libro ha una sua qualità specifica e originale: è un trattato di ornitologia, allevamento e addestramento alla caccia elaborato sulla base di osservazioni e di esperienze dirette, che poco o nulla ha a che fare con le enciclopedie zoologiche redatte fino ad allora, che mescolano mitologia, teologia e superstizione, proponendo improbabili bestiari. Il *De arte venandi cum avibus* non fa nulla di tutto questo, ma propone un approccio ai fatti della natura che, se non può essere definito propriamente scientifico, certo è nuovo per il suo tempo. Moderno, perché destinato a incidere sul futuro. "*Fides enim certa non provenit ex auditu*", sostiene Federico. E con la sua presa di posizione, certo ancora acerba ma già promettente, contribuisce a gettare le basi per un approccio alla filosofia della natura – o, se si vuole, alla scienza – che tutto il medioevo posteriore eredita [Oldoni, 2002].

Ma, come abbiamo detto, Federico assolve a un ruolo importante – anche se non privo di contraddizioni – nella storia della cultura italiana, non tanto per le sue opere di intellettuale e di sovrano, quanto per il clima culturale libero e aperto che riesce a creare. Giungono nel Regno di Sicilia – come e forse più che al tempo di Ruggero – venti culturali dalle più diverse direzioni: a iniziare da quelli provenzali e tedeschi. E anche se si attenuano le correnti provenienti dalle aree Anglonormanne e dalla Francia settentrionale, aumentano, se possibile, quelle di origine arabo-islamica. Quanto alla corte di Federico, è frequentata (anche) dai più grandi esponenti della cultura scientifica del tempo: come, per esempio, Maestro Teodoro, un arabo cristiano, Juda ben Salomon Cohen, un grande enciclopedista ebreo, e come il matematico, filosofo, astrologo e alchimista scozzese Michele Scoto.

Figura davvero centrale, ai nostri fini, quella di Michael Scot, italianizzato in Michele Scoto. Perché protagonista di una parte del progetto culturale di Federico II, quella centrata sulla filosofia naturale, che avrà grande e diretta influenza su Dante.

Scoto giunge alla corte di Federico dopo il 1217 e quindi dopo aver animato a Toledo il dibattito culturale, traducendo in latino quel *De Sphaera* con cui Alpetragio (al-Biturgi) ha ripreso la critica al sistema tolemaico dei cieli proposta da Averroè sul finire del XII secolo e l'ha integrata, proponendo a sua volta un modello omocentrico di tipo aristotelico. Di Aristotele Scoto ha tradotto in latino il *De Animalibus*, il *De Caelo*; il *De Anima* con i commenti di Averroé e, probabilmente, anche la *Fisica* e la *Metafisica*, nonché le considerazioni di Averroè sul *De Generatione*, sulle *Meteore* e sui *Parva Naturalia*. Michele Scoto porta alla corte di Federico e, dunque, in Italia i grandi testi di Aristotele e i grandi commenti a quei testi proposti, pochi anni prima, dal filosofo, matematico, medico e giurista arabo spagnolo Averroè.

Se fosse possibile stilare una classifica, potremmo dire che Michele Scoto contribuisce più di ogni altro a realizzare il progetto culturale di Federico nella dimensione che riguarda la filosofia naturale.

Dimensione a cui il re attribuisce grande rilievo e in cui si muove, come al solito, con idee piuttosto chiare: aveva ragione Aristotele, sostiene, quando affermava che l'*"acquisitio scientiae"* esprime un bisogno dell'individuo, perché *"omnes homines naturaliter scire desiderant"*, tutti gli uomini hanno il desiderio naturale di conoscere. E di conoscere anche le cose che accadono nel mondo, nell'universo fisico che li circonda. Una posizione, detta per inciso, che sarà ripresa integralmente da Dante. E che Federico correda con un'indicazione ancora più netta: "senza la scienza – dice – la vita non conosce libertà".

L'uomo può far ben fruttare questa libertà, perché attraverso l'*ars mathematica* e le scienze fisiche (*philosophia*) può eguagliare la natura stessa di Dio. Un'altra idea seminale, questa intorno alla conoscenza delle cose del mondo, perché sarà sostanzialmente ripresa da Galileo Galilei.

L'analisi di Federico è molto articolata. Propone infatti una netta distinzione tra l'*ars mathematica*, che è l'arte del computare, la *logica*, disciplina che serve ai medici per elaborare le loro diagnosi e le loro terapie, e la *philosophia*, che per Federico, come già per Gerberto d'Aurillac vissuto tra il IX e il X secolo e diventato papa col nome di Silvestro II, è *comprehensio veritatis divinarum et humanarum rerum*, comprensione della verità intorno alle cose umane e divine. Di nuovo c'è che Federico considera la filosofia indispensabile per lo studio degli uccelli e della natura. Distinguendo tra la filosofia pratica e la filosofia teoretica. E dividendo ulteriormente quest'ultima in *phisica naturalis, matematica intelligibilis, teologia intellectualis*.

Per quanto complesso e molto strutturato, il progetto scientifico di Federico viene dunque da lontano, si salda alla tradizione greco-latina, araba ed ebraica, passata attraverso personaggi come Gerberto d'Aurillac, Alfano da Salerno, Costantino Africano, Adelardo di Bath e che ora viene rilanciata da filosofi come Arnaldo da Villanova, Ruggero Bacone e, appunto, Michele Scoto.

Ma i filosofi naturali, i matematici, gli astronomi e gli astrologi che ruotano intorno alla corte di Federico formano una comunità, più o meno omogenea, piuttosto estesa e – da Fibonacci a Bonatti – di notevole valore.

Con questi uomini il re instaura un rapporto informato da una curiosità che potremmo definire di natura protoscientifica. A Pietro Ansolino da Eboli – medico, poeta e *magister*, autore di un libro, il *De balneis Puteolanis* in cui descrive le 35 diverse acque minerali del circondario di Pozzuoli – chiede: spiegami com'è possibile che in un solo luogo, Pozzuoli, esistano tante acque e di natura così diversa, dolci e salate, calde, bituminose e fredde? Da dove giungono e perché? Com'è possibile che non superino mai il livello di travaso?

E a Michele Scoto chiede: spiegami come è fatto "l'edificio della Terra"; quanto misura, quanto dista dal più alto dei cieli;

dimmi anche qual è l'esatta misura dei cieli; in quale cielo Dio si trova, come gli fanno corona gli angeli, dove si trovano esattamente l'Inferno, il Purgatorio e il Paradiso: se sotto, nella o sopra la Terra; dimmi perché le acque dei mari son tanto amare e perché, sebbene tutte le acque provengano dai mari, sulla terraferma invece alcune sono amare e altre dolci; dimmi del vento e del fuoco dei vulcani.

Sono domande che frulleranno, quasi tutte, anche nella mente di Dante.

Tentiamo, ora, una prima sintesi. La *Scuola siciliana* di Federico è costituita per lo meno da due grandi stanze, quella della poesia e quella della filosofia naturale, ove risuonano echi che arriveranno fino a Dante. Ma nel regno di Sicilia nella prima metà del Duecento quella due stanze comunicheranno poco tra di loro. Non abbiamo alcun tentativo né di dotare la poesia di un apparato filosofico ben strutturato, né di comunicare la filosofia naturale mediante i versi. Questa sintesi, come vedremo, sarà realizzata da Dante. E narrata dalla Luna.

Torniamo, intanto, alla storia politica, perché anch'essa avrà grande influenza sul poeta fiorentino. La fragile pace tra Federico e Gregorio IX dura, come abbiamo detto, per circa sette anni, fino al 1237. Anni durante i quali l'Impero e il Papato si scambiano notevoli favori. Gregorio IX, per esempio, accontenta Federico e scomunica il figlio che si è ribellato all'imperatore. Mentre Federico riporta a Roma Gregorio IX, costretto a riparare in Umbria dalla rivolta popolare fomentata da famiglie romane, come quella dei Frangipane, che gli sono ostili.

Poi sono di nuovo scomuniche e conflitti armati. Di nuovo contrasti tra guelfi e ghibellini. Tutto viene complicato dalla pretesa di Federico di assumere il controllo della Lombardia e della Sardegna, dalla morte di Gregorio IX e dal conseguente braccio di ferro per il controllo del soglio pontificio. Dopo molte vicende, infine l'equilibrio si rompe: a Roma viene eletto papa Innocenzo IV, che, dopo aver cercato e fallito l'accordo con l'imperatore, fugge in Francia e, nel 1245, convoca un concilio a Lione, per confermare nella maniera più solenne la scomunica a Federico e la sua deposizione dal trono dell'Impero.

Seguono cinque anni di eventi sempre più confusi, di conflitti coi comuni d'Italia, di trame di palazzo, in una delle quali, a torto o a ragione, viene coinvolto anche Pier delle Vigne, che, accusato di tradimento da Federico, è imprigionato nel carcere di San Miniato nei pressi di Pisa, dove, per vergogna, si toglie la vita. Anche un altro poeta della *Scuola siciliana*, addirittura il re Enzo, finisce in prigione, dopo essere stato catturato da bolognesi in rivolta. L'epoca di Federico volge al tramonto. Ancora giovane, ma malato e forse stanco, il re di Sicilia e di Gerusalemme, imperatore del Sacro Romano Impero, lo *Stupor Mundi*, esala l'ultimo respiro il 13 dicembre 1250 nel suo castello di Fermentino, in Puglia.

Un'epoca si chiude e un'altra se ne apre.

Con la scomparsa di Federico comincia la lezione della sua eredità in cui possiamo davvero ritenere chiuso il Medioevo: il primato della sperimentazione scientifica, il prevalere delle logica sulla teologia. [Oldoni, 2004]

Intanto con la sua morte inizia il rapido declino di una casata e di un progetto. Quando il figlio Manfredi, che gli succede sul trono del regno (ma non dell'Impero), muore nel 1266 in battaglia a Benevento, cessa di esistere anche la *Scuola siciliana*. Il progetto di Federico non è riuscito ad attecchire al Sud. E l'asse culturale del paese inizia a spostarsi verso il centro-nord, soprattutto in Toscana. Quando poi due anni dopo, nella battaglia di Tagliacozzo, trova la morte Corradino, l'ultimo dei discendenti di Federico, per i ghibellini di tutto il paese si mette davvero male.

A Firenze, per esempio, non si pone tempo in mezzo e già nel 1267 i maggiori esponenti del partito dell'imperatore vengono espulsi dalla città. Inizia così un periodo di incontrastato e omogeneo governo guelfo che dura fino all'anno 1300, durante i quali la città toscana diventa la capitale economica e culturale d'Italia.

Sono anni di sviluppo impetuoso.

Cresce l'economia: Firenze è la prima città in Europa a battere monete d'oro, conta 80 banchi di cambio e 200 botteghe dell'Arte della Lana che danno lavoro a 30.000 operai. I suoi banchieri prestano soldi al re d'Inghilterra e a preti ed ecclesiastici di tutto il continente. I suoi notai sono in numero di 600.

Cresce la popolazione, che raggiunge i 170.000 abitanti, e la città si espande: è ormai necessaria una terza cerchia di mura per contenerla e proteggerla. Dentro le mura spuntano nuovi palazzi e nuove chiese. I palazzi e le chiese che oggi fanno di Firenze, Firenze: Santa Maria Novella è del 1278; il decreto per la costruzione di Palazzo Vecchio è del 1293; quello per Santa Croce è del 1294; i lavori di Santa Maria del Fiore iniziano nel 1296. Intanto i fiorentini possono contare su 30 diversi ospedali, con almeno mille posti letto per i più poveri.

In questa città in crescita veloce ferve la vita culturale. Anche grazie al ritorno in patria di persone come Brunetto Latini, che nel 1266 è rientrato dal suo esilio in Francia; o di Guittone, che nel 1293 fonda il convento dei Frati della Beata Gloriosa Vergine Maria, i "frati gaudenti", a Santa Maria degli Angeli. O anche di giovani poeti, definiti "comici" e "realistici", che, Cecco Angiolieri in testa, cercano al contrario della *Scuola siciliana* e di Guittone di tradurre in versi i sentimenti messi alla prova dalla vita quotidiana.

Guittone, che ha avuto proprio nel 1265 una crisi mistica che lo ha portato a lasciare moglie e figli per farsi frate, si riferisce in maniera esplicita alla *Scuola siciliana*, anche se per criticarla. Scrive versi in volgare, sia pure un volgare dialettale e difficile, ma contesta i contenuti della poesia cortese: c'è un'inconciliabilità di fondo tra la morale cristiana e quell'attenzione ossessiva all'amore, sferza con indomito vigore e, soprattutto in gioventù, con schietto sarcasmo utilizzando le mille righe delle sue 50 canzoni e dei suoi 234 sonetti. Altro che sublimazione dei sentimenti, la poesia amorosa dei provenzali e dei siciliani è un mero espediente per soddisfare i più carnali desideri sessuali. Certo, nel tempo l'aggressività moraleggiante di Guittone si stempera un po' (anche se mai del tutto). Ma intanto ha scosso le coscienze dei giovani della sempre più ricca Firenze e ha creato più di qualche curiosità per il poetare. Anche in Dante.

Di tutt'altra pasta è la proposta di Brunetto Latini. In primo luogo perché Brunetto non si ritira in convento, come Guittone, né si limita a fare il *notaro*: il tecnico al servizio del potente, come Jacopo da Lentini o Pier della Vigna. È un intellettuale che fa politica in prima persona.

E, in coerenza con questo impegno, non è interessato tanto alla riflessione interiore e alla dimensione privata, quanto alla sfera pubblica. Il suo obiettivo è divulgativo e pedagogico. Educare il pubblico, informandolo delle nuove acquisizioni della filosofia e della scienza, affinché i cittadini colti – giuristi e notai, medici e letterati – possano affinare l'arte del governo della *res pubblica*. C'è un che di moderno nella visione di Brunetto Latini: la conoscenza scientifica diffusa non solo come obiettivo culturale, ma anche politico.

Ecco perché la sua principale opera, il *Tesoretto*, non è un poema d'amore, ma una vera e propria enciclopedia. Che si sappia, la prima enciclopedia in lingua volgare apparsa in Europa. Scritta dunque in modo che tutti la possano comprendere. E in cui si parla di storia – della storia universale, dalla Genesi alla battaglia di Montaperti – di geografia, di architettura e di scienza. Nel *Tesoretto* c'è tutto lo scibile scientifico – tutto lo scibile più aggiornato – del tempo: la medicina, naturalmente, e un documentato bestiario. Ma anche elementi di fisica, di astronomia, di nuove tecnologie: nel *Tesoretto* troviamo, infatti, una delle prime citazioni note della bussola.

La presenza a Firenze di personalità così spiccate e così diverse, come quella di Cecco, Guittone e Brunetto Latini, ci dice che in città ferve non solo la vita economica, ma anche quella culturale. E poco vale ricordare che Firenze non sia sede di una qualche università. Sta di fatto che, dopo la morte di Federico II, è diventata la città letteraria più importante della penisola e di tutta l'Europa, capace di rapporti molto stretti con Parigi e Bologna, ovvero con le città europee che vantano le università più antiche e note, dove studia e insegna una moltitudine di fiorentini. La conseguente contaminazione spinge un numero crescente di giovani intellettuali della città toscana a cercare vie nuove per innovare le lettere anche attraverso la "lirica volgare", come va facendo a Bologna il ghibellino Guinizelli, che tra il 1265 e il 1274 ha ripreso nella città dove vivono re Enzo e il notaio Semprebene, la "lezione dei Siciliani" [Russo, 2004].

In realtà quello di Guinizelli è un vero e proprio rinnovamento, se non nelle forme, certo nei contenuti. Il fondamento filosofico delle sue poesie è piuttosto raffinato. Molto più di quanto non lo fosse alla corte di Federico. Non perché il bolognese rinunci all'idea di amore e persino della figura della donna. Ma perché va sostenendo che non basta nascere in una famiglia aristocratica per possedere la nobiltà e la gentilezza che si sublimano nell'amore. Questi caratteri non hanno nulla di ereditario. Sono il frutto della natura e della condotta morale delle singole persone.

L'amore, d'altra parte, alberga solo *in potenza* nei cuori degli uomini nobili. È la donna, che consente di tradurlo *in atto* – secondo una tipica espressione della filosofia aristotelica e anche tomistica – e che per questo merita la definizione di *angelicata*. Tutti questi concetti, sostiene ancora Guido Guinizzelli, hanno certo bisogno della poesia per essere espressi. Ma una poesia nuova, scritta in uno stile sottile, gentile e chiaro, in una lingua volgare ma priva di qualsiasi inflessione dialettale, con parole a loro volta prive di ogni asprezza e scelte secondo canoni di assoluta leggerezza, con una sintassi armoniosa e composta, con immagini lontane dalla storia e dalle biografie (sempre un po' impure) delle persone reali e dunque rarefatte per quanto possibile. Lo stile di Guinizelli è dunque quello che Dante definirà *dolce stil novo*, riconoscendone la paternità al poeta bolognese.

Quanto alle tesi, sono contenute, soprattutto, in una poesia del bolognese, *Al cor gentil rempaira sempre Amore*, destinata a diventare il manifesto dello *stil novo* – stavamo per dire della scuola stilnoviana – che prende il testimone della *Scuola siciliana*. In realtà non ci sarà mai una scuola del nuovo stile, perché non ci sarà un gruppo di persone che in maniera omogenea e sistematica ne propone i canoni.

Anche se a Firenze nasce una comunità che cerca con modi e risultati diversi di portare avanti il progetto di Guinizelli e che ha due personaggi di spicco: Guido Cavalcanti e Dante Alighieri. Ed è proprio Dante – mentre ancora frequenta Brunetto Latini – che si reca a Bologna, probabilmente tra il 1286 e il 1287, conosce il poeta emiliano e diventa sia il primo intellettuale fiorentino a rendersi conto e a teorizzare l'esistenza "di una nuova possibilità di poetare" sia a portare nella città toscana "il culto di Guinizelli", in evidente opposizione alle critiche di Guittone.

Questo "nuovo modo di poetare" ha un'altra decisiva peculiarità. Guinizelli, infatti, sostiene e applica in concreto una sorta di sincretismo tra poesia e filosofia, inclusa la filosofia naturale. Non solo partecipa, infatti, a quegli esperimenti in voga a Bologna che sposano *dispositivo* ed *eloquentia* del discorso, anche poetico, riunendo in una le tecniche della retorica e della filosofia. Ma usa anche una serie di similitudini tratte dall'osservazione dei fenomeni fisici.

Il nuovo modo di poetare che Guinizelli propone è, dunque, non solo "dolce e sottile", ma anche "laico e razionale". La sua poe-

> Il "poeta della scienza"

sia fa inorridire i guittoniani, che la definiscono – in tono sprezzante – dottrinale. E Dante, divertendosi non poco, chiamerà il guittoniano Bonagiunta Orbicciani, nel *Purgatorio*, a riconoscere a Guinizelli di aver "mutata la maniera" di poetare pur esprimendosi in eccesso di "sottigliansa". Quell'eccesso di "sottigliansa" che Dante, con Guido Cavalcanti, ripropone per alcuni anni a Firenze. Trovando il consenso di un gruppo di giovani – da Cino da Pistoia a Lapo Gianni, da Gianni Alfani a Dino Frescobaldi – desiderosi come Brunetto di uscire dai limiti della cultura municipale e dalla volgarità della vita quotidiana.

L'incontro con Cavalcanti è davvero decisivo per lo sviluppo dello *stil novo* a Firenze. Dante, che pure ha iniziato a comporre i suoi primi versi sotto l'influenza di Guittone, ora alimenta il nuovo modo di poetare sia attraverso i cosiddetti sonetti di corrispondenza con l'amico – tra cui il famoso *Guido i' vorrei* – sia con una serie di componimenti in cui riecheggiano non solo lo stile e i temi di Guinizelli, ma anche le interpretazioni di Cavalcanti, con la sua poesia ora cortese, ora angosciata.

In questa stagione Dante diventa uno dei punti di riferimento della vita letteraria in città. Ma ecco giungere improvvisa, come abbiamo detto, la morte di Beatrice a determinare una svolta nella sua vita. Negli anni successivi, infatti, Dante da un lato organizza in un percorso narrativo unitario la raccolta delle sue poesie inframmezzata da brani in prosa, la *Vita Nuova*, per dedicarla alla sua amata e dall'altra intraprende studi sistematici presso la scuola dei Francescani a Santa Croce e la scuola dei Domenicani a Santa Maria Novella. E proprio presso i Domenicani si imbatte definitivamente nel pensiero scientifico, oltre che filosofico e teologico, leggendo i testi di Alberto Magno, di Tommaso d'Aquino, di Aristotele e degli aristotelici, di Platone e dei neoplatonici.

Alberto Magno (nato nel 1208 e morto nel 1280) e Tommaso d'Aquino (nato nel 1225 e morto molto più giovane nel 1274) sono i due grandi pensatori che nel XIII secolo si incaricano di saldare un'alleanza stretta tra il pensiero di Aristotele e quello cristiano. Aristotele dimostra qual è la potenza della logica e della ragione, ma sottolinea anche l'importanza dell'esperienza, contrapposta alla mera intuizione, come principio costitutivo della scienza. Alberto Magno, studioso attento della vita animale, è il primo grande naturalista dai tempi di Plinio. Tommaso rimarca il passaggio dalla potenza all'atto. Tutti propongono un nuovo atteggiamento, positivo, nei confronti della natura e della conoscenza della natura.

Come scrive Arthur Koestler: connettendo in maniera forte il pensiero di Aristotele e il pensiero cristiano, il passo storicamente e culturalmente più importante che compiono Alberto Magno e Tommaso d'Aquino è probabilmente quello di riconoscere le "luci della ragione" quale fonte indipendente di conoscenza distinta dalle "luci della grazia". E così, leggendo Alberto e Tommaso, Dante è indotto a riflettere sull'idea che la ragione cessa di essere mera *ancilla fidei* e diviene compagna, autonoma anche se non indipendente, della fede.

> Utilizzando Aristotele come catalizzatore intellettuale, Alberto e Tommaso d'Aquino insegnano nuovamente agli uomini a pensare. [Koestler, 1991]

Coi francescani, invece, cura la parte più spirituale e mistica – legge, per esempio, Bonaventura da Bagnoregio, il grande biografo di Francesco – ed entra in sintonia con i movimenti che chiedono una profonda riforma spirituale della Chiesa. Insomma, intorno ai trent'anni Dante viene assumendo una conoscenza davvero enciclopedica. Conoscenza che viene esaltata dalle discussioni con Guido Cavalcanti e dalle frequentazioni con Brunetto Latini, che durano fino alla morte del *magister*, sopraggiunta nel 1294.

La *Vita Nuova* è il libro cui Dante affida la storia della sua vita e del suo amore per Beatrice con notizie autobiografiche e un preciso itinerario psicologico che dalla nascita di un amore e dalla sua crisi – Dante le ha fatto credere di aver scritto i suoi versi d'amore per un'altra donna e l'equivoco ha portato Beatrice a negargli "lo suo dolcissimo salutare" e addirittura a prendersi "gabbo" di lui – attraverso

> l'inferno del dolore e della ricerca morale, porta ad acquisizioni più mature della coscienza. [Russo, 2004b]

Nella *Vita Nuova* Dante introduce novità inusitate, come la riflessione teorica assidua e l'irruzione della sua vita personale nella proposta poetica come "esemplare" del discorso narrativo. Di più. Tenta un'operazione di "emancipazione autonoma dell'esperienza letteraria "volgare", e insieme [esprime] la sua preoccupazione di rendere comunicabili i sensi del suo messaggio [Russo, 2004b]. Dante parla del ruolo del volgare e della poesia. Più che a "li prosaici dittatori", sostiene, occorre affidare il massimo mandato culturale ai poeti che scrivono in volgare, sia perchè parlano una lingua accessibile a tutti, sia perché possono ricorrere a figure e "colori retorici". Tuttavia i poeti non devono ricorrere a quelle figure e a quei colori senza vincoli, ma devono poetare lasciandosi guidare dalla ragione, devono infondere alle loro opere un forte impianto razionalistico, così come hanno fatto i grandi poeti del passato: Virgilio, Lucano, Orazio, Ovidio.

E il razionale nella *Vita Nuova* è ben presente. Con quest'opera Dante si inserisce nel vivo del discorso sull'origine dell'amore, prendendo una posizione originale. Concorda con Cavalcanti e diverge da Guinizzelli, per esempio, quando sostiene che l'amore ha un'origine nei sensi, ma poi – a differenza di Cavalcanti – afferma che la nobiltà d'animo è capace di sublimare la mera sensorialità. Quanto alla donna, Beatrice è lì a dimostrami che essa non si limita a tradurre in atto il mio potenziale d'amore, come vuole Guinizelli, ma gioca un ruolo molto più diretto e creativo: genera beatitudine e la trasferisce (peraltro Beatrice significa appunto generatrice di beatitudine).

Riassumendo, con la *Vita Nuova* Dante esalta il ruolo della divulgazione, anzi della poesia conoscitiva, si separa dal *dolce stil novo* e si congeda da "una stagione poetica effettivamente esaurita" [Tartaro, 2002], dichiara la necessità di trovare nuove e più alte forme per poter esprimere il suo amore per Beatrice, rimandando a nuove soluzioni poetiche e a nuove opere: "io spero di dicer di lei quello che mai fue detto d'alcuna", rimandando alla *Commedia*. La realtà è che inizia un viaggio che attraverso un percorso sperimentale a tappe lo porta dalla tenzone con Forese Donati (tra il 1293 e il 1296), alle rime dottrinali, alle *Rime Petrose* (1296-1298) – con cui inaugura l'uso delle immagini astronomiche – fino alla *Commedia*. Un percorso alla fine del quale realizza quella sintesi tra poesia, filosofia e scienza che finora, nella storia culturale europea, è riuscita solo a Lucrezio.

Ma, prima di dar corso alla grande opera, Dante scopre, a mo' di Brunetto, la politica. Dopo alcune esperienze militari – la battaglia di Campaldino contro i Ghibellini di Arezzo, l'assedio al castello di Caprona, la scorta d'onore al re Carlo martello, figlio del re di Napoli – il giovane intraprende una vera e propria attività politica. Resa possibile dal fatto che a Firenze viene revocato sia il divieto per i nobili di partecipare alla vita pubblica sia quello di iscriversi all'albo delle Arti e dei mestieri. Iscrizione propedeutica per l'attività politica.

Dante, dunque, si iscrive all'Arte dei Medici e degli Speziali, nel 1295 entra nel Consiglio del Capitano del Popolo, è tra i savi che devono dare consigli per la nomina dei Priori e nel 1296 diventa membro del Consiglio dei Cento che governa la città. Durante questo intenso periodo politico Dante non rinuncia alla poesia. Le *Rime Petrose* sono scritte proprio tra il 1295 e il 1296.

La lotta politica, ormai, è tutta interna al movimento guelfo, diviso tra i Bianchi, che si ritrovano intorno alla famiglia dei Cerchi, e i Neri, che si ritrovano intorno alla famiglia dei Donati. Dante è del partito dei Bianchi, ma non è certo un estremista. Nell'anno 1300 viene scelto quale membro dell'ambasceria che si reca a San Gimignano nel tentativo di rinsaldare la coalizione contro i Neri e riunire tutti i toscani che si oppongono alla invadente politica di papa Bonifacio VIII. Diventa poi Priore di Firenze (giugno-agosto 1300), massima carica del Comune di Firenze e "cagione e principio [...] di tutti i mali e li inconvenienti suoi", proprio nel periodo in cui il Priorato assume il provvedimento di espellere dalla città gli animi più radicali, tra cui ci sono Corso Donati per i Neri e Guido Cavalcanti per i Bianchi. L'amico Guido è confinato a Sarzana. Mentre Dante, che parte come uomo di mediazione, si ritrova sempre più impegnato a contenere l'invadenza del papa e quindi dei guelfi Neri.

Nel 1301 è a Roma, membro di un ambasceria che cerca almeno un compromesso col Papa. Ma proprio in quel frangente Carlo di Valois, genero di Carlo II d'Angiò, entra armi alla mano in Firenze e impone *manu militari* il governo dei Neri. Il 27 gennaio 1302 il nuovo podestà accusa Dante di peculato e lo condanna, insieme ad altri del partito dei Bianchi, a due anni di confino e al pagamento di una multa di 50 fiorini. Dante deve presentarsi di fronte al nuovo governo entro due giorni. Ma rifiuta. Firenze lo condanna a morte e lui inizia il suo celeberrimo esilio, che lo porterà per il resto della sua vita ad assaporare "sì come sa di sale lo pane altrui".

In questi anni scrive il *De vulgari eloquentia* (1303-1304), il *Convivio* (1304-1307) e la *Commedia*, composta nel corso di un intero ventennio, tra il 1300 o il 1304 e il 1321: l'intero ventennio dell'esilio [Mercuri, 2007]. In particolare, Dante compone il *Paradiso* tra il 1316 e il 1321, il *Purgatorio* tra 1308 e il 1312 e, prima ancora, l'*Inferno*: tra il 1304 e il 1308.

Le tre opere sono diverse, ma niente affatto disgiunte. Possiamo infatti considerare il *De vulgari eloquentia* (peraltro incompiuto) come un vero e proprio trattato di teoria della lingua e come il tentativo di accreditare il volgare quale nuova lingua universale, capace di trasmettere contenuti a tutti, compresi i bambini. Un volgare, sia chiaro, da fondare. Dante introduce la metafora venatoria della caccia (al volgare illustre) – sia perché deve ridurre a uno i tanti dialetti che si parlano nella penisola sia perché deve darsi una forma grammaticale ben ordinata, in modo da raggiungere i livelli finissimi di espressione del latino: un volgare illustre, dunque, come la lingua letteraria cercata e usata finora solo dai poeti siciliani e dagli stilnovisti. Bisogna che a questa impresa – di fondare la lingua italiana – concorrano tutti gli illustri dottori della penisola, non solo i poeti.

Possiamo considerare il *Convivio*, anch'esso incompiuto e su cui torneremo tra poco, come il tentativo di accreditare i contenuti culturali da trasmettere. E, infine, dobbiamo considerare la *Commedia* come l'opera finale e sincretica di un nuovo pensiero complessivo e unitario, che utilizza tutti i nuovi strumenti, linguistici e culturali, per riunire in uno poesia, filosofia e scienza.

Inoltre esse sono state realizzate tutte in esilio. E, come scrive Roberto Mercuri,

> l'itineranza connessa all'esilio ha determinato per Dante lo sganciamento culturale da Firenze, un'accelerazione del processo di superamento dell'esperienza stilnovistica e l'insorgere di una prospettiva sovramunicipale e di un intento teorico e critico, che sfocia in un progetto di organizzazione della cultura e della lingua (come testimoniano il *De vulgari eloquentia* e il *Convivio*) e, insieme, di una poesia universale e di una figura ideale di poeta-profeta [...]. L'esilio è per Dante occasione al viaggio intorno alle sue utopie, quelle dell'impero e quelle del poeta-profeta. [Mercuri, 2007b]

Negli anni dell'esilio, Dante assiste con crescente insofferenza ai cambiamenti sociali ed economici che stanno trasformando Firenze da città sostanzialmente agricola e artigiana in una città mercantile e finanziaria. E negli anni dell'esilio il poeta da guelfo diventa in buona sostanza ghibellino. Andando, ancora una volta, controcorrente. Perché, mai come in questi anni, il declino dell'impero, che secondo Dante è iniziato con la morte di Federico, appare così esteso e palpabile.

Dante guarda al governo della società – al potere – come a un cielo che deve essere illuminato costantemente da due soli, indipendenti l'uno dall'altro: quello del potere spirituale e religioso, la Chiesa, e quello del potere laico e temporale, lo Stato. Il tramonto del sole laico, nel cielo d'Italia, è una sciagura. Sia perché Stato e Chiesa devono essere entrambi presenti in un cielo equilibrato del potere. Sia perché solo il sole laico, l'istituzione imperiale, può consentire agli uomini di conseguire il proprio "fine" e cioè la "vita felice": in quanto solo il capo di questa istituzione, l'Imperatore, possiede già tutto e quindi può farsi arbitro e giusto ordinatore del mondo. E così, in occasione al viaggio intorno alle sue utopie, prospetta – sempre pensando a Federico – un'alleanza organica tra filosofia e impero, tra intellettuali e potere temporale, per la ricerca della verità e della felicità, attraverso la ragione.

Dante Alighieri muore il 14 settembre 1321, mentre da Venezia sta tornando a Ravenna.

La scienza di Dante

Dante è poeta talmente ricco e complesso che davvero non si presta a un'unica chiave di lettura. I suoi interessi sono molteplici. E molteplici i modi di rappresentarli. Usa la prosa e la poesia. Talvolta parla per allegorie e metafore, talaltra in maniera diretta.

La complessità del suo discorso è voluta, attentamente studiata e persino teorizzata. Nel *Convivio* sostiene che bisogna leggere (e quindi scrivere) un testo poetico in almeno quattro diverse modalità significanti.

Il primo è il modo letterale: "e questo è quello che non si stende più oltre che la lettera de le parole fittizie".

Il secondo è il modo allegorico: "è una veritade ascosa sotto bella menzogna", come quella usata da Ovidio quando dice che "Orfeo facea con la cetera mansuete le fiere, e li arbori e le pietre a sé muovere" e vuole intendere che la persona saggia con il suo argomentare è capace di rendere mansueti e umili i cuori più malvagi e di indurre a un retto comportamento anche coloro che non sanno di scienza e d'arte.

Il terzo modo è "quello che li lettori deono intentamente andare appostando per le scritture, ad utilitade di loro e di loro discenti", ovvero l'insegnamento morale, che il poeta affida al testo e che i lettori devono attentamente cercare, a vantaggio di se stessi e dei loro allievi.

Il quarto, infine, è quello anagogico: dove l'autore propone una verità letterale e, insieme, una verità superiore. Come quando le Scritture raccontano della fuga degli Ebrei dall'Egitto e della loro salvezza in Terrasanta. È una narrazione con un preciso e un compiuto significato letterale, ma è anche una metanarrazione, perché evoca l'immagine delle anime che, seguendo un preciso percorso indicato da Dio, possono raggiungere la salvezza.

Il *Convivio* è un'opera enciclopedica: un banchetto conviviale di scienza, appunto, in cui alle *vivande* della poesia si accompagna il *pane* della prosa. Sulla tavola imbandita della conoscenza, la diversità dei contenuti che Dante intende trasmettere non è certo da meno della molteplicità di articolazione del discorso poetico. C'è il tema dell'amore, naturalmente. Ma anche l'evoluzione spirituale della Chiesa, i rapporti temporali con lo Stato, il ruolo dell'Impero e dell'Imperatore nella costruzione della felicità dei popoli e dei singoli, la salvezza delle anime.

C'è il tema della filosofia. Che al tema dell'amore è legato attraverso molti fili. Nella *Vita Nuova*, infatti, Dante spiega di essersi invaghito definitivamente di Beatrice non quando l'ha incontrata la prima volta a nove anni, e neppure quando le ha parlato per la prima volta a diciotto anni e neppure quando, qualche tempo dopo, l'ha corteggiata in così malo modo da suscitare in lei la derisione. No, lui si è invaghito definitivamente di Beatrice tre anni dopo la sua morte.

Per Dante, dunque, Beatrice è la donna consolatrice.

Ma non solo. È molto di più. È un'allegoria. Perché, spiega nel *Convivio*, quando parla della Beatrice di cui si è innamorato "appresso lo primo amore" egli intende non solo Bice, la bellissi-

ma e onestissima figlia del banchiere Folco Portinari, ma anche "la bellissima e onestissima figlia de lo imperatore dell'universo, a la quale Pitagora pose nome Filosofia".
Dante non è un filosofo. Il suo discorso non ha la coerenza interna del discorso aristotelico. Per lui la filosofia – anzi, la Filosofia – è "l'amoroso uso di sapienza". È quell'insieme razionale di dimostrazioni scientifiche intorno agli avvenimenti del mondo naturale e di intuizione delle cose divine attraverso cui l'uomo gode di "quel piacere altissimo di beatitudine, lo quale è massimo bene in Paradiso". La filosofia è sia il mezzo per raggiungere la beatitudine che una componente della beatitudine stessa. Come scrive Achille Tartaro:

> Nella dimensione terrena dell'amore filosofico il poeta riconosce la certezza di un'avventura sublime e di una felicità completa. [Tartaro, 2004b]

L'aspirazione alla verità, attraverso la conoscenza e la sapienza, è la parte più nobile della natura umana: quella, razionale e angelica, che rende l'uomo simile a Dio.

La Beatrice della *Commedia* che porta Dante sulla Luna e per tutti i cieli, fino in Paradiso, è dunque sì il suo primo (Bice Portinari), ma anche il suo secondo amore, la Filosofia.

Ma accanto e forse addirittura prima di questi temi, c'è quello della scienza. Che domina tanto il *Convivio* quanto la *Commedia*, integrandosi in maniera organica con gli altri e innervando le sue narrazioni, in prosa e in poesia. Dante ha una visione unitaria della letteratura, della filosofia (inclusa la teologia) e delle scienze. E manifesta questa sua visione della conoscenza con tale chiarezza e raggiungendo livelli letterari così elevati da meritarsi, con Lucrezio, il titolo di "poeta della scienza".

La prima dimostrazione sistematica del suo interesse per la filosofia naturale la troviamo nel *Convivio*, un libro che è sia una summa dottrinale, sull'esempio del *Tesoretto* di Brunetto Latini, un'opera enciclopedica che si sviluppa intorno a un asse etico e insieme filosofico, sia il documento di un percorso esemplare, sull'esempio delle *Confessioni* di Agostino, in cui la sua vita diventa un processo che passa progressivamente dal non buono al buono, dal buono al migliore e dal migliore all'ottimo.

> Alternando poesia e prosa, il *Convivio*, propone la novità di "una verità filosofica fatta scaturire dalla letteratura" [Tartaro 2004b] e, dunque, è la prima espressione compiuta nella storia della cultura italiana di quel *ménage a trois* di cui parlavamo all'inizio. Perché con questo libro, incompiuto, in prosa e in poesia, scritto in volgare illustre e progettato in 15 libri, di cui il primo è un proemio e gli altri 14 commenti ad altrettante liriche, Dante cerca di raggiungere diversi obiettivi: il primo dei quali, come rileva Roberto Mercuri, è la divulgazione della scienza, la diffusione democratica del sapere.
>
> L'intento di Dante con il *Convivio*, manifestato nel libro premiale, è quello di costituirsi come divulgatore, dall'alto dell'esperienza dell'esilio, della scienza e del sapere – che costituiscono i fondamenti di una più vera nobiltà non basata sul censo e sulla ricchezza – nei confronti di un pubblico il più esteso possibile, un pubblico che coincide nelle intenzioni di Dante con l'umanità, cui va indicata la via della vera realizzazione dell'uomo. [Mercuri, 2007b]

Se dunque nel *De vulgari eloquentia* ha indicato lo strumento migliore per divulgare il sapere, il volgare illustre, nel *Convivio* indica i migliori contenuti da disseminare, le conoscenze scientifiche più aggiornate del suo tempo.
Ma perché proprio la scienza?
La domanda non è banale, in un tempo in cui la gran parte degli intellettuali – fuori e dentro la Chiesa, fuori e dentro i monasteri, fuori e dentro le ancora rade università – si occupa di altro. E in un tempo in cui l'attualità politica impone i suoi temi in modo così forte e radicale, tanto più a un uomo politico, quale è Dante, costretto all'esilio per le sue idee. Perchè dunque la scienza? Perché per Dante la priorità è divulgare le conoscenze più aggiornate intorno al mondo naturale?
Conviene lasciare a lui la parola. Perché ha, ancora una volta, una risposta articolata a questa domanda. Dante apre il *Convivio* con un richiamo esplicito ad Aristotele e alla sua *Metaphisica*:

> Sì come dice lo Filosofo nel principio de la Prima Filosofia, tutti li uomini naturalmente desiderano di sapere.

> Il "poeta della scienza"

Conoscere è un bisogno naturale dell'uomo. Come il cibo. O come l'amore.

Dante, lo abbiamo detto, conosce bene Aristotele. Non gli è ignota nessuna delle traduzioni latine che hanno consentito il "ritorno" in Europa del filosofo greco tra l'XI e il XII secolo. E indica anche i motivi che spingono lo stagirita a proporre la centralità della conoscenza nell'uomo: la tensione verso la perfezione che hanno tutte le cose.

> La ragione di che puote essere ed è che ciascuna cosa, da providenza di propria natura impinta, è inclinabile a la sua propria perfezione.

E per l'uomo la perfezione è la conoscenza del mondo, la scienza. Di più: l'uomo che raggiunge la verità attraverso la scienza, raggiunge anche la felicità:

> Onde, acciò che la scienza è ultima perfezione de la nostra anima, ne la quale sta la nostra ultima felicitade, tutti naturalmente al suo desiderio semo subiteti.

Purtroppo, continua Dante, non tutti riescono a raggiungere la perfezione ultima dell'uomo, la scienza e, quindi, la felicità:

> da questa nobilissima perfezione molti sono privati per diverse cagioni, che dentro a l'uomo e di fuori da esso lui rimovono da l'abito di scienza.

Le ragioni che impediscono a molti – troppi – uomini di raggiungere la scienza e la felicità attraverso la conoscenza sono molte. Dante le enumera:

> Dentro da l'uomo possono essere due difetti e impedi[men]ti: l'uno da la parte del corpo, l'altro da la parte de l'anima. Da la parte del corpo è quando le parti sono indebitamente disposte, sì che nulla ricevere può, sì come sono sordi e muti e loro simili.

Ci possono essere per i singoli individui impedimenti fisici – come accade ai sordomuti. Ma ci sono anche gli impedimenti morali:

Da la parte de l'anima è quando la malizia vince in essa, sì che si fa seguitatrice di viziose delettazioni, ne le quali riceve tanto inganno che per quelle ogni cosa tiene a vile.

Ciò avviene quando l'uomo si fa distrarre da altro, da "viziose dilettazioni" in apparenza più piacevoli della scienza e della fatica del conoscere.

Tuttavia, a impedire all'uomo di raggiungere la felicità attraverso la conoscenza scientifica ci possono essere cause che trascendono la volontà e le possibilità dei singoli individui. Ci possono essere cause sociali. La necessità di dover lavorare per mantenere la famiglia e di non potersi occupare di scienza. O ancora il rango sociale della famiglia in cui si nasce. Se si ha la sfortuna di nascere in una famiglia povera, si ha davvero poca possibilità di studiare e di frequentare studiosi:

> Di fuori da l'uomo possono essere similmente due cagioni intese, l'una de le quali è induttrice di necessitade, l'altra di pigrizia. La prima è la cura familiare e civile, la quale convenevolmente a sé tiene de li uomini lo maggior numero, sì che in ozio di speculazione esser non possono. L'altra è lo difetto del luogo dove la persona è nata e nutrita, che tal ora sarà da ogni studio non solamente privato, ma da gente studiosa lontano.

Dante considera l'insieme di questi impedimenti e ciascuno di essi un problema sociale e antropologico:

> Oh beati quelli pochi che seggiono a quella mensa dove lo pane de li angeli si manuca! e miseri quelli che con le pecore hanno comune cibo!

Naturalmente la "mensa dove lo pane de li angeli si manuca" è la mensa della scienza. E la misericordia che lo muove verso coloro che non hanno la possibilità di sedere a quella mensa è la misericordia di un intellettuale e di un politico. Dante si pone il problema non solo di analizzare le difficoltà di accesso al bisogno primario della conoscenza, ma anche il problema di come rimuovere quelle difficoltà.

E un modo – il modo – di risolvere quel problema sociale, decisivo addirittura per la felicità degli uomini, è di rendere possibile l'accesso alla conoscenza attraverso la divulgazione. Gli intellettuali hanno una missione sociale da compiere. O, detta con le parole di Dante, la misericordia è "madre di beneficio": occorre che chi siede direttamente alla mensa degli angeli (gli uomini di scienza e più in generale i produttori di nuova conoscenza) o anche chi, come lui, raccoglie le briciole ai margini (i divulgatori e, quindi, anche i poeti), spezzino il pane della conoscenza.

L'inaccessibilità della scienza agli impediti da circostanze contingenti, che in Aristotele come nei suoi esegeti è mera constatazione, diviene nel *Convivio* spinta etica all'atto divulgativo [Gentili, 2007].

Nella *Metaphisica* Aristotele aveva descritto tre diversi gradi di conoscenza: l'esperienza sensibile; la memoria; l'arte. L'arte è la memoria di tante esperienze sensibili. È quella che possiede il cuoco, che in virtù della memoria di tante esperienze sensibili, confeziona piatti sempre più deliziosi. Ma l'arte diventa scienza quando elabora leggi generali, teorie. L'arte è propria dei manovali, dei vili meccanici. La scienza – che è conoscenza del mondo naturale, ma anche conoscenza arte e morale – è propria degli artefici. Solo gli artefici accedono al livello teorico e dunque possiedono l'abito scientifico. Solo i veri artefici "conoscono ed intendono".

La scienza ha un valore in sé. E il vero l'intellettuale, sostiene Dante – il poeta, lo scienziato, il letterato non legato a questa o quella città, ma cittadino del mondo – a differenza de "li legisti, de li medici e quasi tutti li religiosi" non è – non deve essere – "amico di sapienza per utilitade". Deve essere amico di sapienza per "saviezza" e per "bontà".

Quest'idea del valore in sé della conoscenza era stata già ripresa da Brunetto Latini, con la sua proposta enciclopedista. Ma Dante va oltre l'idea di conoscenza come fine in sé, la inquadra nell'ambito di una filosofia morale e di una filosofia politica. Per cui la più alta funzione etica e insieme politica dell'intellettuale è divulgare la scienza, per renderla accessibile a tutti [Gentili, 2007].

Ebbene, Dante – alcuni secoli prima che venga riscoperta la conoscenza come bene comune globale – si pone il problema di come mettere tutti nella possibilità di "conoscere e intendere", di

= "poeta della scienza"

diventare artefici. E di diventare felici. Perché la felicità dell'uomo consiste nella ricerca della verità, che si fonda a sua volta sulla ragione e sulla sapienza.

Ecco perché nel *Convivio* propone una sorta di teoria morale della divulgazione costituita da tre elementi: sentimento disinteressato nel donare da parte del benefattore, utilità dell'oggetto donato, e universalità del dono. La conoscenza è un dono che ha un valore e un'utilità universale e donarla presuppone il disinteresse del donatore. Dare la conoscenza a molti, possibilmente a tutti, è l'aspirazione massima di chi divulga, perché:

> dare a molti e donare a molti è pronto bene, in quanto prende somiglianza dalli benefici di Dio, che è universalissimo benefattore.

Chi può donare conoscenza? Be', è chiaro: solo l'artefice può essere un buon divulgatore, sia per ragioni tecniche (solo lui conosce e intende la materia che vuole divulgare) sia per ragioni morali, solo chi ha la scienza può raggiungere le vette massime del disinteresse e la consapevolezza del valore del dono.

Qual è lo strumento migliore per divulgare? Be', anche questo è chiaro: è l'uso della lingua volgare, perché consente di donare a molti, tendenzialmente a tutti. Il volgare illustre è ancora meglio, perché consente di donare a tutti senza perdere l'*habitus* scientifico e di "manifestare concepita sentenza".

Dante è non solo il "poeta della scienza", è anche il padre dei comunicatori della scienza.

La cosmologia del *Convivio*

I cieli appassionano Dante. La cosmologia compare già nel Secondo Trattato del *Convivio*, dove il poeta fiorentino parla dei dieci cieli che compongono il cosmo e a ciascuno associa una scienza, ponendo in stretta corrispondenza l'ordine celeste e quello delle arti liberali, con qualche aggiunta. Ai primi sette cieli Dante fa infatti corrispondere grammatica, dialettica, retorica (le arti del Trivio) e poi aritmetica, musica, geometria e astrologia (le arti del Quadrivio). Al cielo delle stelle fisse, corrisponde la fisica e la metafisica. Al Primo Mobile, la scienza morale. E, infine, all'Empireo la teologia.

Non si tratta di una mera invenzione letteraria. Nel *Convivio*, così come nella *Commedia*, Dante espone con completezza la sua cosmologia, che è quella più avanzata – o, se si vuole, più informata – dell'epoca. Il poeta fiorentino mostra di conoscere, infatti, tutta la letteratura rilevante sull'argomento. Il suo punto di riferimento è certamente Aristotele. O meglio, la dottrina aristotelica rivisitata dagli scienziati arabi e assimilata, mediante Tommaso e Alberto Magno, alla "cattolica opinione".

La struttura dei cieli descritta da Dante, per esempio, è quella aristotelico-tolemaica, ma modificata secondo le indicazioni di quelle correnti di pensiero della cristianità medievale che prevedono l'esistenza di 10 sfere celesti concentriche e ruotanti introno alla Terra: con l'Empireo che sta dopo il Primo Mobile, al di là dal quale, oltre lo spazio e il tempo, è Dio.

Aristotele, infatti, nel suo *De Coelo* parla solo di otto sfere: una per ciascuno dei setti pianeti più la sfera delle stelle fisse. Tolomeo ne ha aggiunge una nona, accorgendosi che le stelle nel cielo non si muovono tutte all'unisono, ma vi sono almeno due movimenti diversi. Un cielo, ricorda Dante, "lo quale chiamano molti Cristallino, cioè diafano, o vero tutto trasparente".

Il poeta fiorentino nota anche, però, che oltre le nove sfere di Tolomeo "li cattolici pongono lo cielo Empireo, che è a dire cielo di fiamma o vero luminoso; e pongono esso essere immobile". E continua, descrivendolo:

> Questo è lo soprano edificio del mondo, nel quale tutto lo mondo s'inchiude, e di fuori dal quale nulla è; ed esso non è in luogo ma formato fu solo ne la prima Mente, la quale li Greci dicono Protonoè.

Per Dante tutti i cieli sotto il Cristallino hanno due poli, ove passa un asse intorno a cui ciascun cielo ruota: e qui è chiaro il riferimento alla teoria delle sfere omocentriche rivisitata da Eudosso. Ogni cielo è definito da una sfera. E tra un cielo e l'altro c'è un grande spazio, che varia dalle 99.505 miglia della distanza tra la sfera della Luna e la Terra, ai 18 milioni di miglia della sfera di Saturno. A imprimere il movimento a queste enormi sfere sono delle sostanze immateriali, intelligenze pure, volgarmente chiamate angeli. Anche l'idea delle intelligenze motrici che governano il mondo esercitando una sorta di gravità alta e spirituale è di origine aristotelica. Quelle sostanze immateriali sono attratte verso Dio e la loro attrazione determina nell'universo un moto ascensionale che coinvolge e spinge tutto verso l'alto.

Le intelligenze pure sono differenziate per genere e per gerarchia. La sfera della Luna è mossa dagli Angeli propriamente detti. Quella di Mercurio dagli Arcangeli. E poi via via a salire lungo le gerarchie angeliche. Nello spiegare, poi, come queste intelligenze muovano i cieli, Dante mostra di avere una certa consuetudine con Alfragano e con il suo libro, sulle *Aggregazioni*.

La cosmologia della *Commedia*

La *Commedia* è la storia di un viaggio. Un viaggio nella conoscenza. L'opera è così conosciuta, in ogni parte del mondo, che a poco varrebbe anche il solo riassumerne in poche righe la trama e le finalità.

È tuttavia utile ricordare che la *Commedia* non è solo uno dei poemi più straordinari che siano mai stati scritti al mondo. Ma che è anche l'opera scientifica principale di Dante. E non solo perché è una *summa* del sapere medievale, con riferimenti a tutte le scienze conosciute [Malaguti, 2002]. Ma anche perché il poeta vi espone la sua *imago mundi* e studia l'intreccio fine tra poesia, scienza e filosofia.

A ben vedere la *Commedia* è la storia di un viaggio dalla Terra al cielo, verso la *sapientia*. Attraverso la *scientia*. Il suo fine ultimo è certo quello, etico, di "allontanare gli uomini in questa vita dallo stato di miseria e guidarli a uno stato di felicità" [Russo, 2004c]. Ma la scienza, attraverso il *ménage a trois* con la filosofia e la poesia, entra a pieno titolo e da protagonista assoluta in questo progetto.

In realtà, quello a tre già proposto nel *Convivio* diventa nella *Commedia* un *ménage* a quattro, perché alle prime tre nel viaggio verso la sapienza si unisce la teologia e, in definitiva, la stessa fede. Fede e ragione sono, per Dante, non solo compatibili, ma complementari e insieme compongono l'unità spirituale dell'uomo.

I quattro elementi portanti si intrecciano, nella *Commedia*, in così tanti e tali modi che l'individuazione e il commento, pur avendo prodotto in sette secoli una letteratura pressoché sterminata, è opera probabilmente ancora incompiuta.

Uno di questi intrecci è, certo, quello astronomico e cosmologico. L'universo con la sua struttura domina l'intero poema e ciascuna sua parte. Ma, in principal modo, il *Paradiso*. Sappiamo che nella *Commedia* come e, persino, ancor più che nel *Convivio*, confluiscono

> le esperienze più alte e forti della cultura italiana del tempo: dalla cultura filosofico-teologica di lingua latina alla produzione letteraria volgare e provenzale, dalle controversie politiche cittadine, ai dibattiti sui grandi temi dell'autorità imperiale e pontificia, da una vasta conoscenza della mitologia antica alle questioni di carattere cosmologico. Tutta la sapienza del trivio e del quadrivio è ben presente in Dante; e c'è la scienza dei numeri (numerologia) di origine pitagorica e platonica, quella stessa che si trova profusa nella scelta dei rapporti numerici dei progetti delle cattedrali. Filosofia, teologia e poesia sono qui in rapporto a una unica ispirazione; sarebbe assurdo separare la *scientia* di Dante dalla sua intuizione lirica; al contrario, una unica "sapienza alta" dice il vero nella gioia, cioè nel "gusto" ineffabile dell'essere-verità. [Malaguti, 2002]

Ebbene, l'astronomia e la cosmologia sono parti importanti di questa *scientia* avviluppata nella poesia. Dante, come abbiamo detto, conosce bene la scienza dei cieli. E non solo per aver frequentato tutta la letteratura esistente, a iniziare dall'*Almagesto* di Tolomeo tradotto da Gerardo di Cremona nel 1175. Per inciso, l'astronomo alessandrino non solo è abbondantemente citato nel *Convivio*, ma è collocato da Dante nel "nobile castello" (Canto IV dell'*Inferno*) tra i grandi della cultura di ogni tempo, in compagnia di Socrate e Platone, di altri grandi filosofi greci, di Euclide, Ippocrate, Galeno, Avicenna e Averroé, tutti seduti accanto al "maestro di color che sanno": Aristotele.

Ma, in realtà, Dante conosce l'astronomia anche per aver guardato direttamente e con attenzione la volta celeste. Come rileva Attilio Momigliano, il *Purgatorio* e il *Paradiso*

> sono due grandi spie delle ore che Dante deve aver passato in contemplazione del cielo. [citato in Malaguti, 2002]

> *L'astro narrante*

Già perché è nel *Purgatorio* e, soprattutto, nel *Paradiso* che emergono le conoscenze astronomiche puntuali di Dante. E sono davvero tante. Sia Maurizio Malaguti che Luigi D'Amico ne hanno elencato alcune: la precessione degli equinozi, Mercurio e la difficoltà di osservarlo a causa della vicinanza angolare rispetto al Sole; Venere, che col suo splendore è capace di oscurare la costellazione dei Pesci; persino la "croce del Sud" – che molti hanno riconosciuto nelle "quattro fiammelle" descritte nel Canto I del *Purgatorio* – che sono visibili solo nell'emisfero australe, di cui Dante potrebbe aver avuto notizia; la Via Lattea; stelle cadenti e meteore; l'inclinazione dell'eclittica; il giorno solare e il giorno sidereo [Malaguti, 2002; D'Amico, 2008].

Ma, al di là di singoli e specifici aspetti, è in tutta la *Commedia* che emerge il progetto cosmologico di Dante. Con tre grandi obiettivi. Uno metafisico. L'altro scientifico. L'altro divulgativo.

Quello metafisico è riproporre la centralità cosmica dell'uomo. Posto da Dio sul pianeta che è al centro dell'universo.

Quello scientifico è portare a sintesi il dibattito cosmologico della sua epoca. Che, pur avvenendo all'interno del paradigma di Aristotele e Tolomeo, è più ricco e vivace di quanto comunemente si pensi.

Quello divulgativo è di consentire a tutti di accedere a queste conoscenze, mediante la poesia. La *Commedia* dimostra coi fatti ciò che Dante teorizza da tempo: la distinzione tra scienza e poesia non è mai netta, la contaminazione deve essere attentamente ricercata. E la ricerca, nella *Commedia*, tocca vette ineguagliate anche e, forse, soprattutto in ambito cosmologico.

La *Commedia* ci ripropone, dunque, la struttura aristotelico-tolemaica dell'universo rivisitata sulla scorta del dibattito più recente. Questa struttura, come sappiamo, divide il cosmo in due parti distinte: sopra e sotto la Luna. Quello sotto la Luna è il mondo del disordine, della corruzione e dell'imperfezione. Costituito da quattro elementi tipici in combinazione tra loro: l'acqua, l'aria, la terra e il fuoco. Sopra la Luna c'è il mondo dell'ordine, della incorruttibilità e della perfezione, costituito da una quinta essenza trasparente, senza peso, immutabile, eterna: l'etere.

Il cosmo. Il tutto armoniosamente ordinato, è sferico e finito.

La Terra, immobile, è al centro del cosmo. Il pianeta che ospita l'uomo è costituito da una combinazione dei quattro elementi. È diviso in due emisferi e al suo centro ospita l'Inferno. Dante non ha dubbi che la Terra sia sferica e che intorno a lei ruotino gli oggetti del cielo, compreso il Sole "che tutto il mondo gira". Solo l'emisfero boreale, tuttavia è abitato. Quello australe è coperto da un grande oceano, interrotto solo da un'isola – l'isola che ospita il Purgatorio – che si trova agli antipodi di Gerusalemme. Solo Adamo ed Eva hanno visto le costellazioni del cielo visibile dall'emisfero australe.

Oltre la Terra e oltre la sfera infuocata che la circonda, ci sono il cosmo incorruttibile, diviso in nove cieli e chiuso dall'Empireo. I nove cieli sono mobili e ruotano intorno al centro dell'universo che corrisponde al centro della Terra.

La *Commedia* è un viaggio, fisico, in questo universo. Nelle viscere della Terra nell'*Inferno*, sulla collina australe del Purgatorio nel *Purgatorio*, nel mondo sopra la Luna nel *Paradiso*.

Cosicché il *Paradiso* altro non è che il racconto del viaggio cosmico di Dante, che segue rapito la sua Beatrice fino alla soglia dell'Empireo, attraverso i nove cieli inferiori, prima di ascendere, da solo, nell'Empireo. In ciascuno di questi cieli Dante e Beatrice incontrano gli spiriti che hanno temporaneamente lasciato l'Empireo per andare loro incontro. A ogni cielo corrisponde una gerarchia angelica.

Dante, come sappiamo, è insieme *autor* e *agens* della *Commedia*. Virgilio è la sua guida, razionale. Ma Beatrice non è diversa da Virgilio. Semmai è più di Virgilio. Non è solo lo spirito dell'amore o l'allegoria della fede. L'amata, nell'accompagnarlo attraverso il mondo immutabile della perfezione fino a Dio, consente infatti a Dante di realizzare entrambe le forme di felicità cui aspira, quella terrena che si raggiunge *per philosophica documen-*

Cielo	Oggetto cosmico	Gerarchia angelica	Spiriti
Primo	Luna	Angeli	Casti, ma incostanti
Secondo	Mercurio	Arcangeli	Operosi, ma ambiziosi
Terzo	Venere	Principati	Amanti
Quarto	Sole	Potestà	Sapienti
Quinto	Marte	Virtù	Combattivi
Sesto	Giove	Dominazioni	Giusti
Settimo	Saturno	Troni	Contemplativi
Ottavo	Cristallino	Cherubini	Trionfo di Cristo e Maria
Nono	Primo Mobile	Serafini	Trionfo delle gerarchie angeliche
Empireo	Dio (che non è un oggetto cosmico, ovviamente)	Nove cerchi angelici	Rosa dei beati

ta e quella ultraterrena, che si raggiunge *per documenta spiritualia*. In Beatrice, dunque, convivono fede e ragione e amore.

E nel Canto II del *Paradiso*, nel canto della Luna, la combinazione è più che mai evidente.

Tutto quanto abbiamo detto non significa che l'impianto scientifico della *Commedia* sia immune da difetti. Questi difetti non vanno cercati tanto nel fatto che la visione astronomica di Dante non è la nostra o che il poeta non distingue tra astronomia e astrologia – questa capacità di distinguere interesserà la gran parte dei filosofi naturali per molti secoli ancora. Da questo punto di vista Dante è più che mai figlio, sapiente e dotto, del suo tempo. E non potrebbe essere altrimenti. I difetti stanno, semmai, nel fatto che, come nota Eugenio Lo Sardo, nella *Commedia* e più in generale nella visione cosmologica di Dante, non sempre sono presenti quella struttura logica, quella coerenza interna, quella capacità di astrazione e la stessa geometria applicata al pensiero che il poeta fiorentino pure ha incontrato leggendo Aristotele e Tolomeo, Platone e Averroè [Lo Sardo, 2007].

In realtà Dante dimostra di sapersi muovere anche nella logica stringente e nella rigoroso coerenza interna della filosofia naturale: per esempio quando, nel 1319, nella *Quaestio de situ et figua sive forma quorum elementorum, aque videlicet et terre* affronta un tema che fa molto discutere i filosofi della natura del tempo: se le acque in qualche punto sulla superficie della Terra (che Dante crede sia appunto sferica) possano essere più alte delle terre emerse. Il poeta fiorentino risponde di no, dimostrando, appunto, di avere piena padronanza della fisica, della logica e della loro coerenza.

Ma questo, se vogliamo è un dettaglio. Dante è grande perché è un poeta, non perché è un filosofo naturale.

Per cui invece di imputargli difetti in punta di filosofia sarebbe più giusto imputare a noi stessi difetti in punta di poesia e chiederci come mai, in epoca moderna, non sia mai più nato un "poeta della scienza" capace come Dante di unificare i saperi e trasformare l'osservazione della natura e la cosmologia in "ispirazione scientifica".

La Luna di Dante

Le citazioni della Luna nell'opera di Dante, e in primo luogo nel *Convivio* e nella *Commedia*, sono davvero innumerevoli. Ma sono quattro – almeno quattro – le dimensioni della Luna con cui si misura il "poeta della scienza". Ovvero le questioni astronomiche che coinvolgono l'astro narrante affrontate dal fiorentino, che tenta di portare a sintesi le conoscenze astronomiche e cosmologiche del suo tempo.

La Luna e il calendario

La prima, e tutto sommato la più banale, riguarda il calendario della *Commedia*. È probabile che il poeta lo aggiusti, attribuendo all'anno 1300 le coordinate astronomiche del 1301, in modo che l'inizio del suo viaggio coincida, come nella morte di Cristo, con la luna piena. L'intervento non testimonia null'altro se non che Dante conosce bene il calendario lunare.

Le eclissi e la Luna

La seconda è ben più pregnante. E riguarda le eclissi. Dante ne discute molto, perché le eclissi ci forniscono un bel po' di notizie sulla struttura cosmica. Per esempio, durante l'eclissi di Luna, quando il nostro pianeta si trova tra il Sole e il satellite naturale, l'ombra della Terra viene proiettata nettamente sulla Luna. Ed è un'ombra col contorno tipico della circonferenza. Segno inequivocabile che la Terra è sferica. L'argomento, ovviamente, non è di Dante: è già noto ai filosofi greci. Ma Dante lo riprende e lo fa suo.

Le eclissi dimostrano anche che le sfere dei sette pianeti esistono, visto che durante le eclissi di Sole, quando il satellite naturale si trova tra il nostro pianeta e la stella, la Luna "appare sensibilmente essere sotto lo sole". Mentre non si verifica mai che il Sole vada a coprire la Luna. Segno che la Luna è più vicina alla Terra del Sole. E, infatti, la Luna, come vuole Aristotele, occupa il primo cielo.

D'altra parte lo stesso "maestro di color che sanno", Aristotele, dice di aver osservato la Luna entrare sotto Marte da la parte non lucente, e dopo un po' il pianeta rosso è riapparso a Occidente. Segno che la Luna è più vicina alla Terra di Marte.

La prima idea di Aristotele – formulata nel *De Coelo* – è che gli astri più grandi siano anche i più vicini alla Terra. Ma in questo, rileva Dante nel *Convivio*, si sbaglia. Perché è chiaro, proprio studiando i fenomeni delle eclissi, come Mercurio e Venere siano più vicini alla Terra. Dell'errore, scrive ancora Dante, lo stesso stagirita dà atto nella *Metaphisica*.

Grazie alla Luna, dunque, possiamo collocare nello spazio nella giusta prospettiva geometrica i pianeti conosciuti. Il primo cielo

> è quello dove è la Luna; lo secondo è quello dov'è Mercurio; lo terzo è quello dov'è Venere; lo quarto è quello dove è lo Sole; lo quinto è quello di Marte; lo sesto è quello di Giove; lo settimo è quello di Saturno; l'ottavo è quello de le Stelle; lo nono è quello che non è sensibile se non per questo movimento che è detto di sopra; lo quale chiamano molti Cristallino, cioè diafano, o vero tutto trasparente.

Grazie soprattutto alla Luna, dunque, l'ordine geometrico del cosmo è stabilito una volta per tutte.

Le macchie della Luna

La Luna appare a tutti differente rispetto a ogni altro oggetto cosmico. Perché tutti possono vedere, a occhio nudo, che essa è costellata di macchie. Il problema è antico ed è stato riproposto da Plutarco: qual è la causa di quelle macchie? La domanda se l'è posta anche Averroé e ne ha dedotto che la Luna non è una stella, ma è "opaca e oscura". Splende di luce riflessa. Nel *Convivio* Dante riprende la questione per aderire alla spiegazione che il filosofo arabo ha proposto nel *De substantia orbis*. Sostiene, in particolare, che le macchie dipendono da un diverso gradiente di densità della Luna:

> l'ombra che è in essa, la quale non è altro che raritade del suo corpo, a la quale non possono terminare li raggi del sole e ripercuotersi così come ne l'altre parti.

Nella *Commedia*, come abbiamo visto, Dante cambia opinione. La spiegazione che ha proposto nel *Convivio*, sostiene per bocca di Beatrice, è un errore. Perché non regge alla prova logica. E così mette sull'avviso il lettore sulla fallacia di quel senso comune, che lo ha portato ad aderire alla tesi sbagliata di Averroè.

La Luna e la grammatica

Se nella *Commedia* a ogni cielo Dante associa gli spiriti dei beati e, tra questi, alla Luna gli spiriti lì relegati "per manco di voto", che sono casti ma non hanno rispettato il voto e sono dunque incostanti, nel *Convivio* Dante associa a ogni pianeta una delle arti liberali. E alla Luna cosa è associata? Be', è chiaro, la grammatica. Perché?

> Dico che 'l cielo de la Luna con la Gramatica si somiglia [per due proprietadi], per che ad esso si può comparare.

La Luna ha due proprietà che nessun altro oggetto cosmico possiede. Una, come abbiamo detto, è la visibile (a occhio nudo) presenza di macchie. L'altra è la sua luminosità, che cambia nel tempo e si modifica a secondo di dove è il Sole.

A ben vedere, queste due proprietà le ha anche la grammatica,

> ché, per la sua infinitade, li raggi de la ragione in essa non si terminano, in parte spezialmente de li vocabuli; e luce or di qua or di là in tanto quanto certi vocabuli, certe declinazioni, certe construzioni sono in uso che già non furono, e molte già furono che ancor saranno: sì come dice Orazio nel principio de la Poetria quando dice: "Molti vocabuli rinasceranno che già caddero".

La grammatica è la prima è più fondamentale delle arti liberali. È la scienza che attribuisce un nome e un'immagine alla cose del mondo. Le sue construzioni sono mutevoli: oggi usiamo parole che ieri neppure esistevano per dare un nome e un'immagine alle cose del mondo che ieri non conoscevamo o che vedevamo sotto altra luce. E domani torneremo, magari a usare parole e construzioni verbali di ieri che oggi non usiamo più.

La Luna, dice Dante, somiglia alla grammatica. È l'astro che narra il mondo che cambia.

Ariosto, "come un acciar che non ha macchia alcuna"

> *Veggon per la più esser quel loco*
> *Come un acciar che non ha macchia alcuna.*
> Ariosto, *Orlando Furioso*

Quando Astolfo e la sua guida, Giovanni l'Evangelista, varcano indenni la sfera del fuoco e, a bordo del carro d'Elia, giungono finalmente sulla Luna, si ritrovano su un pianeta solido come la Terra, brillante come l'acciaio e senza macchia alcuna. Molto diverso dall'oggetto cosmico, etereo e maculato, su cui erano volati e in cui erano penetrati Dante e Beatrice.

Ariosto è certamente "poeta cosmico e lunare", come sostiene Italo Calvino [Calvino, 2002]. Ma la sua Luna è molto diversa da quella di Dante. Non solo e non tanto perché l'immagine fisica dell'astro che il poeta emiliano ci propone nell'*Orlando Furioso* e nella terza delle sue *Satire* è decisamente differente dall'immagine proposta dal poeta toscano nella *Commedia* e nel *Convivio*, ma anche e soprattutto perché Ariosto non chiede alla Luna di parlare con linguaggio rigoroso di filosofia naturale. Le chiede di parlare, con linguaggio magico e divertito, dell'animo umano.

E tuttavia Ariosto, per utilizzare ancora le illuminanti pennellate di Calvino, è come Dante tra coloro che amano la Luna. E pertanto, come Dante e come tutti gli altri grandi amanti dell'astro narrante, non si contenta di contemplarla nella sua immagine convenzionale: vuole vedere di più nella Luna. Vuole che la Luna gli dica di più.

E la Luna gli dice più.

Gli narra di come lì sulla Terra il senno sia fuggito e tra gli uomini domini ormai la follia. Ma per riflettere questa immagine della Terra – per riflettere questa immagine dell'animo degli uomini che abitano la Terra – la Luna un po' si scopre e vinta la sua ritrosia gli parla anche di sé. Della sua natura. E si propone in una veste piuttosto inedita: come oggetto reale, come cosa tangibile. Come astro simile alla Terra. Inducendola a dire anche se solo velocemente di sé, Ariosto compie un grande salto e ricompone l'unità dello spazio cosmico, superando l'artificiosa asimmetria di Aristotele e anticipando coi suoi versi e la sua poesia quella visione cosmica che Galileo ridisegnerà con la sua prosa e la sua scienza. Non è davvero poco, per un poeta che non ha nella filosofia naturale il cuore dei suoi interessi. E non è davvero poco per un secolo, il Cinquecento, che forse non ha ancora conosciuto la rivoluzione scientifica. Ma mostra tanta voglia di conoscerla.

Ludovico Ariosto

Questa inquietudine, questo bisogno di novità, per quanto strano a dirsi possa apparire oggi, si manifesta anche attraverso la poesia epica. La poesia che è (che sembra) la più lontana dal senso scientifico. Ma – come dirà Eugenio Montale – letteratura e scienza sono spesso connessi da canali carsici, che seguono percorsi invisibili e tortuosi, largamente imprevedibili. Tal è il percorso del canale che, a nostro modesto avviso, connette nel XVI secolo la poesia epica, nell'interpretazione magistrale di Ludovico Ariosto, alla nuova filosofia della natura che inizia a erodere l'impianto aristotelico nell'interpretazione scolastica.

Un canale che emerge, ancora una volta, chiaro e limpido sul volto della Luna.

Non c'è dubbio alcuno che Ferrara sia, a cavallo tra il XV e il XVI secolo, la capitale della poesia epica. È lì che Matteo Maria Boiardo inizia a scrivere nel 1476 l'*Orlando Innamorato*; è lì che Ludovico Ariosto pubblica – tra il 1516 e il 1532 – l'*Orlando Furioso* nelle sue diverse edizioni ed è lì, infine, che nel 1575 Torquato Tasso termina la stesura della *Gerusalemme Liberata*. No, non c'è dubbio: è alla corte degli Estensi che, nell'arco di un secolo, la poesia cavalleresca raggiunge i suoi tre grandi picchi, ciascuno dei quali – in maniera affatto diversa per stile e per prospettive – cerca di fare i conti col passato che non vuole passare o col nuovo che avanza, chiedendo imperiosamente di entrare.

Ed è, dunque, a Ferrara, nell'ambito della corte degli Estensi, che Ludovico Ariosto conduce gran parte della sua vita quotidiana e, anche, letteraria. Cosa vogliamo dire con questa specificazione lo capiremo – si spera – tra poco.

Ludovico Ariosto nasce l'8 settembre 1474 a Reggio Emilia, primo dei dodici figli che la reggiana Daria Malaguzzi Valeri darà al ferrarese Nicolò, della nobile casata degli Ariosto, comandante della guarnigione che garantisce l'ordine estense nella città sul Crostolo. Il comandante, come usa tra i militari, trasloca spesso per ordine del Duca di Ferrara, Ercole I d'Este, portando con sé la sua famiglia prima a Rovigo, poi di nuovo a Reggio e infine a Modena. Il giovane Ludovico lo segue in questi spostamenti, ma poi porta a compimento la sua formazione presso l'università di Ferrara, dove segue la volontà paterna e un corso quinquennale di studi giuridici. Finché, a vent'anni suonati, può liberarsi da quella costrizione mal sopportata e dedicarsi alla sua vera passione – la lingua e la letteratura latine – sotto la guida di un frate agostiniano, Gregorio da Spoleto, che presto però verrà chiamato a Milano su richiesta della "sfortunata duchessa" Isabella d'Aragona per educare il figlio, Francesco Sforza, cui lo zio Ludovico detto il Moro ha sottratto il governo della città.

L'altro Ludovico, quello degli Ariosto, perde così l'occasione di approfondire come vorrebbe anche la lingua e la letteratura dei Greci. Tuttavia può iniziare a dispiegare le sue inclinazioni poetiche. E ad apprezzar la poesia in volgare. Tanto più che nel 1493 entra a far parte di un gruppo di giovani letterati che, su incarico del Duca, deve allestire gli spettacoli di corte. È in questo anno che, probabilmente, compone la *Tragedia di Tisbe*, l'opera, andata poi perduta, con cui inaugura la frequentazione con il tema cavalleresco.

Gli anni successivi sono anni di studio e di creazione. Durante i quali metabolizza le opere di Poliziano, di Niccolò da Correggio e, ovviamente, di Boiardo. Incontra Pietro Bembo, con cui condivide la passione per la poesia di Petrarca. E segue le lezioni filosofiche di Sebastiano dell'Aquila, da cui trae sprone per studiare Platone e quel neoplatonico di gran lustro che è Marsilio Ficino. Ma la svolta nella vita di Ludovico si consuma nell'anno 1500, quando muore il papà e lui deve assumersi tutte le responsabilità che competono al primogenito di una famiglia così estesa. Per volontà testamentaria del comandante Nicolò, dovrà curarsi, in particolare, della madre, di due fratelli – uno dei quali paralitico – e della sistemazione di cinque sorelle. Non c'è altro modo per soddisfare le ultime decisioni del padre che ripercorrerne le orme

> Ariosto, "come un acciar che non ha macchia alcuna"

L'astro narrante

professionali. Ed ecco che Ludovico, nel 1501, diventa comandante, assumendo la reggenza della celeberrima rocca di Canossa. Due anni dopo entra a far parte della corte che segue il cardinale Ippolito d'Este, fratello di Alfonso I, il nuovo Duca di Ferrara.

Ippolito, cardinale per interesse più che per vocazione, chiede a Ludovico di diventare suo "familiare" e di occuparsi un po' di tutto, ma in primo luogo delle faccende diplomatiche. Avendo anche avuto un figlio, Giovanbattista, da una non meglio identificata Maria, Ludovico non può opporre troppi no al suo cardinale. E tralascia, suo malgrado, gli studi letterari.

L'attività diplomatica di Ariosto è di alto livello: frequenti i suoi incontri anche col Sommo Pontefice a Roma. E spesso tesi: il cardinal Ippolito ha relazioni a tratti burrascose con la Santa Sede e con almeno due Sommi Pontefici (Giulio II e Leone X). Ma tutto sommato quella di Ariosto non è una vita granché avventurosa: anche se una volta il papa, Giulio II, minaccia di farlo arrestare. In ogni caso l'arte diplomatica non accende nel cuore di Ludovico il fuoco della passione. Fuoco che invece si ravviva ed esplode con la scrittura.

Non è chiaro se di questa creatività il cardinale Ippolito, che non ha in gran conto la letteratura, sia il primo motore o il fortunato catalizzatore. E se la marchesa Isabella d'Este, la *bella donzella Isabella*, sorella di Ippolito e moglie di Francesco Gonzaga, sia il grande attrattore o la musa ispiratrice. Certo è che nell'anno 1505 – o, a esser prudenti, tra il 1504 e il 1506 – Ludovico imposta il piano generale e inizia a scrivere un nuovo testo sulle gesta del cavaliere Orlando – il più grande testo mai scritto sulle gesta di Orlando – e che nel 1507 la marchesa Isabella può ringraziare l'illustre fratello per averle offerto in dono, in occasione della nascita del suo figlio terzogenito, due piacevolissimi giorni di narrazione di quell'opera ancora interminata attraverso la viva voce dell'autore.

Non è chiaro neppure se Ludovico illustri a Isabella il piano dell'opera e le legga qualche verso già abbozzato oppure le proclami il poema in una versione molto avanzata. Certo è che in quei mesi nasce l'*Orlando Furioso*. Occorrerà tuttavia attendere una decina d'anni prima che Ariosto consideri sufficientemente compiuto il poema e ne pubblichi la prima edizione nel 1516.

Ed è certo, soprattutto, che quella che desta l'ammirata attenzione di Isabella è un'opera spartiacque. Espressione di uno stile nuovo, di poesia moderna. Ma anche vetta e *summa* dell'antica poesia cavalleresca europea [Bologna, 2007]. Espressione di una storia letteraria che Ludovico Ariosto non rifiuta, semmai sublima: la lunga storia della letteratura che ha trasformato in mito la lotta di Carlo Magno contro gli Arabi in Spagna [Calvino, 1992].

Il poema dello spazio

Il mito letterario ha origine da un preciso fatto storico: il tentativo di espugnare Saragozza esperito da re Carlo Magno nell'anno 778.

Il tentativo, come è noto, fallisce. Re Carlo aveva ingenuamente puntato sulla facile *reconquista* della Spagna, fidando nella rivolta delle popolazioni cristiane contro gli infedeli e tirannici musulmani. Ma, contrariamente a quanto gli hanno fatto credere, la dominazione araba non ha affatto portato all'esasperazione gli iberici. Saragozza non si solleva contro il governo (peraltro felice) degli Omayyadi e anzi resiste all'assedio di Carlo. Il re franco, prossima guida del Sacro Romano Impero, è costretto a ritirarsi e a ripassare rapidamente i Pirenei.

Ma neppure il ripiegamento risulta facile. La verità è che nell'*al-Andalus* i cittadini di fede cristiana si sentono più garantiti dai loro tolleranti governanti islamici Ommayydi che dal re dei Franchi e dei Longobardi. Tant'è che durante la inattesa ritirata, la retroguardia dell'esercito di Carlo viene aggredita proprio dalle popolazioni basche, che sono in parte di fede pagana ma in parte di fede cristiana e comunque sempre gelose delle propria indipendenza.

L'assalto si consuma nella gola di Roncisvalle, sui Pirenei. Le truppe di Carlo Magno sono completamente annientate. Le cronache ufficiali dei Franchi annotano, tra i cavalieri perduti, un nome: Hroudlandus.

Dopo l'anno mille i trovatori francesi eleggono la battaglia di Roncisvalle nel ristretto novero delle preferite per le loro *chansons de geste*, avvolgendola nel mito e perdendo progressivamente memoria dei fatti storici. Finché, sul finire del secolo XI, il combattimento non viene definitivamente immortalato in un'opera scritta – in una prima opera scritta – in lingua volgare: *La Chanson de Roland*. Siamo all'epoca della prima crociata e in tutta Europa riverbera lo spirito della guerra santa contro il nemico musulmano. Non è certo la verità dei fatti storici il valore dominante nel vecchio continente. E così Roncisvalle perde definitivamente la sua componente basca e la sua natura di campo di battaglia tra cristiani, e diventa per sempre luogo del proditorio attacco consumato dei Saraceni infedeli ai danni dei Franchi vincitori guidati da Roland.

La *Chanson* narra che, per difendere il suo esercito, l'eroico cavaliere non esita a sguainare Durendal, la spada che gli è stata donata da un angelo, e a battersi come un leone. Ma il coraggio di Roland non basta: i suoi uomini cadono a uno a uno, sotto i colpi delle soverchianti forze nemiche. Solo quando si accorge di essere rimasto unico cristiano a combattere in piedi contro i musulmani, l'eroe si decide a dar fiato all'Olifante, il corno magico, e a richiamare l'attenzione e il soccorso del suo re Carlo.

È la consacrazione del mito. Nei decenni e persino nei secoli a venire il racconto verrà riproposto più e più volte, cambiando forma – dall'epopea militare di *La Chanson de Roland* alla letteratura romanzesca e avventurosa dei cantari di gesta del Duecento e del Trecento – e trame. Non i personaggi principali, però. Le loro gesta e i loro nomi subiscono ritocchi e modificazioni, ma i protagonisti della prima *Chanson* non perdono mai definitivamente la loro riconoscibilità. Roland viene così arruolato nella schiera degli eroi immortali della letteratura occidentale, col nome di Don Roldàn nella penisola iberica, di Roland in Francia e di Orlando in Italia.

È proprio in Italia che Roland ormai Orlando diventa protagonista di un insieme di storie – di una storia – che va oltre i pochi momenti della battaglia di Roncisvalle.

In primo luogo entra a pieno titolo nella famiglia di Carlo Magno, in quanto figlio di Milone di Clermont (o Chiaromonte) e di Berta, che del re franco è la sorella. E poi assurge ad alfiere del suo sovrano e zio. Ma andiamo con ordine, perché non è semplice dipanare le matasse aggrovigliate dai cantari. Milone di Chiaromonte ha sposato Berta in maniera alquanto avventurosa: rapendola e raggiungendo con lei l'Italia. Dalla *fuitina d'amore* nasce Orlando – a Imola, tra l'Emilia e la Romagna, secondo alcuni, a Sutri, nel Lazio, secondo altri. In virtù delle sue origini regali e della sua residenza prossima alla sede papale, il nascituro potrà ben presto fregiarsi dei titoli nobiliari di Gonfaloniere di Santa Chiesa e Senatore romano. In realtà, nelle narrazioni dei primi cantari, il nobile guerriero destinato a diventare il grande difensore della cristianità non assume mai le vesti di eroe a tutto tondo, quanto piuttosto quelle di un asceta (non tocca mai donna, neppure sua moglie) alquanto bruttino (ha gli occhi strabici). Ben presto, però, lungo le stradine tortuose e imprevedibili che innervano la storia delle canzoni di gesta inizia a stagliarsi – sempre più nitida, bella e possente – una figura rivale, quella del cugino Rinaldo di Chiaromonte: un giovane altrettanto coraggioso, ma molto più vispo e a tratti persino ribelle. Un guerriero dotato di ben altro *appeal* letterario rispetto allo stereotipato (anche per l'epoca) Orlando. Ed è così che, come rileva Italo Calvino, nell'epica popolare italiana è lui, Rinaldo, che diventa l'eroe preferito [Calvino, 1992]. Un eroe guelfo, capace di ribellarsi al suo imperatore e di combattere indomito gli infedeli ovunque si trovino. Un eroe impegnato in storie che hanno sempre meno a che fare con la storia.

Rinaldo riempie le pagine di una nuova letteratura. Mentre in tutta Europa, infatti, cresce il numero dei borghesi capaci di leggere e di scrivere, aumenta la proposta non solo di cantari in versi – ovvero di composizioni destinate a essere, appunto, cantate o recitate – ma anche di piccoli romanzi in prosa. Tra i protagonisti di questi romanzi in volgare ci sono sia gli eroi del ciclo carolingio, con Orlando e – appunto – il cugino Rinaldo, sia quelli del ciclo di Bretagna: con re Artù, i cavalieri della Tavola Rotonda, Mago Merlino, Ginevra, Isotta.

Questi ultimi sono gli interpreti principali di quella letteratura magica e cavalleresca che prende il sopravvento in Francia e poi in Inghilterra. L'Italia intera – nobili, dame, borghesi e popolo – resta invece fedele a Orlando e a Rinaldo. Anche perché gli eroi carolingi e le loro azioni non sono confinati solo nella letteratura più elitaria, ma, come scrive Calvino:

> Il duello tra paladini e mori [entrano] da noi a far parte di quel deposito culturale estremamente conservatore che è il folklore. [Calvino, 1992]

E, infatti, i cantastorie a Napoli narreranno le gesta di Orlando, Angelica e Rinaldo ancora nel XIX secolo e il Teatro dei Pupi in Sicilia ne parlerà ancora nel XX secolo (e, per quel che ne resta di quel teatro popolare, ne parla ancora oggi). Entrambi, il folklore e la letteratura più sofisticata, definiscono, per successive *gionte* (aggiunte) un vero e proprio ciclo, che si sviluppa per decenni,

> Ariosto, "come un acciar che non ha macchia alcuna"

anzi per alcuni secoli. Cosicché Orlando e Rinaldo, eroi intramontabili della cultura popolare, restano protagonisti assoluti anche di quella letteratura cavalleresca del Rinascimento che ha i suoi centri di attenzione e di sviluppo nelle corti più raffinate d'Italia, quella dei Medici a Firenze e quella degli Este a Ferrara.

Nella città toscana è il poeta Luigi Pulci, pare su esplicita richiesta di Lorenzo il Magnifico, a (ri)mettere in versi, nel XV secolo, le avventure dei due eroi cugini in un'opera, *Morgante*, che prende il nome dal gigante sconfitto da Orlando e ridotto allo stato di scudiero.

A Ferrara è invece Matteo Maria Boiardo, conte di Scandino, a narrare le gesta di Orlando ammantandole di un velo di malinconica nostalgia per i bei tempi passati. Boiardo si lascia contaminare volentieri dalla magia associata ai romanzi del ciclo bretone (molto letti a Ferrara). E da questo *milieu* sortisce il poema, incompiuto e dall'incerto italiano – farcito com'è di numerose inflessioni dialettali – dell'*Orlando Innamorato*. Un'opera su cui molto si è discusso, ma che contiene un'indubbia novità: in tutta la storia dell'epica cavalleresca italiana mai si era visto l'ascetico eroe cimentarsi nell'ambigua arena dell'amore.

La trama del poema, a grandi linee, è questa. Per catturare i due cugini guerrieri, Orlando e Rinaldo, Galafrone, re del Cataio (al secolo, la Cina), invia a Parigi i suoi due figli: Angelica, bellissima ed esperta di arti magiche, e Argalía, guerriero dalle armi fatate e dall'elmo impenetrabile. I due hanno in dotazione anche un anello che ha il potere di renderli invisibili. Il giovane e ardimentoso cinese lancia una sfida indirizzata a tutti i guerrieri occidentali, cristiani o musulmani che siano. Con una posta altissima in gioco: chi lo batterà in duello avrà in sposa Angelica, chi invece perderà sarà ridotto a suo schiavo.

La bellezza di Angelica è tale – persino re Carlo se ne invaghisce – che nessuno si tira indietro. Argalía è forte e abile e vince un bel po' di duelli. Finché non è sconfitto da un cavaliere saraceno, Feraguto. Ma ecco comparire sulla scena Orlando. Che non ci sta a perdere Angelica, per di più a opera di un musulmano. Mentre l'alfiere di re Carlo è impegnato a combattere con l'islamico vincitore di Argalía, Angelica ne approfitta per fuggire rendendosi invisibile. Nuovo colpo di scena: entra in campo Rinaldo, che si pone all'inseguimento della donzella. Invano. La ragazza, invisibile e astuta, risulta irraggiungibile. Tuttavia, benché abile e furba, la donna è anche incauta e così beve a una fonte – la fonte dell'amore – che la espone al suo inseguitore. In breve, Angelica si innamora del bel Rinaldo. Ma l'eroe, non meno imprudente della bella, beve ad altra fonte pericolosa: la fonte del disamore.

Ora i ruoli sono specularmente ribaltati: il guerriero fugge e la donna lo insegue. Ancora una volta inutilmente. Finché Angelica, rifugiatasi nel Catai, triste e rassegnata, puntualmente assediata da re innamorati e sistematicamente rifiutati, non viene raggiunta da Orlando – l'Orlando innamorato – che intende salvarla. La trama si infittisce. Nel Catai giunge anche Rinaldo, col fermo proposito di dissuadere Orlando dall'inseguire la bella ma perfida Angelica. Siamo al triangolo, anche se in una versione un po' bizzarra: Orlando difende Angelica da Rinaldo; Angelica si lascia difendere da Orlando contro nugoli di fastidiosi spasimanti ma cerca Rinaldo; Rinaldo rifugge Angelica e cerca di salvare Orlando dai malefici dell'amata e dell'amore.

Il circuito si interrompe perché dalla Francia giungono notizie di terribili invasioni. Rinaldo torna in Europa per difendere la sua patria, Angelica gli corre dietro inseguita da Orlando. Ovviamente nel viaggio di ritorno dalla Cina alla Francia tutti di nuovo bevono incautamente alle antiche e portentose fonti, anche se questa volta le corrispondenze tra l'insieme dei personaggi protagonisti e l'insieme delle acque magiche si invertono: Rinaldo beve alla fonte dell'amore e Angelica a quella dell'odio. La paradossale situazione raggiunge l'acme: ora i due eroi, Rinaldo e Orlando, sono entrambi innamorati, con la medesima intensità, della stessa fanciulla e non si curano più della patria, che dovrebbe essere la loro priorità.

L'amore ha (sembra aver) ucciso l'eroismo.

Le sorti della cristianità ne risultano in grave pericolo. Per fortuna re Carlo trova la soluzione: Angelica sarà tenuta in stretta custodia per essere data in sposa a chi, tra i due cugini, si batterà più valorosamente contro il nemico saraceno. La battaglia decisiva si svolge a Montalbano nei Pirenei.

Boiardo fa in modo che il combattimento risulti determinante non solo per le sorti dell'Europa cristiana, ma anche per le sorti solo in apparenza minori di Ferrara. Alla battaglia di Montalbano, infatti, partecipa Ruggiero, cavaliere saraceno discendente di Ettore che, nel corso della tenzone, incontra la guerriera cristiana Bradamante, sorella di Rinaldo. I due si innamorano. Sembra un amore impossibi-

> Ariosto, "come un acciar che non ha macchia alcuna"

le, che non può giungere a conclusione, perché entrambi guerrieri fedeli di eserciti contrapposti. Ma dopo diverse peripezie – a differenza di Orlando e Rinaldo, nessuno dei due intende venir meno al proprio dovere primario di difensore della patria per lasciare il passo all'amore, ancorché irriducibile – riescono a sposarsi con soddisfazione di tutti. La leggenda vuole e Matteo Maria Boiardo conferma che la casa d'Este nasca proprio da quelle nozze, appassionate e sagge, tra Ruggiero di Risa e Bradamante di Chiaromonte.

Il poeta muore a Ferrara nel 1494, lasciando la sua opera incompiuta e, già si dice, scritta in un italiano troppo povero. Così che quando, nel nuovo secolo, il Cinquecento, ritornerà prepotente la ricerca del "volgare illustre", Francesco Berni si incaricherà di riscrivere l'*Orlando Innamorato* in "buona lingua".

Ma intanto sempre a Ferrara appare sulla scena letteraria Ludovico Ariosto. Che a dieci anni dalla morte di Boiardo inizia a scrivere una nuova trama per il vecchio personaggio: l'*Orlando Furioso*. Non è una *gionta*. Ma un capolavoro. Lasciamolo dire a Italo Calvino:

> dalla ruvida scorza quattrocentesca il Cinquecento esplode con una lussureggiante vegetazione carica di fiori e di frutti. [Calvino, 1992]

Quel bosco nuovo e rigoglioso è il poema dell'Ariosto.

E così l'*Orlando Innamorato* diventa un mero antefatto del *Furioso*.

La storia proposta da Ludovico Ariosto inizia proprio lì dove l'ha lasciata Matteo Maria Boiardo: da Montalbano, dalla battaglia che vede opposti Saraceni e Franchi e dalla gara

> tra il conte Orlando e il suo cugin Rinaldo; che ambi avean per la bellezza rara [Angelica] d'amoroso disio l'animo caldo. [Ariosto, 1992]

Il *familiare* del cardinal Ippolito per necessità e poeta per vocazione si sofferma a lungo e persino in maniera inattesa sugli ostacoli che si frappongono al matrimonio tra Ruggiero e Bradamante, i due leggendari avi di casa D'Este.

Ma la narrazione dominante dell'opera di Ariosto è un'altra. Ed è spiazzante. Perché racconta come Orlando, l'eroe guerriero di mille cantari e di infiniti versi, dalla condizione già insolita di trepido innamorato di Angelica diventa addirittura matto furioso.

Si tratta di un'autentica svolta. Per Orlando, che finalmente – per la prima volta in mezzo millennio d'avventure – diventa un personaggio vitale. E per la poesia, in cui – forse per la prima volta da protagonista assoluta – irrompe addirittura la follia.

Un eroe folle. Un eroe guerriero che, malgrado la perdita del senno, resta eroe e guerriero. Un'autentica novità per un'epoca che ancora non ha superato l'idea che la follia è un carattere femminile, persino immorale e che, in ogni caso – altro che eroi su cui confidare per la salvezza della cristianità – i "matti" vanno definitivamente separati dai "sani". D'altra parte non è forse del 1494 la *Nave dei Folli* di Sebastian Brant, l'opera con cui il poeta tedesco accomuna la follia e il peccato? E non è proprio di quegli anni la *Nave dei Folli* di Hieronymus Bosch, l'opera con cui il pittore fiammingo mette su tela l'idea che i "matti" vanno fisicamente separati dai "savi"?

Ariosto non partecipa a questa crescente stigmatizzazione della follia. Rema in direzione opposta. Non celebra la pazzia. Ma neppure la esorcizza. Non eleva mura per separarla dalla vita quotidiana, compresa la vita degli eroi. Orlando perde il senno per amore e poi lo recupera. Ariosto non vede nel folle né l'uomo immorale, né l'uomo immondo. Vede solo l'uomo.

Fin dai primi versi – ironici e insieme delicati, intrisi di rispetto umano – risulta chiaro che l'*Orlando Furioso* – ora favola cavalleresca e guerriera ora poema dell'attualità politica e militare – è un'opera di rottura. Anche se non di rivolta. Di disincanto, non di rivoluzione.

D'altra parte – sebbene la creatività di Ariosto rifiuti ogni limite e confine – il poema nasce in una città in cui la gloria guerriera è ancora il valore fondante. Anche se l'attività di diplomatico ha reso chiaro a Ludovico Ariosto che Ferrara è ormai fuori dal grande gioco militare e politico. E, in ogni caso, lui non crede più a quei valori. Non gli piace il mondo com'è.

Orlando, eroe perduto nell'amore e nella follia, che a causa del suo amore e della sua follia – delle sue umane debolezze – mette a rischio la vittoria delle armate cristiane e la Francia stessa, è il personaggio attraverso cui Ariosto sancisce la fine del mondo cavalleresco. La società e i valori feudali ormai vetusti devono cedere il passo a una nuova società e a nuovi valori. Che vanno cercati altrove. In un altro spazio sociale e valoriale. Lontano dalla vecchia Terra. Sulla Luna.

E, infatti, la ragione smarrita dal folle innamorato viene ritrovata da Astolfo proprio sulla Luna e reinfusa nel corpo del suo legittimo proprietario. Solo così Orlando, eroe finalmente umanizzato, può riprendere il suo giusto posto nei ranghi dell'armata di re Carlo.

Ed è proprio Astolfo il personaggio che più di ogni altro rivela l'anima di Ariosto. Non perché risulti un personaggio ben caratterizzato del suo poema, ma perché si propone come esploratore – l'esploratore della Luna – che non si meraviglia mai di nulla. Che registra i fatti del mondo. Che usa gli strumenti della favola e della magia per fini sempre pratici e razionali.

Quando viene pubblicato a stampa, nel 1516, il successo dell'*Orlando Furioso* è immediato. Critica e pubblico si accorgono che è un poema nuovo, per la forma e per i contenuti, con quell'inedita insistenza sul nuovo elemento della *follia*, per di più in abbinamento con l'*amore* [Bologna, 2007]. E, infatti, il poema farà scuola. I suoi temi, nelle varie sfaccettature, saranno ripresi da Faustino Perisuali nel *De triumpho stultitiae* (1524), da Tommaso Garzoni nell'*Ospedale dei pazzi incurabili* (1586) e soprattutto da Miguel de Cervantes Saavedra nel magistrale *Don Chisciotte* (1605-1615).

Non è nostro compito – non è nelle nostre possibilità – proporre un'analisi critica dell'*Orlando Furioso*. Possiamo, tuttavia, proporre alcune ulteriori note a margine che ci sembrano significative, ai nostri fini.

Il poema di Ariosto differisce in maniera significativa dalle opere letterarie precedenti: non è più, in senso stretto, un poema di corte pensato per essere fruito da ristrette *élite*. Al contrario, è la prima opera letteraria di intrattenimento a essere pensata e curata per la pubblicazione a stampa e quindi per la diffusione presso un pubblico più vasto possibile. Si tratta perciò della prima grande opera di letteratura davvero moderna nella cultura occidentale.

I personaggi del *Furioso* – sebbene mai caratterizzati fino in fondo – si muovono in una dimensione psicologica ben più potente rispetto a quelli descritti da Boiardo e dalla poesia del passato. La narrazione è un insieme organico di vicende intrecciate in un'architettura di grandiosa complessità.

Infine quello scritto (e, come vedremo, più volte riscritto da Ludovico Ariosto) è davvero il poema dello spazio [Bologna, 2007]. Perché il poeta con i suoi versi se ne va libero ben oltre la corte in cui vive. Perché se ne va libero oltre i confini del pianeta su cui vive. Perché non si ferma in un luogo fisso, dove fa svolgere gli avvenimenti, ma viaggia incessantemente tra mondi diversi, compresi il mondo magico e il mondo reale, con i piedi ben saldi per terra e conservando un sano distacco da ciò che osserva e narra. Perché quello di Ariosto è lo spazio dei quattro elementi fondamentali della cosmologia aristotelica (aria, acqua, fuoco e terra) e, insieme, lo spazio isotropo che non conosce soluzioni di continuità: che non distingue tra il mondo sopra e il mondo sotto la Luna. In questo spazio ricondotto a unità, pur senza perdere diversità – la Luna è uguale alla Terra, eppure diversa – non ci sono punti di riferimento particolari. Neppure ideali. Ogni personaggio si muove non perché guidato da forze esoteriche universali, ma per i suoi propri impulsi individuali. Ariosto esclude dal mondo – compreso il nostro mondo terrestre – ogni intervento provvidenziale o divino. E in questa sua profonda laicità ci sono le premesse per una visione scientifica del mondo.

È l'*Orlando Furioso* un poema solo in apparenza fantastico – il più grande poema della letteratura fantastica italiana. In realtà è un poema intriso di un profondo realismo. Per questo Italo Calvino in un saggio sulle *Tre correnti del romanzo italiano d'oggi* parla ammirato di Ariosto, come di

> [quell'] incredulo italiano del Cinquecento che trae dalla cultura rinascimentale un senso della realtà senza illusioni

quasi fosse Machiavelli, solo che

> mentre Machiavelli fonda su quella stessa nozione disincantata dell'umanità una dura idea di scienza politica, egli si ostina a disegnarne una fiaba...

La fiaba nel *Furioso* non è una fuga dal mondo, ma un tentativo, con altri mezzi, di indirizzare il mondo verso un futuro desiderabile. Conclude, infatti, Calvino:

> È un'energia volta verso l'avvenire, ne sono sicuro, non verso il passato, quella che muove Orlando, Angelica, Ruggiero, Bradamante, Astolfo... [Calvino, 2]

L'*Orlando Furioso* è la vita stessa di Ludovico Ariosto. La riempie per quasi trent'anni, attraverso numerose "mutazioni", 17 ristampe e tre diverse edizioni: la prima è dell'aprile 1516, frutto di un lavoro durato ben 12 anni, è costituita da 40 canti ed è pubblicata a Ferrara presso l'editore Giovanni Mazocco. La seconda edizione è dei primi anni '20: non contiene modifiche di rilievo, nonostante fra il 1518 e il 1519 Ariosto abbia ideato cinque nuovi canti, ma poi li espunge, ritornando sui suoi passi. Quello che cambia maggiormente è la lingua, ora molto più orientata al toscano. Ariosto, che inizia a capire di aver scritto un capolavoro, mira a ricreare un modello linguistico nazionale secondo i canoni teorizzati da Pietro Bembo.

La terza edizione, invece, proposta nel 1532 (a sedici anni dalla prima) si distingue non solo perché il distacco dal dialetto ferrarese e dai dialetti padani è portato definitivamente a termine, ma anche e soprattutto perché il poema presenta una struttura molto diversa, è molto più ampio, propone nuove scene e nuove storie – che risultano tra quelle di maggiore intensità – e persino sei canti in più: 46 invece di 40. Qualcuno sostiene che l'opera ha acquisito una teatralità che anticipa quella di William Shakespeare.

La Luna di Ariosto

Ma ancora una volta non abbiamo tempo – non abbiamo possibilità – per approfondire l'analisi se non per dire che, con quella sua certa "aria confidenziale" (la definizione è di Benedetto Croce), l'*Orlando Furioso* trasmette la forza, lunga e inarrestabile, delle onde oceaniche che rompono sulla spiaggia.

"Così va poetando l'Ariosto", chiosa Ugo Foscolo.
E dove frangono quei cavalloni enormi?

Le onde lunghe solcano l'intero Libro-Oceano per slanciarlo *oltre*, verso il cielo lunare degli straordinari canti XXXIV e XXXV. [Bologna, 2007]

Frangono sulla Luna, perché la Luna è *oltre*.
C'è in questo un'evidente analogia tra la *Commedia* di Dante e il *Furioso* di Ariosto. Anzi, a ben vedere, le somiglianze tra due

poemi così diversi per forma e contenuti non sono poche. L'*Orlando Furioso*, per esempio, è un *libro totale* in cui è racchiuso tutto l'*universo possibile*: quello reale e quello irreale. E dunque condivide con la *Divina Commedia* l'aspirazione universalistica.

Il *Furioso* è, come abbiamo detto, poema dello spazio – e dello spazio cosmico – come la *Commedia*. Tra le grandi novità che Ariosto introduce nella poesia cavalleresca – con cui Ariosto supera l'ambito della poesia cavalleresca – c'è proprio questa estensione dello spazio. Se Boiardo, infatti, aveva inteso narrare col suo *Orlando Innamorato* "tutte le cose sotto della luna" che "son sottoposte a voglia di Fortuna" [Boiardo, 1974], Ariosto allarga lo spazio della narrazione a ciò che si svolge "nel cerchio de la luna".

Ed eccola, dunque, l'altro grande tratto in comune tra l'opera di Ariosto e quella di Dante. Il *Furioso*, come la *Commedia*, narra la Luna. Fa narrare la Luna.

E proprio in questa narrazione le analogie sono evidenti, perché evidentemente ricercate. In entrambe le opere, infatti, la Luna è raggiunta da terrestri – Dante nell'una, Astolfo nell'altra – accompagnati da guide eteree e sante – Beatrice nella *Divina Commedia*, Giovanni Evangelista nell'*Orlando Furioso* – al termine di un viaggio che avviene nello spazio cosmico.

Entrambe le coppie partono dalla Terra, fisica, per raggiungere la Luna, fisica. Entrambe le coppie volano e insieme navigano in quello spazio. Dante nel volo con Beatrice verso la Luna usa il lessico proprio della navigazione. Quanto ad Ariosto, navigare e volare sono due possibilità di muoversi nello spazio che nel suo *Furioso* spesso si confondono, sfumano l'una nell'altra, così come un elemento fondamentale, l'acqua, talvolta sfuma nell'aria, evaporando, e l'aria sfuma nell'acqua, quando si liquefa.

C'è una differenza, tuttavia, in questi due viaggi nello spazio cosmico: il tempo. La velocità. Mentre Dante e Beatrice volano rapidissimi e in breve raggiungono l'astro, Astolfo muove il suo destriero, l'Ippogrifo, "per l'aria lento lento" proprio come "si parte col pilota inante/il nocchier che gli scogli teme e 'l vento".

Non si tratta di un dettaglio. Dante si pone il problema della coerenza fisica e della necessità di coprire in poco tempo uno spazio enorme per effettuare un viaggio realistico verso la Luna. Ariosto non si pone simili problemi. Il suo non è il viaggio di un filosofo naturale, ma di un poeta.

> Ariosto, "come un acciar che non ha macchia alcuna"

E, infatti, le differenze tra il fiorentino e il ferrarese non si fermano al tragitto. Quando Dante parla della Luna – fa parlare la Luna – ciò che emerge chiaramente, come abbiamo visto, è la sua estrema attenzione alle scienze naturali. Quando, invece, Ariosto parla della Luna – fa parlare la Luna – ciò che emerge chiaramente è la sua scarsa attenzione al rigore delle scienze naturali [Bassi, 2004].

Ariosto non racconta la Luna con grande precisione – con lo strumento della precisione astronomica. La missione che Ariosto assegna ad Astolfo non è certo quella che Dante assegna a se stesso e a Beatrice: descrivere l'astro. E lo dice esplicitamente:

Non stette il duca a rimirare il tutto:
che là non era asceso a quello effetto.

Astolfo è sulla Luna con un unico scopo, recuperare il senno perduto sulla Terra. Le azioni di Astolfo non si svolgono solo sulla Luna così com'è (sulla Luna così come Ariosto pensa che sia), ma anche in uno spazio onirico, archetipico. Costituito non solo e non tanto da oggetti reali, ma dagli elementi fondamentali: l'aria, l'acqua, la terra, il fuoco. Che, tuttavia, sono i quattro elementi universali della cosmologia e della filosofia naturale che Ariosto ben conosce.

Cosicché, sebbene Astolfo non la osservi con lo sguardo del filosofo naturale, quella su cui si ritrova è la Luna della filosofia naturale. È, per l'appunto, l'"ultimo globo". Globo, perché la sua forma è sferica. E ultimo, perché quel globo nella struttura dei cieli propria del sistema aristotelico e tolemaico è l'ultimo pianeta, prima della Terra.

Ariosto, tuttavia, va oltre l'idea cosmologica di Aristotele. La sua Luna non è diversa dalla Terra, ma somiglia alla Terra. In primo luogo per grandezza, oltre che per forma. La Luna è un astro:

Il quale a un picciol tondo rassomiglia
a noi che la rimiriam da queste bande.

Non lasciamoci ingannare dalle apparenze, ci dice Ariosto in versi. La vediamo piccola, qui dalla Terra, solo perché è lontana. Ma anche la Terra vista dalla Luna "a un picciol tondo rassomiglia", come ha modo di verificare Astolfo e come avranno modo di constatare con le loro

inedite e sensate esperienze, di lì a qualche secolo, Armstrong e i colleghi delle missioni Apollo. La Luna secondo Ariosto è, dunque, grande come la Terra o solo un po' più piccola.
Noi non possiamo osservare i dettagli della sua superficie, perché la Luna non brilla di luce propria. Ma, ancora una volta, ad Astolfo cui è dato vederla da vicino appare (quasi) del tutto simile alla Terra. Ha monti e valli, fiumi e laghi. Ampie e solitarie selve. E città. Case ed enormi castelli. E, dunque, persone che la abitano.
La Luna di Ariosto è simile alla Terra, ma non del tutto. Per certi versi è anche complementare alla Terra. Perché lassù, sulla Luna, vi sono le cose che abbiamo perso qui sulla Terra:

> Le lacrime e i sospiri degli amanti,
> l'inutil tempo che si perde a giuoco,
> e l'ozio lungo d'uomini ignoranti,
> vani disegni che non han mai loco,
> i vani desideri sono tanti,
> che la più parte ingombran di quel loco:
> ciò che in somma qua giù perdesti mai,
> là su salendo ritrovar potrai.

La Luna racconta ad Ariosto che le cose, lì sulla Terra, non vanno. Le cose perdute, che – come il senno di Orlando – andrebbero ritrovate. O trovate *ex novo*, perché Ariosto, come sostiene Calvino, non guarda al passato, ma ha lo sguardo proiettato verso il futuro.
 Ma ritorniamo alla sua Luna – perché è di questo e non di altro che, qui, dobbiamo parlare. Quella di Ariosto è una Luna coerentemente inserita nel cielo tolemaico, ma non è la Luna di Aristotele. Non è il luogo ove ha inizio una dimensione – quella della perfezione – in un universo strutturalmente anisotropo, ma un globo tra i tanti in un universo sostanzialmente isotropo: uguale a se stesso in ogni sua parte. Governato, in ogni sua parte, dalle medesime leggi della fisica.
 Sebbene l'interesse di Ariosto non sia la filosofia naturale, lo ripetiamo, il poeta di Ferrara conosce la filosofia naturale. E la interpreta. La sua visione, così lontana da quella aristotelica, non costituisce affatto una novità. Non c'è – forse – una nobile e antica tradizione che da Pitagora a Metrodoro fino, in epoca più recente, a Nicola da Cusa propone la totale simmetria dell'universo e la pos-

> Ariosto, "come un acciar che non ha macchia alcuna"

sibilità che esistano, fuori dalla Terra, mondi abitati? Questa tradizione verrà, presto, ripresa e rinvigorita – come vedremo – da Giordano Bruno e nella sua parte normativa (la simmetria cosmica della legalità fisica) da Galileo Galilei. Ma Ariosto la conosce bene, questa tradizione, e la ripropone in versi, a modo suo.

L'*Orlando Furioso* è dunque un segno dei tempi.

Non perché il poema anticipi in qualche modo la riforma della struttura dei cieli che di lì a qualche anno, il 1543, proporrà Copernico con il suo *De revolutionibus*, ma perché offre una buona rappresentazione dello spirito inquieto che attraversa l'Europa. Uno spirito refrattario alla scorza dogmatica in cui, suo malgrado, è stato chiuso Aristotele e che nel volgere di alcuni decenni avvierà la rivoluzione scientifica.

Ma torniamo, ancora una volta, alla Luna. Astolfo e la sua guida sono in procinto di raggiungerla. E

> Veggon per la più esser quel loco
> Come un acciar che non ha macchia alcuna

La superficie dell'astro narrante appare loro come fosse d'acciaio: compatta, brillante e senza macchia alcuna. Dunque diversa – molto diversa – da quella, eterea e maculata, che hanno osservato Dante e Beatrice.

Ariosto intende rimarcare per bene questa diversità rispetto al sommo Dante.

Sebbene non sia né la missione di Astolfo né l'obiettivo apparente del poeta, la descrizione fisica della Luna muta infatti radicalmente e più volte nelle varie edizioni del *Furioso*. È evidente che la scarsa attenzione per la faccia della Luna è solo apparente. Tanto più che la descrizione della superficie lunare invece di aumentare in informazioni e precisione col passare degli anni e delle edizioni, diventa sempre meno precisa e sempre più evocativa. In un processo – un vero e proprio gioco delle varianti – che Simonetta Bassi definisce di "essenzializzazione" [Bassi, 2004].

È interessante notare questi cambiamenti, riproponendo le varie forme che nelle tre diverse edizioni assume la *Stanza 70* del Canto XXXIV.

Nella prima edizione del *Furioso*, quella del 1516, la Luna appare ai suoi visitatori "per la più parte" di acciaio e senza macchia

| Stanza 70 | | |
Edizione 1516	Edizione 1521	Edizione 1532
Vargaron tutta la sfera del fuoco, poi furon presto al regno de la luna. per la più parte tutto era quel luoco come uno acciar che non ha macchia alcuna; parea di vetro in altra parte, e poco di ciò che in questo globo si raguna, in questo ultimo globo de la terra, vi metto il mar che la circonda e serra	Tutta la sfera vargano del fuoco, et indi vanno al regno de la luna. per la più parte trovano quel loco come uno acciar che non ha macchia alcuna; altrove come vetro, e minor poco di ciò che in questo globo si raguna, in questo ultimo globo de la terra, mettendo il mar che la circonda e serra	Vargaron tutta la sfera del fuoco, poi furon presto al regno de la luna. per la più parte tutto era quel luoco come uno acciar che non ha macchia alcuna; e lo trovano uguale, o minor poco di ciò che in questo globo si raguna, in questo ultimo globo de la terra, mettendo il mar che la circonda e serra

alcuna, "ma parea di vetro in altra parte". Nella seconda edizione del 1521, la Luna appare d'acciaio senza macchia alcuna in alcune parti e "altrove come vetro". Nella terza e definitiva edizione del 1532, infine, ogni somiglianza col vetro scompare e la Luna appare tutta d'acciaio.

Perché, questi progressivi cambiamenti? L'acciaio per Ariosto è sinonimo di brillantezza e robustezza. Il vetro invece è sinonimo di trasparenza e fragilità. È evidente come nelle prime due edizioni il poeta emiliano voglia dare della Luna l'immagine di un pianeta che è insieme robusto e fragile, una combinazione di opposti.

Ma, poi, si rende conto che questa immagine non è coerente con le descrizioni e i versi successivi, dove la Luna appare come la Terra, con valli e montagne. Quale immagine, dunque, deve prevalere? Quella di oggetto cosmico strutturalmente diverso dal nostro pianeta – nel qual caso l'alternarsi della robustezza metallica e della fragilità vetrosa sarebbero compatibili – o, al contrario, deve prevalere l'immagine di un luogo cosmico simile al nostro pianeta?

Si tratta di pochi versi. Ma il problema non è banale. Certo non lo è per Ludovico Ariosto.

L'*Orlando Furioso* è l'opera della sua vita. È la sua stessa vita. Il poeta si impegna a rivederla, a modificarla, a estenderla nell'arco di trent'anni. E solo alla fine, dopo lunga riflessione, concede la parola definitiva all'astro narrante. È la seconda immagine a dover prevalere: la Luna è simile alla Terra. Il che significa che la Terra è fatta della medesima pasta dell'intero universo e non può vantare alcun carattere di specialità.

Ora si capisce perché Ludovico Ariosto è poeta cosmico e lunare.

Bruno, "la Terra è della stessa specie della Luna"

Non più la luna è cielo a noi, che noi a la luna.
Giordano Bruno, *La cena delle ceneri*

La Terra è della stessa specie della Luna

Tutta la cosmologia di Giordano Bruno, può essere racchiusa in questa frase scritta e pubblicata dal filosofo nolano nel 1591, nove anni prima di morire sul rogo in Campo de' Fiori a Roma per disposizione del Tribunale della Santa Inquisizione [Bruno, 1980].

Ascolta la Luna e lei ti dirà com'è fatta la Terra e come son fatti gli infiniti mondi che popolano l'universo infinito.

Siamo alla fine del XVI secolo. È passato quasi mezzo secolo da quando il polacco Mikolaj Kopernik, più noto in Italia come Niccolò Copernico, ha scritto il suo *De revolutionibus orbium caelestium*, pubblicato per la prima volta a Norimberga nel 1543. L'astronomo di Toruń ha proposto un modello astronomico in cui è la Terra a girare intorno al Sole e non viceversa. Facendo questo non ha solo sfidato la cosmologia dominante, fondata sul paradigma di Aristotele e Tolomeo, con la Terra immobile al centro dell'universo. Ha sfidato anche la teologia dominante in Europa, che sulla centralità cosmica del pianeta che lo ospita fonda la specificità dell'uomo. Si tratta di due sfide pericolose. Come ben sa Andrea Osiander, sacerdote e matematico. Che, nel tentativo di scongiurare uno scontro in punta di teologia in un'epoca segnata dal conflitto religioso, di sua iniziativa e in maniera anonima scrive una prefazione al *De revolutionibus* in cui sostiene che il modello eliocentrico di Copernico non deve essere considerato una descrizione dell'universo così com'è effettivamente, ma un mero strumento matematico utile a spiegare i fenomeni osservati [Osiander, 1975].

Io non dubito affatto che alcuni uomini eruditi, essendosi ormai diffusa la notizia della novità delle ipotesi di quest'opera che rende la Terra mobile e pone immobile il Sole al centro dell'universo, siano fortemente indignati e pensino che non si debbano turbare le discipline liberali, ben fondate ormai da lungo tempo. Se tuttavia essi volessero esaminare in modo accurato la cosa, essi troverebbero che l'autore di quest'opera non ha fatto niente che meriti biasimo. È compito dell'astronomo infatti comporre, mediante un'osservazione diligente ed abile, la storia dei movimenti celesti e quindi di cercarne le cause ovvero, poiché in nessun modo è possibile cogliere quelle vere, di immaginare ed inventare delle ipotesi qualsiasi sulla cui base questi movimenti, sia riguardo al futuro sia al passato, possano essere calcolati con esattezza conformemente ai principi della geometria. E questi due compiti l'autore di quest'opera li ha assolti egregiamente. Poiché infatti non è necessario che queste ipotesi siano vere e neppure verosimili, ma basta questo soltanto: che esse offrano dei calcoli conformi all'osservazione.

Il tentativo di Osiander non sortisce l'effetto desiderato. Il libro che Copernico sfoglia fresco di stampa sul letto di morte scatena le *rabies theologorum*. Ma, a dispetto delle collere dei teologi e dei risentimenti degli aristotelici che dominano le università europee, il seme gettato dal canonico di Toruń inizia a germogliare. Tanto che intorno agli anni '80 del XVI secolo è in atto in tutta Europa un importante processo che Miguel A. Granada definisce di distruzione e dissoluzione del *cosmo* ereditato dalla tradizione cosmologica e astronomica di Platone, Aristotele e Tolomeo [Granada, 1996]. E uno dei principali protagonisti di questo processo, Giordano Bruno, chiama la Luna – l'astro narrante – a raccontare il cambio di paradigma.

Bruno, in realtà, non si limita ad aderire alla nuova visione copernicana del mondo, ma va, per via furiosamente speculativa, ben oltre Copernico. Il nolano parla (e scrive) di un universo infinito. Di infiniti mondi.

Addirittura di infiniti mondi abitati.

E chiede proprio alla Luna – a chi altri se no? – di riflettere questa nuova e rivoluzionaria visione della realtà cosmica.

Per dimostrare la centralità della narrazione selenica nella radicale proposta del filosofo nolano – la Terra è come la Luna e la

Luna è come la Terra – potremmo semplicemente far parlare i testi. E citare altri passi dei suoi scritti. Come questo tratto dal *De infinito, universo e mondi* scritto a Londra nel 1584 [Bruno, 2006]:

> Ecco, dunque, quali son gli mondi, e quale è il cielo. Il cielo è quale lo veggiamo circa questo globo, il quale non meno che gli altri è astro luminoso ed eccellente. Gli mondi son quali con lucida e risplendente faccia ne si mostrano distinti, ed a certi intervalli seposti gli uni da gli altri; dove in nessuna parte l'uno è più vicino a l'altro che esser possa la luna a questa terra, queste terre a questo sole: a fin che l'un contrario non destrugga ma alimente l'altro, ed un simile non impedisca ma doni spacio a l'altro. Cossì, a raggione a raggione, a misura a misura, a tempi a tempi, questo freddissimo globo, or da questo or da quel verso, ora con questa ora con quella faccia si scalda al sole; e con certa vicissitudine or cede, or si fa cedere alla vicina terra, che chiamiamo Luna, facendosi or l'una or l'altra o più lontana dal sole, o più vicina a quello: per il che anticthona terra è chiamata dal Timeo ed altri pitagorici. Or questi sono gli mondi abitati e colti tutti da gli animali suoi, oltre che essi son gli principalissimi e più divini animali dell'universo; e ciascun d'essi non è meno composto di quattro elementi che questo in cui ne ritroviamo; benché in altri predomine una qualità attiva, in altri altra; onde altri son sensibili per l'acqui, altri son sensibili per il foco.

O come quest'altro, tratto dal verbale dell'interrogatorio svoltosi a Venezia il 2 giugno 1592 a opera dell'Inquisitore [Firpo, 1949]:

> Ed in questi libri particolarmente si può veder l'intenzion mia e quel che ho tenuto; la qual insomma è ch'io tengo un infinito universo, cioè effetto della infinita divina potenzia, perché io stimavo cosa indegna della divina bontà et potenzia, che possendo produr, oltra questo mondo un'altro et altri infiniti, producesse un mondo finito. Sì che io ho dechiarato infiniti mondi particulari simili a questo della terra; la quale con Pittagora intendo uno astro, simile alla quale è la Luna, altri pianeti et altre stelle, le qual sono infinite; et che tutti questi corpi sono mondi et senza numero, li quali constituiscono poi la università infinita in uno spatio infinito; et questo se chiama universo infinito, nel quale sono mondi innumerabili.

Conviene, tuttavia, ricordare brevemente chi è Giordano Bruno. E quale ruolo hanno la sua filosofia naturale e la sua filosofia *tout court* nella letteratura e nella scienza italiana.

Giordano Bruno

Nel mese di gennaio o forse di febbraio dell'anno 1548 il soldato Giovanni Bruno e donna Fraulissa Savolino portano a battesimo a Nola, a dodici miglia da Napoli, un bambino appena nato cui danno nome Filippo. Il pargolo vive in una casa modesta nella contrada di San Giovanni del Cesco, ai piedi dell'"amenissimo monte Cicala", in prossimità di un castello in rovina da cui può ammirare il Vesuvio. Crescendo, Filippo impara a leggere e a scrivere, grazie agli insegnamenti di un prete, Giandomenico de Iannello, mentre studia la grammatica alla scuola di Bartolo di Aloia. È portato per gli studi. E così a 14 anni si trasferisce a Napoli, presso l'università allora ospitata nel cortile del convento di San Domenico. Nel 1565 diventa frate domenicano, nel medesimo convento di san Domenico Maggiore, assumendo il nome di Giordano. Diventa sacerdote nel 1573 e si laurea in teologia due anni dopo.

In tutto questo periodo napoletano non si occupa in maniera specifica di filosofia naturale. Studia tuttavia non solo le materie del trivio (grammatica, retorica e dialettica), ma anche quelle del quadrivio (aritmetica, geometria, astronomia e musica). I suoi insegnanti più influenti sono un averroista sarnese, Gian Vincenzo Colle, e, per quanto riguarda la logica, il neoplatonico Teofilo da Vairano. Una lettura di un testo di Pietro Ravennate lo stimola, inoltre, a frequentare la mnemotecnica: l'arte di imparare a memoria.

Filippo, ora divenuto Giordano, è spirito irrequieto. Studia la filosofia. Si specializza nella tecnica della memorizzazione. Legge libri proibiti. Ostenta disprezzo per la vita – non sempre esemplare e non sempre nutrita di cultura – dei suoi confratelli. Elabora un pensiero teologico, per esempio sulla natura della Trinità, che è in aperto contrasto con l'ortodossia. E ne discute apertamente. In breve, nel febbraio 1576 è costretto a lasciare Napoli e a fuggire via, tacciato d'eresia.

Inizia così, a 28 anni, la sua "peregrinazione europea". Intanto ha fatto in tempo e rimuginare la filosofia naturale non solo di Aristotele e Tommaso, ma anche a frequentare il pensiero critico di due animatori degli ambienti culturali napoletani, Bernardino Telesio e Giambattista Della Porta, che esprimono entrambi, sia pure in modo diverso, il nuovo spirito dei tempi e una forte attenzione all'esperienza sensibile.

Non possiamo seguirla troppo da vicino. Ma la vicenda di Bruno è davvero di grande intensità. In diciassette anni – quelli che intervengono tra la fuga da Napoli (febbraio 1576) e il ritorno a Roma, prigioniero del Tribunale del Sant'Uffizio (febbraio 1593) – l'"omiciattolo italiano da nome certamente più lungo del suo corpo", come lo descrive uno dei suoi più acerrimi nemici, George Abbot, [Yates, 1969] e certamente "omo piccolo, scarmo, con un pocco di barba nera", come lo descrive Giovan Battista Ciotti [Ciliberto, 1994], perennemente insoddisfatto, spesso frustrato e rancoroso, caratteriale, ma amante delle donne e dei piaceri della vita, si reca in successione a Roma, Genova, Noli, Savona, Torino, Venezia, Padova, Brescia, Bergamo, Chambéry (nella Savoia), Ginevra, Lione, Tolosa, Parigi, Londra, Oxford, Magonza, Würzburg, Marburgo, Wittenberg, Praga, Tubinga, Helmstedt, Magdeburgo, Francoforte, Zurigo, ancora Francoforte, Venezia e Padova, dove accetta l'infausta ospitalità dell'aristocratico Giovanni Mocenigo. In questi diciassette anni Giordano Bruno si trasforma da irrequieto frate napoletano in filosofo naturale europeo. Assumendo uno dei caratteri – quello di intellettuale transnazionale – che sarà ritenuto fondativo della rivoluzione scientifica del XVII secolo.

Già questa affermazione ci consente di assumere posizione intorno a uno dei nodi più controversi dell'interpretazione del pensiero del nolano: è Bruno uomo dell'era prescientifica o appartiene a pieno titolo all'era nuova della scienza?

La Luna ci aiuterà a sciogliere anche questo nodo. Intanto diciamo che è all'estero che Giordano Bruno rende pubblica la sua filosofia naturale – che è parte non certo irrilevante della sua filosofia *tout court* – utilizzando, in aggiunta, tutti i mezzi che gli mette a disposizione la sua indubbia capacità letteraria. Perché in Bruno, ancora una volta, letteratura, filosofia e scienza si incontrano. Ed è un incontro felice.

Inizia a pubblicare in Francia, tra il 1581 e il 1583, sia in latino che in volgare, sia saggi come il *De umbris idearum* o l'*Ars memoriae*, sia opere letterarie, come il *Candelaio*, una commedia davvero sferzante, a tratti blasfema. In Inghilterra in soli due anni, tra il 1583 e il 1585, manda alle stampe alcune tra le sue opere maggiori.

In particolare i suoi sei *Dialoghi italiani*, sia i tre "dialoghi morali" – *Spaccio de la bestia trionfante, Cabala del cavallo Pegaseo* con l'aggiunta dell'*Asino cillenico, Eroici furori* – sia i tre dialoghi che più ci interessano in questa sede, quelli "cosmologici": *La cena de le ceneri, De la causa, principio et uno, De infinito, universo e mondi*. Cui vanno aggiunti l'*Ars reminiscendi*, l'*Explicatio triginta silligorum*, il *Sigillus sigillorum*. Basta scorrere questo elenco e questi titoli per intendere, come rileva Michele Ciliberto, quanto il periodo inglese sia con ogni probabilità "il più intensamente creativo di tutta la vita di Bruno" [Ciliberto, 1996]. Tanta produttività deriva anche dall'umanissima ambizione di ottenere una cattedra. E infatti i dialoghi londinesi sono delle vere e proprie "lezioni", con un confronto serrato tra il maestro e un discepolo. Ma le motivazioni poco importano. Il dato è che a Londra in meno di due anni Giordano Bruno scrive i capolavori di una "nova filosofia". È in questo periodo di lucido ed eroico furore che la "musa nolana" inizia a evocare la Luna perché racconti la sua cosmologia. È in questo periodo che il filosofo chiede all'"astro narrante" di farsi testimone dell'infinito, universo e mondi, che lui va proponendo, suscitando gravissimi scandali.

Se c'è una contraddizione, in Bruno, è questo bisogno di raccontare. Questa voglia incontenibile di narrare tutto a tutti mediante ogni strumento letterario. Lui, che si dice portatore di un sapere segreto e iniziatico, inaccessibile ai più. Lui che distingue nettamente il campo della legge dal campo della verità: il primo riguarda la religione storica e i molti che non si sanno governare; mentre la verità riguarda solo i filosofi. Lui che è ammiratore di Ermete Trismegisto ed è convinto che "la verità è conosciuta da pochi, et le cose pregiate son possedute da pochissimi" [Bruno, 1995]. Proprio lui, che annovera se stesso tra i pochissimi che possono conoscere le cose pregiate, fa di tutto per comunicare a tutti la sua nuova visione del mondo [Ciliberto, 1996].

Negli anni a venire continuerà a pubblicare con inusitata frequenza e verve. Ma è solo in Germania, a Francoforte, che tra il giugno 1590 e il febbraio 1591, toccherà di nuovo le vette londinesi e darà alle stampe i tre capolavori della sua produzione filosofica, i "Poemi francofortesi": il *De minimo*, il *De monade* e il *De innumerabilibus, immenso et infigurabili*.

Il pensiero che Giordano Bruno divulga con questi scritti e che, poi, ripropone ai giudici dell'Inquisizione tra il 23 maggio

1592 e il 17 febbraio 1600 è piuttosto complesso. Ma vale la pena ripercorrerlo, sia pure brevemente e per grandi temi, perché la sua cosmologia – la cosmologia che chiama la Luna a primo testimone della sua novità – ne è parte organica. Cosicché la sua filosofia naturale sarebbe difficile da comprendere fuori dalla sua filosofia generale. E viceversa.

Tutto, in Bruno, nasce da una percezione – da un'analisi – di decadenza universale. Come sostiene Michele Miele, il nolano, fuggito in fretta e furia da Napoli e ormai girovago in un continente dilaniato dai grandi conflitti religiosi e dai nuovi appetiti nazionali, è convinto che l'umanità, nei decenni finali del XVI secolo – il "secolo infelice" – si trovi in un periodo inusitato di tenebre. Nella coda di un lungo ciclo che partito altissimo ai tempi di Aristotele sta ora toccando il fondo, con una crisi di civiltà che coinvolge non solo il potere temporale ma anche i valori religiosi [Miele, 2002]. Una decadenza, appunto, che attanaglia la "misera e infelice Europa [...] peggio che Lerneo mostro, che con moltiforme eresia sparge il fatal veleno" [Bruno, 1985]. Un'era buia che, però, prelude a una *renovatio* universale perché "questo mondo non [può] durar così, perché non v'[è] se non l'ignoranza, e niuna religione che [sia] buona" [Bruno, 1994].

Il frate domenicano è convinto che in questa crisi che avvolge il continente la religione cristiana non sia la soluzione, ma costituisca il problema. La decadenza è, in primo luogo, la decadenza del ciclo ebraico-cristiano. Ed è anche convinto che tocca a pochi intellettuali iniziati – che in particolare tocchi a lui, Mercurio inviato dagli dei – dipanare le tenebre e indicare la via della salvezza. Una nuova religione, nuovi valori che siano in realtà portatori di antiche verità e di antica sapienza. Da (ri)affermare per via razionale, attraverso il dubbio e la tolleranza. Attraverso la filosofia. E attraverso la scienza.

Per questo vuole insegnare. O, almeno, è per questo che inserisce la sua umana ambizione di assurgere in cattedra in un quadro più generale, vagamente messianico. "Sapeva e sentiva che aveva delle cose da dire, da comunicare e che, soprattutto, era un suo compito comunicarle" [Ciliberto, 1996].

Bruno si sente come un "angelo della luce" che per dipanare le tenebre e avviare la *renovatio* deve muoversi, con coerenza, lungo due direttrici: restituire all'universo il suo vero volto (il che implica l'elaborazione di una solida filosofia naturale) e indicare all'uomo il cammino verso la luce (il che implica l'elaborazione di una conseguente filosofia morale, di una rinnovata ricerca teologica e anche di un progetto politico).

È per restituire all'universo il suo vero volto che, a Londra, scrive i suoi "dialoghi cosmologici" e, poi, per assolvere al secondo compito, indicare all'uomo il cammino verso la luce, che in quel medesimo grumo di mesi trascorsi nella capitale inglese scrive i "dialoghi morali".

Piccolo glossario della cosmologia di Giordano Bruno

Non è nel nostro intento – non è nelle nostre capacità – addentrarci nel pensiero organico e complesso del nolano. Ci limiteremo a tratteggiare la sua cosmologia. Per brevi voci, come in un glossario. Ben sapendo, lo ripetiamo, che essa, la cosmologia, è parte integrante della filosofia e della teologia di Bruno. Non per questa intima connessione interdisciplinare il nolano va considerato uno degli ultimi epigoni della stagione prescientifica: tutti i grandi pionieri della nuova scienza – a iniziare da Galileo – avranno una profonda visione filosofica e teologica.

Giordano Bruno non è uno scienziato. È un filosofo. Ma è l'unico filosofo copernicano realista del secolo XVI [Granada, 2002]. Tutti gli altri copernicani realisti di quel secolo – Rheticus, Digges, Maestlin, Rothmann, Keplero e il giovane Galileo – sono matematici e astronomi.

E sebbene la struttura dell'universo che propone vada ben oltre quella di Copernico e dei suoi calcoli, la filosofia cosmologica del nolano non manca affatto di solide fondamenta scientifiche. Vedremo, al contrario, che Giordano Bruno utilizza – spesso al meglio – il sapere fisico, astronomico e matematico del suo tempo.

L'universo

È in sé una realtà inaccessibile all'uomo, perché creata da Dio e posta fuori dal tempo. L'universo è il tutto, infinito e omogeneo. Vivo. Come Dio. Ma non è Dio. L'universo è prodotto da Dio. E c'è una differenza tra il creatore e il suo prodotto.

Dio infatti è atto e potenza insieme: è tutto ciò che è e tutto ciò che può essere – sostiene nel *De la causa, principio et uno*, uno dei "dialoghi italiani" pubblicato a Londra nel 1584. L'universo è l'effetto infinito di quella causa infinita, scrive nella *Cena delle Ceneri* pubblicata sempre a Londra e sempre nel 1584. L'universo è tutto ciò che è, ma non è tutto ciò che può essere. Atto e potenza, nell'universo, non sono "assolutamente la medesima cosa". Perché a differenza di Dio, nell'universo "nessuna parte sua è tutto quello che può essere". L'universo, pertanto, non è Dio. L'universo è un'ombra di Dio. Ma è un'ombra viva e vitale. In cui tutto cambia, ma dove nulla si corrompe.

Si avverte in questa visione cosmica l'influenza del pensiero platonico e, in particolare, delle frequentazioni con gli scritti di Nicola da Cusa. Ma non soffermiamoci più di tanto sugli ispiratori di Bruno. Continuiamo il discorso.

Dio è presente nell'universo, sia direttamente – ma in maniera inesplicabile – sia in maniera indiretta, tramite la sua ombra: l'universo infinito. Dio non è conoscibile dall'uomo: si può solo credere in Dio, con un atto di fede. L'universo, invece, può essere conosciuto mediante la ragione. La natura cosmica infatti è una e omogenea. E questi caratteri consentono di conoscerla, ripensarla e influenzarla nel suo insieme. In questo senso hanno un grande ruolo sia la filosofia naturale, sia la mnemotecnica, sia la magia.

L'*anima mundi*

Componenti sostanziali dell'universo infinito prodotto da Dio sono da un lato l'*anima mundi*, la cui facoltà principale è l'intelletto universale, e dall'altro lato la materia prima (costituita da atomi), che è sia il substrato dell'anima del mondo sia la componente di tutte le forme accidentali della natura.

L'*anima mundi* è il principio unificante dell'intero universo. Il collante che tiene connesse tutte le parti del cosmo e le rende un unico organismo vivente. Un organismo evolutivo. Che si modifica continuamente nel tempo. Mai uguale a se stesso.

La Vita-materia

L'*anima mundi* anima, per l'appunto, il suo substrato: la materia, che ha a sua volta una natura divina. La Vita-materia è il principio generativo della "nova filosofia". Perché tutto nell'universo viene dalla materia ed evolve per la materia. E poiché la materia

> esplica lo che tiene implicato, deve essere chiamata cosa divina e ottima parente, genetrice e madre di cose naturali, anzi la natura tutta in sustanza. [Bruno, 1941]

La materia è costituita da atomi, la minima entità finita dell'universo infinito.

L'ipotesi atomica della materia non è affatto in opposizione a quella di infinità dell'universo universo, spiega nel *De minimo*, in polemica con il geometra salernitano Fabrizio Mordente, definito *idiota triumphans* perché incapace, a detta di Bruno, di comprendere la non divisibilità dell'infinito.

In ogni caso la materia è principio infinito di vita infinita [Ciliberto, 1996]. L'universo è, infatti, una realtà viva in ogni sua parte – "la vita penetra tutto" – ed è evolutiva. L'universo è Vita-materia infinita. Perché, sostiene Bruno, la materia contiene

> nel proprio seno l'avvio di tutte le forme, sicché da esso tutte le produce e le emette; [...] fuori dal grembo della materia, invero, non esiste alcuna forma, e tutte si celano in esso e da esso a suo tempo tutte rampollano. [Bruno, 2008]

Mediante la ridistribuzione incessante degli atomi, tutto nell'universo cambia continuamente secondo un ritmo binario e in maniera irreversibile, perché nulla torna a essere ciò che era in precedenza.

Bruno è convinto che tanto la visione aristotelica del mondo quanto quella giudaico-cristiana siano incapaci di cogliere la verità: il divino che è nella natura. Una verità colta, invece, dagli antichi Egizi, dall'ermetismo e dalla cabala ebraica, malgrado la loro visione magica del mondo.

L'uomo

L'uomo non ha alcuna specificità. È parte come le altre della vita-materia cosmica. L'uomo è costituito degli stessi atomi materiali di cui è costituito il resto del mondo. L'uomo non è neppure il solo a possedere un'anima. Anche la mosca, come tutti gli altri esseri dell'universo, ne ha una. E l'anima umana è del tutto analoga a quella della mosca e a quella di tutti gli altri esseri che popolano il cosmo. L'uomo non è il solo neppure a possedere un intelletto, anche gli animali lo hanno. Nell'ottica di Bruno l'uomo è, per dirla con Michele Ciliberto, accidente finito tra infiniti accidenti finiti che si producono nella Vita-materia infinita [Ciliberto, 2004]. Se c'è una peculiarità umana, questa va cercata nella sua mano. Grazie alla mano l'uomo ha acquisito una notevole capacità di intervenire sulla natura. Ma questo non modifica in nulla la realtà, che vuole l'uomo parte integrante e niente affatto speciale della Vita-materia. L'immortalità dell'anima umana non ha senso. Né ha senso una giustizia che si realizza nell'aldilà.

L'uomo è sì un accidente, ma unico e irripetibile.

Copernicano e oltre

Con questa visione d'insieme, Bruno può essere definito a giusto titolo un ultracopernicano. Perché non si limita a spostare la residenza umana dal centro del cosmo. Rimuove l'uomo stesso dal centro dell'universo e da ogni progetto cosmico. L'uomo è un granello – uno degli infiniti granelli – di un universo infinito. Se Copernico ha rimosso l'uomo dal centro fisico dell'universo, Bruno lo rimuove dal centro di ogni progetto cosmico. Così, per via puramente filosofica, Bruno anticipa di un paio di secoli e mezzo la visione del posto dell'uomo nella natura proposta da Charles Darwin con la teoria dell'evoluzione biologica per selezione naturale del più adatto.

L'infinito, universo...

L'infinito è dunque il cuore del pensiero cosmologico (e quindi morale e quindi teologico e quindi politico) di Bruno. Lui è un filosofo naturale anche perché è convinto che all'infinito si arriva attraverso la ragione, non attraverso i sensi. Nessuno in quel momento può dimostrare con esperienze sensibili che l'universo è infinito. Lo può solo immaginare, col massimo rigore logico possibile:

> Se il mondo è finito e fuori dal mondo non c'è nulla, vi domando: dov'è il mondo, dov'è l'universo? [Bruno, 2006]

Così come oggi nessuno può dimostrare che la realtà ultima della materia è una stringa. Lo si può solo immaginare, col massimo rigore matematico possibile.

... e mondi

L'universo è infinito. E quindi popolato da infiniti mondi. Come ribadisce il 2 giugno 1592 nel terzo costituto, ovvero nel terzo interrogatorio che subisce a Venezia da parte dell'Inquisitore [Firpo, 1949]:

> Sì che io ho dechiarato infiniti mondi particulari simili a questo della terra; la quale con Pittagora intendo uno astro, simile alla quale è la luna, altri pianeti et altre stelle, le qual sono infinite; et che tutti questi corpi sono mondi et senza numero, li quali constituiscono poi la università infinita in uno spatio infinito; et questo se chiama universo infinito, nel quale sono mondi innumerabili.

Questa idea di un'infinità di mondi popolati è tra quelle che entrano in conflitto immediato e aperto con la dottrina della Chiesa cattolica e anche delle Chiese protestanti, non solo perché nega l'Incarnazione (o, almeno, l'unicità dell'Incarnazione). Ma anche perché nega il concetto di persona, restituendo l'uomo a un processo di continua trasformazione che prevede la metempsicosi e la trasmigrazione delle anime.

Mago o scienziato?

Nell'interpretare il pensiero di Bruno nella sua interezza e complessità alcuni, come Frances Yates, sono giunti alla conclusione che il filosofo nolano è un "mago ermetico" [Yates, 2006]. In realtà l'ermetismo e il neoplatonismo spiegano molto del pensiero bruniano. Ma Bruno non è un mero "mago ermetico". È un filosofo, che attraverso il ragionamento filosofico scopre la magia come utile strumento di indagine, che gli consente di esplicare meglio il concetto di Vita-materia infinita.

Ma Bruno è anche scienziato. Anche se non è un mero "scienziato". Bruno è (anche) scienziato non perché nell'indagare l'universo o l'uomo mette insieme, come proporrà Galileo, *certe dimo-*

strazioni e *sensate esperienze*, ma perché, sempre per via logica e filosofica, scopre la cosmologia – con l'universo immenso, la pluralità dei mondi – e cerca di fondarla ontologicamente. Come fanno i filosofi naturali. Consideriamo, a mo' di esempio, proprio la tesi dell'universo infinito. È, senza dubbio, una tesi metafisica. Ma, sostiene Bruno, in un universo infinito il centro è ovunque: e questa è una deduzione fisica e matematica [Limone, 2002].

Il fatto è che nel Cinquecento e, ancora, nel Seicento non è poi così netta la differenza tra filosofi naturali, matematici e scienziati. Vale la pena ricordare che in questi secoli non esiste la professione di scienziato. Non esiste neppure la parola scienziato. E che tutti gli uomini protagonisti della rivoluzione scientifica – perché una rivoluzione scientifica c'è – sono chi più chi meno filosofi naturali, matematici, scienziati (nel significato odierno della parola), astrologi e maghi allo stesso tempo.

Niccolò Copernico si definisce filosofo nel suo *De Revolutionibus*. Francis Bacon sarà un filosofo araldo della rivoluzione scientifica senza essere scienziato. Galileo stesso chiede di essere ammesso alla corte dei Medici a Firenze come filosofo prima ancora che come matematico. Keplero è astrologo, oltre che astronomo di corte a Vienna. E Newton spenderà più tempo a occuparsi di alchimia che di fisica.

Cosicché possiamo affermare che Bruno non è un "residuo" premoderno, estraneo alle correnti fondamentali della modernità che appartengono, invece, ai "veri" scienziati o ai portatori di un "vero pensiero scientifico", come Copernico, Keplero, Galileo, Bacone e Newton [Ciliberto, 2004]. Bruno partecipa come molti altri, con le sue contraddizioni e i suoi limiti, alla affermazione complessa e tortuosa della modernità, come portatore di "nova filosofia", non meno di Copernico, Keplero, Galileo, Bacone o Newton. E in questo senso è "anche" se non protagonista, certo precursore della rivoluzione scientifica. In questo senso è anche scienziato.

E la Luna ne è testimone.

In una cena a Londra il giorno delle Ceneri, la Luna racconta *de l'infinito, universo e mondi*

Torniamo, dunque, a Oxford, nell'estate 1583 quando Giordano Bruno, nel tentativo di acquisire una cattedra, svolge una serie di seminari in cui spiega e senza infingimenti sostiene la teoria copernicana: la Terra si muove e gira intorno al Sole. Sebbene il nolano abbia già suscitato scandali numerosi e gravissimi, è la prima volta che in maniera esplicita manifesta in pubblico la sua adesione al copernicanesimo [Aquilecchia, 2007]. È il primo filosofo in tutta Europa a farlo. Ed è un'imprudenza. Non sappiamo quanto calcolata.

Copernico, come abbiamo detto, ha già suscitato collere e rabbie tra aristotelici e teologi. E né gli uni né gli altri mancano a Oxford. In breve, la pubblica difesa della teoria copernicana procura a Bruno clamorose inimicizie anche nella cittadina inglese. Prima fra tutte quelle acidissime del giovane George Abbot, futuro arcivescovo di Canterbury:

> Quando quell'omiciattolo italiano [...] con un nome certamente più lungo del suo corpo [...] visitò nel 1583 la nostra Università [...] intraprese il tentativo, fra moltissime altre cose, di far stare in piedi l'opinione di Copernico, per cui la terra gira, e i cieli stanno fermi; mentre, in verità, era piuttosto la sua testa che girava, e il suo cervello che non stava fermo. [Yates, 2006]

Con queste reazioni, è facile immaginare come ogni velleità di salire in cattedra in una delle due università inglesi sfumi rapidamente, per quel minuscolo napoletano giunto in Inghilterra dalla Francia da qualche mese appena.

> Respinto da Oxford, Bruno rientra a Londra – scrive Giovanni Aquilecchia – seguendo si direbbe la traccia già segnata dalla corrente scientifica inglese, la quale, con l'affermarsi di un indirizzo aristotelico-umanistico nelle due università [Oxford e Cambridge, n.d.a.] aveva trovato nella capitale l'ambiente più adatto al proprio sviluppo, grazie al patronato esercitato dall'aristocrazia cortigiana. [Aquilecchia, 2007]

Dunque Giordano Bruno segue la sorte che tocca a molti filosofi naturali: si imbatte nelle reazioni alla "filosofia nova" da parte degli aristotelici che dominano le università, in Inghilterra come in gran parte d'Europa. E Bruno, come molti membri delle correnti scientifiche del tempo, deve trovare fuori dalle università lo spazio di espressione e di ricerca che non trova negli atenei. A Londra, proprio come a Parigi o a Madrid, alcuni di questi spazi si trovano presso gli aristocratici di corte.

Tra i nobili che, nella capitale inglese, frequentano la corte di Elisabetta si avverte, già prima che arrivi Bruno, una certa attenzione per Copernico. In realtà la filosofia naturale, a Londra come in molte altre città d'Europa, è in fermento. Si stanno sviluppando nuove ricerche sulla natura. Si stanno creando le prime comunità di filosofi della natura attenti alle esperienze sensibili. E alla comunicazione.

Il gruppo di scienziati londinesi che gode del favore della regina Elisabetta non si limita ad approfondire lo studio delle scienze naturali, ma si impegna nella comunicazione del sapere a vantaggio delle nuove classi borghesi che forniscono i tecnici su cui poggia il crescente espansionismo economico e politico inglese. La comunicazione al grande pubblico è resa possibile dal progressivo abbandono del latino (la lingua usata dagli aristotelici nelle università) e dal crescente uso del volgare (inglese) sia nelle opere scritte che nell'insegnamento.

Dunque, nell'autunno 1583 il filosofo nolano ritorna a Londra, accolto nei circoli aristocratici e scientifici attenti alla "filosofia nova" e impegnati a comunicarla, attraverso opere in volgare.

È in questo contesto che Giordano Bruno decide di scrivere un libro – in volgare – per difendere ancora una volta pubblicamente quel copernicanesimo così vituperato a Oxford.

Nasce così *La cena delle ceneri*, la prima opera dialogica in volgare (italiano) a noi giunta. Figlia, dunque, di un progetto culturale e ideologico che Bruno condivide con gli ambienti scientifici londinesi e che comprende sia il ripudio del latino a favore della lingua volgare sia la ricerca di nuovi canoni stilistici.

La cena delle ceneri, il primo dei tre "dialoghi cosmologici" che Bruno pubblica in pochi mesi a Londra, è dedicata al suo protettore, l'ambasciatore di Francia nella capitale inglese, ed è, per l'appunto, un dialogo brillante. Anzi, come anticipa Bruno non senza ironia, è "descritta in cinque dialoghi, per quattro interlocutori, con tre considerazioni, circa doi suggetti" e dedicata "all'unico refugio de le Muse", Michele di Castelnuovo (il nome italianizzato dell'ambasciatore, Michel de Castelnau).

I quattro interlocutori sono Teofilo filosofo (Bruno stesso), Smitho, Prudenzio pedante (aristotelico e appunto pedante) e

Frulla, uomo arguto ma non troppo colto. La figura centrale dei dialoghi che si svolgono a tavola in periodo di quaresima è, senza dubbio, Niccolò Copernico. Cui Bruno riserva lodi sperticate, difendendolo dagli attacchi di tutti i denigratori o anche, più semplicemente, di tutti i conservatori.

Copernico, spiega Bruno, è uomo di immenso ingegno. Non inferiore ad alcuno dei grandi astronomi che lo hanno preceduto. Anzi: è

> uomo che quanto al giudizio naturale è stato molto superiore a Tolomeo, Ipparco, Eudoxo, e tutti gli altri ch'han caminato appo i vestigi di questi

perché si è "liberato da alcuni presuposti falsi de la comone e volgar filosofia, non voglio dir cecità" [Bruno, 1995].

La presa di posizione di Bruno non poteva essere più netta. Copernico è l'uomo della svolta. Ha compiuto una rivoluzione che costituisce un passo decisivo verso la descrizione della realtà cosmica, liberandola da presupposti così falsi da poter essere definiti vera e propria cecità.

E sbaglia non solo chi lo attacca direttamente, riproponendo i falsi presupposti – la cecità – del sistema aristotelico-tolemaico. Ma anche chi – come quell'"asino ignorante e presuntuoso" (Andrea Osiander) che ha scritto la premessa al *De revolutionibus* – vorrebbe farci intendere che il moto della Terra è stato proposto da Copernico "per la comodità de le supposizioni", ovvero come mera ipotesi matematica. Non è così.

> L'astronomo polacco non solo fa ufficio di matematico che suppone, ma anche de fisico che dimostra il moto de la terra

Quella di Copernico non è una mera ipotesi matematica. È la descrizione, per via matematica, della effettiva realtà fisica. La Terra gira davvero intorno al Sole, non viceversa.

Tutto ciò, sostiene Bruno, non è affatto in contrasto con la Bibbia, come teme quell'"asino ignorante e presuntuoso" di Osiander: perché nelle Sacre Scritture non va cercata la verità scientifica intorno al mondo, ma la verità morale e di fede.

Dice Teofilo, la voce di Bruno:

Nelli divini libri in servizio del nostro intelletto non si trattano le demostrazioni e speculazioni circa le cose naturali, come se fusse filosofia: ma in grazia de la nostra mente et affetto, per le leggi si ordina la prattica circa le azzioni morali. Avendo dunque il divino legislatore questo scopo avanti agli occhii, nel resto non si cura di parlar secondo quella verità per la quale non profitterebbero i volgari per ritrarse dal male et appigliarse al bene: ma di questo il pensiero lascia a gli uomini contemplativi; e parla al volgo di maniera che secondo il suo modo di intendere e di parlare, venghi a capire quel ch'è principale.

Questo argomento – sia detto per inciso – sarà ripreso dal cardinale napoletano Cesare Baronio e poi da Galileo Galilei, che di lì a trent'anni, nella famosa *Lettera a Cristina di Lorena*, spiegherà che intento dello Spirito Santo nell'ispirare la Bibbia è "d'insegnarci come si vadia in cielo e non come vadia il cielo" [Galilei, 1999].

In ogni caso, specifica Bruno, la fisica non si basa "sull'autoritate", neppure "sull'autoritate" delle Scritture, ma "su altri proprii e più saldi principii".

In Gran Bretagna già molti astronomi e matematici si sono espressi a favore di Copernico. Nessuno lo ha fatto con la veemenza che il filosofo Giordano Bruno mostra nella *Cena delle ceneri*.

Tuttavia la lode per Copernico per quanto forte, aperta e chiara, non è acritica. Bruno plaude a Copernico per andare oltre Copernico. Il polacco, sostiene, si è allontanato sì dalla "comone e volgar filosofia [...] Ma però non se n'è molto allontanato", perché "più studioso de la matematica che de la natura". Copernico con i suoi giusti conti, col suo "più matematico che natural discorso" ha rappresentato sì la realtà del sistema solare. Ha dimostrato che la Terra è mobile, che il nostro pianeta è un globo che effettua due diversi movimenti, uno intorno al proprio asse e l'altro intorno al Sole. Ma non ha saputo alzare lo sguardo e:

non ha possuto profondar e penetrar sin tanto che potesse a fatto togliere via le radici da inconvenienti e vani principii onde perfettamente sciogliesse tutte le contrarie difficultà, e venesse a liberar e sé et altri da tante vane inquisizioni, e fermar la contemplazione ne le cose costante e certe.

L'astro narrante

Copernico non ha saputo andare oltre la Terra, la Luna, il Sole e l'angusto spazio delle stelle fisse.
E qui conviene proporre subito due considerazioni. Una epistemologica e una cosmologica. Fin dalle prime battute intrecciate a cena dai quattro interlocutori nei cinque dialoghi, Giordano Bruno mostra di aver chiaro che una cosa sono le dimostrazioni matematiche, un'altra la fisica e la filosofia naturale. La matematica è uno strumento potente per conoscere la natura e Copernico l'ha bene usata. Ma la matematica da sola non è sufficiente per cogliere la verità intorno alla natura. La fisica non si dimostra sulla carta, neppure con le esatte dimostrazioni dei numeri. "Altro è giocare con la geometria, altro è verificare con la natura". Non è solo un'affermazione di principio. La verità è che nel proporre la sua cosmologia Giordano Bruno applica spesso un metodo che o sa di sperimentale o ne riconosce il valore, proponendo almeno in un paio di occasioni – il principio di inerzia e il principio di relatività del moto – l'uso di esperimenti da tutti facilmente ripetibili [Renzetti, 1984]. D'altra parte proprio nella *Cena delle ceneri* affida al filosofo della natura il compito di "cercare" e di "osservare"[Ciliberto, 1999].

La seconda considerazione è cosmologica. Bruno, sviluppando il pensiero di Nicola da Cusa, va oltre l'universo finito di Copernico e indica una realtà fisica ben più ampia del sistema solare, costituita com'è da un universo infinito e da infiniti mondi. È qui che Bruno cessa di tessere le lodi dell'astronomo polacco e rivendica a se stesso il ruolo di leader della rivoluzione, di Sole che appare nel cielo dopo l'"aurora copernicana" e dipana definitivamente le tenebre che avvolgono la verità fisica. Il polacco va lodato per

> quel tanto che ha fatto con esser ordinato de gli dèi come un'aurora, che dovea precedere l'uscita di questo sole de l'antiqua vera filosofia.

Ma Niccolò Copernico da Toruń è, appunto, solo l'aurora. Il sole pieno e splendente della verità è lui, Giordano Bruno da Nola.
Non si tratta di un'inelegante concessione al proprio narcisismo (che pure esiste e non è piccola cosa). È che Bruno, giustamente dal suo punto di vista, considera l'idea di un universo infinito la vera e rivoluzionaria novità della moderna cosmologia. E

quell'idea è sua. In effetti la novità, anche rispetto al canonico di Toruń, è tale che molti parlano di una nuova fisica proposta dal nolano. La fisica di Giordano Bruno [Miele, 2002].

Il primo assunto di questa fisica è, come abbiamo detto, il concetto di infinito. L'universo sostiene Bruno non ha limiti. È appunto infinito, nello spazio e nel tempo.

È infinito nello spazio e quindi popolato da un'infinità di stelle e di pianeti. E quindi policentrico: non uno, ma mille e mille e infiniti soli, ciascuno con un suo sistema planetario che risponde al modello di Copernico.

È infinito nel tempo. L'universo è eterno. Non è mai stato creato, nel tempo, e non avrà mai fine, nel tempo. L'universo semplicemente è. Ma non è eternamente uguale a se stesso. È, nel suo continuo mutare. È, nel continuo cambiamento delle disposizioni dei suoi infiniti atomi.

Il secondo assunto della fisica di Bruno è la mediocrità: una sorta di principio copernicano perfetto che rende ogni e qualsiasi punto e oggetto cosmico del tutto analogo a ogni altro punto e oggetto.

L'universo è infatti omogeneo nella sua composizione materiale – è sostanzialmente uguale in ogni sua direzione – e simmetrico nella sua determinazione legale: risponde ovunque alle medesime leggi. L'omogeneità cosmica, come sostiene Hilary Gatti, è davvero uno dei concetti fondamentali del pensiero di Bruno. Quello che più lo distingue dagli ermetici [Gatti, 2001]. L'universo di Bruno è omogeneo ma niente affatto piatto: anzi, è persino caotico nella sua incessante evoluzione. Tutto cambia e non c'è ritorno. Neppure nell'infinità del tempo. Neppure nell'eternità. Ovviamente qui, nel cortile di casa, vanno spazzate via tutte le vecchie proposizioni dell'universo aristotelico-tolemaico. Non esistono stelle fisse. Non ci sono orbite perfettamente circolari. Non c'è rotazione delle sfere cristalline.

La poesia che introduce i dialoghi recita:

> Quali ali sicure a l'aria porgo, né temo intoppo di cristallo o vetro; ma fendo i cieli e all'infinito m'ergo.

Tutti i corpi celesti procedono per inerzia e il moto è relativo l'uno all'altro. Non c'è immutabilità: le comete vengono dall'esterno del sistema solare e lo attraversano per intero, non sono un fenomeno sublunare.

Già, la Luna. È lei – lo ripetiamo – il testimone primo evocato anche in *La Cena delle Ceneri* per dar conto del principio di mediocrità – del principio copernicano perfetto che vige nell'universo e che fa della Terra un oggetto cosmico come gli altri.

Non perché le sia concesso un ruolo particolare. Ma, al contrario, perché viene evocata, fin dal primo dialogo, come pietra (è il caso di dirlo) di paragone per restituire la Terra alla omogeneità e alla mediocrità cosmica:

> Sappiamo che si noi fussimo ne la luna, o in altre stelle: non sarreimo in loco molto dissimile a questo, et forse in peggiore: come possono esser altri corpi cossí buoni, et anco megliori per se stessi, et per la maggior felicità de propri animali.

Atteso, dice subito dopo "che non più la luna è cielo a noi, che noi a la luna". Lo stesso concetto che riprenderà sette anni dopo, nel *De innumerabilibus, immenso et in figurabili*, quando scriverà che "La Terra è della stessa specie della Luna". Cosa intenda dire è chiaro. L'una e l'altra, la Luna e la Terra, sono due tra gli infiniti mondi che popolano l'universo infinito. Nessuno è al centro dell'universo. Non certo la Terra. Non certo la Luna. E neppure il Sole, intorno a cui la Luna e la Terra e gli altri pianeti conosciuti ruotano, secondo il modello di Copernico.

Naturalmente, nell'universo di Bruno la Luna cessa di essere la più bassa delle sfere concentriche. Semplicemente, non esistono più le sfere dei pianeti, delle stelle fisse, del cristallino. Ed è come un senso di liberazione.

> Non è più imprigionata la nostra ragione co i ceppi de fantastici mobili e motori otto, nove e diece. Conoscemo che non è ch'un cielo, un'eterea reggione immensa...

Un'"eterea reggione immensa" ove, soprattutto, non c'è differenza fisica tra il mondo sopra la Luna, che Aristotele voleva incorruttibile, e il mondo sotto la Luna, che Aristotele constata corruttibile. L'universo è uno e risponde ovunque alle medesime leggi. L'universo è infinito. E nella sua infinità si perde ogni differenza tra materia terrestre e materia celeste. Non c'è soluzione alcuna di continuità, lì all'altezza della Luna.

E questo è, a ben vedere, il principio di mediocrità di isotropia e di sostanziale omogeneità su cui si regge la moderna cosmologia scientifica e l'intera costruzione della fisica.

Così siamo promossi a scoprire l'infinito effetto dell'infinita causa.

Luna e Terra, pianeti gemelli

La cena delle ceneri ci offre, dunque, una visione dell'universo e della fisica affatto nuova. Dopo aver letto quei cinque dialoghi è giusto chiedersi, con Wolfgang Wildgen: "Si tratta allora di scienza della natura o piuttosto soltanto di letteratura?" [Wildgen, 2008].

La domanda ha un grande interessante ancora oggi. E, in fondo, è quella che attraversa per intero questo nostro modesto libretto. Tuttavia con Giordano Bruno diventa prepotente. Anche se, a giudizio di molti, è una domanda che si rivolta contro il nolano. Che proprio con *La cena delle ceneri* avrebbe dimostrato di saper fare buona letteratura ma modesta filosofia naturale. Perché nei suoi dialoghi avrebbe, per così dire, fatto parlare male la Luna, dimostrando di non aver compreso il modello copernicano.

Ma è così? La Luna dei dialoghi londinesi parla male il linguaggio copernicano? Be', forse le cose non stanno in questo modo. La Luna di Giordano Bruno parla bene. Forse propone il miglior discorso possibile alla luce delle conoscenze del suo tempo. Incluse le conoscenze matematiche e astronomiche contenute nel modello eliocentrico di Niccolò Copernico. Vediamo perché (con l'aiuto di Wildgen).

Alcuni rimproverano al nolano di aver fatto parlar male la Luna e, quindi, di dimostrarsi un mediocre filosofo naturale perché, a loro dire, avrebbe compreso male proprio il rapporto che il satellite naturale ha con la Terra. E, soprattutto, perché avrebbe compreso male il rapporto che hanno tra loro gli altri due pianeti inferiori, Venere e Mercurio.

Tutto nasce dal fatto che nel quarto dialogo della cena, Teofilo, il filosofo cui Bruno lascia rappresentare il proprio pensiero, sostiene:

Or se volete veramente sapere dove è la terra secondo il senso del Copernico: leggete le sue paroli. Lessero et ritrovarno che dicea la terra e la luna essere contenute come nel medesimo epiciclo.

Cosa significa? Be', significa che Giordano Bruno recepisce e fa propria l'idea di Copernico secondo cui la Terra e la Luna ruotano insieme intorno al Sole. È una rivoluzione – una delle principali rivoluzioni – rispetto al modello aristotelico-tolemaico, dove la Luna, con la prima sfera, ha un movimento suo proprio intorno al centro dell'universo, del tutto autonomo rispetto a ogni altro oggetto celeste. Copernico nega, per così dire, l'indipendenza della Luna. E riduce il nostro "astro narrante" da pianeta qual era – anzi, da "prima stella" come direbbe Dante – a satellite naturale della Terra, con cui ruota intorno al Sole.

Se prima con Aristotele e Tolomeo il moto lunare era uno e uno solo – intorno al centro dell'universo – ora, con Copernico, è duplice: intorno alla Terra e, con la Terra, intorno al nuovo centro dell'universo, il Sole.

Bruno, dunque, fa propria questa nuova collocazione della Luna nel cosmo proposta da Copernico. Ma, ancora una volta, va oltre Copernico. Sostiene infatti che non c'è alcuna gerarchia di valore astronomico. La Terra e Luna sono sullo stesso piano e formano un sistema astronomico binario.

La Luna non è ridotta a satellite naturale della Terra. È un pianeta gemello della Terra. Nulla di speciale, sia chiaro. Perché il sistema binario Luna-Terra ha innumerevoli analoghi nell'universo. Per trovarne uno simile non occorre andare molto lontano, assicura Bruno. Basta osservare quello formato da Mercurio e da Venere.

Bruno si dice, infatti, convinto che i due pianeti ruotino l'uno intorno all'altro e, insieme, intorno al Sole. Proprio come fanno la Luna e la Terra. Una convinzione che riaffermerà qualche anno dopo, quando, nel 1591, tornerà sull'argomento al termine del terzo libro del *De immenso*. Aggiungendo una novità per certi versi clamorosa. Venere e Mercurio non solo ruotano l'uno intorno all'altro come la Terra e la Luna, ma si trovano sul medesimo deferente, in punti diametralmente opposti, al sistema Luna-Terra (Figura 1). I quattro pianeti sono collegati tra loro e i due sistemi binari formano a loro volta un sistema unico.

Oggi sappiamo che tutto questo non è vero. Che Bruno si sbaglia. Venere e Mercurio ruotano intorno al Sole in maniera sostanzialmente indipendente l'uno dall'altro. E in maniera indipendente dal sistema Luna-Terra.

Tuttavia quella del nolano non è una fuga letteraria o una congettura filosofica che nulla ha che vedere con le scienze fisiche. Non è un errore che lo espunge, *ipso facto*, dal novero dei costruttori dell'astronomia scientifica. Al contrario. È un'ipotesi all'altezza del filosofo naturale, perché interpreta in maniera realistica ed economica tutto quanto si sa, tra il 1584 e il 1591, intorno ai due pianeti. E quello che si sa è che sia Venere sia Mercurio possono essere osservati solo all'alba o al tramonto e vicini al Sole: nessuno dei due risulta visibile tra la Terra e il Sole. Nessuno infatti li ha mai potuti osservare muoversi tra la stella e il nostro pianeta (saranno osservati in questa inequivocabile posizione solo a partire dal 1610). Certo, oggi sappiamo che la mancata osservazione è causata della luce accecante del Sole. Ma nel 1584 e nel 1591 non c'è alcuna evidenza di ciò.

Tenendo conto, inoltre, delle elongazioni appaiate delle loro orbite e della enorme difficoltà per tutti gli astronomi del

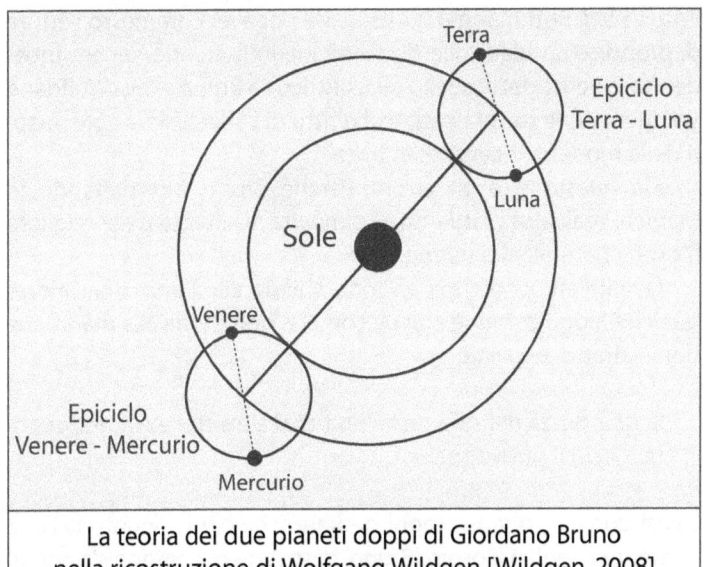

La teoria dei due pianeti doppi di Giordano Bruno nella ricostruzione di Wolfgang Wildgen [Wildgen, 2008]

Cinquecento di calcolare i tempi di rivoluzione dei due pianeti, possiamo dunque dar ragione a Wolfgang Wildgen e sostenere che quello di Bruno non è un errore astronomico ma un'interpretazione realistica ed economica dei fatti osservati.

Un'ipotesi scientifica.

Verosimile almeno quanto quella di Copernico. La verità è che alla fine del XVI secolo non ci sono prove inoppugnabili per sostenere che il modello di Copernico è quello reale e il modello di Bruno è da scartare. D'altra parte in quegli anni molti noti astronomi si cimentano nella descrizione delle orbite di Venere e di Mercurio. I modelli in campo sono svariati. Per esempio il tedesco Paul Wittich ne propone uno in cui Venere e Mercurio ruotano sì in maniera indipendente intorno al Sole, ma il Sole ruota intorno al sistema Terra-Luna. E ancora nel 1588 altri famosi astronomi, come Christopher Rothmann e Reymers Baer (detto Ursus, per la ferocia con cui cerca di schiacciare i suoi avversari), ne propongono di simili.

Bruno non fa altro che inserirsi con cognizione di causa in questo dibattito scientifico, rifiutando il pregiudizio geocentrico che ancora permea i vari modelli post-copernicani e restituendo al Sole la centralità nel suo sistema planetario. Il suo modello è altrettanto plausibile e persino più coerente rispetto a quello di Wittich o di Rothmann o di Ursus. Ma per aver commesso l'errore di proporre un plausibile sistema binario Mercurio-Venere (ribadendo la verità del modello eliocentrico), a Bruno, rileva Wolfgang Wildgen, viene tuttora negato il diritto di collocarsi tra i precursori della moderna ricerca scientifica.

Ma questo sì è un errore. Perché Bruno, interpretando in maniera realistica i fatti noti, si dimostra all'altezza della migliore filosofia naturale del tempo.

Qualità che conferma quando chiede alla Luna di falsificare qualche luogo comune e di raccontare, geometria alla mano, che non è affatto vero che:

> la grandezza del sole, de la luna, et d'altre stelle è tanta, quanta a' nostri sensi appare

E così, con abili dimostrazioni, geometriche per l'appunto, la Luna consente a Teofilo filosofo (Bruno) di sostenere che: non c'è nessuna correlazione tra la grandezza apparente di un oggetto nel cosmo e la sua grandezza reale; non esiste una relazione diretta tra la luminosità di un corpo e la sua distanza da noi; non c'è proporzione lineare tra la luminosità e il calore di un oggetto cosmico.

E, ancora, che noi vediamo parti più scure e parti più luminose della Luna, le terre e le acque, e non sul Sole o sugli altri pianeti perché l'astro narrante è abbastanza vicino alla Terra. Se la Luna fosse più lontana, ci apparirebbe non solo più piccola, ma la definizione di dettaglio sparirebbe e noi la vedremmo come un punto con luminosità omogenea.

Con queste dimostrazioni Giordano Bruno da Nola dimostra, a sua volta, di sapersi muovere nel "suo" universo infinito con una sensibilità relativistica davvero notevole.

Bruno, filosofo-poeta

"Io Zuane Mocenigo dinunzio...". Passano otto anni dopo la pubblicazione di *La Cena delle ceneri* e Giordano Bruno si ritrova in un carcere, a Venezia, a dover rispondere di quanto ha scritto, compreso di quanto ha scritto sull'universo infinito e la pluralità dei mondi. Dall'Inghilterra era tornato in Francia, già nell'ottobre 1985. Si era poi trasferito in Germania. Girovagando e scrivendo. Scrivendo e girovagando. Con invidiabile continuità e qualche punta. La maggiore delle quali appartiene, come abbiamo detto, al periodo francofortese. Siamo nel mese di luglio del 1591.

Francoforte è, alla fine del Cinquecento proprio come è oggi, una delle grandi città europee del libro. E, alla fine del Cinquecento proprio come succede oggi, si tiene in città la più grande fiera continentale del libro, cui partecipano editori e autori d'ogni parte d'Europa. Nell'anno 1591 giungono a Francoforte due librai – Giacomo Brittano e Giambattista Ciotti – che operano a Venezia, l'altra grande città del libro. I due incontrano Giordano Bruno e Ciotti gli consegna una lettera di Giovanni Mocenigo, un aristocratico della Serenissima. Mocenigo dice di aver letto il *De minimo* e di voler conoscere i segreti della mnemotecnica e di tutti gli altri posseduti dal filosofo nolano. Che ne direbbe messer Bruno di venire a Venezia, a casa sua, per insegnarglieli?

Chissà perché, il nolano accetta. E in agosto è già a Venezia. In realtà si muove tra la città e Padova – dove ancora una volta chiede alla locale università, e ancora una volta non ottiene, una cattedra in matematica – prima di entrare in casa Mocenigo. Siamo alla fine di marzo dell'anno 1592. Il 21 maggio l'aristocratico ordina ai suoi servi di tener sequestrato in casa il filosofo, che gli ha annunciato di voler tornare in Germania, e due giorni dopo lo denunzia per iscritto al tribunale dell'Inquisizione: ho sentito da questo signore – dice – parole blasfeme. Ha disprezzato la religione, messo in dubbio l'esistenza della Trinità, blaterato di universi infiniti e di infiniti mondi. Abitati.

Il 23 maggio 1592 Giordano Bruno è tradotto in stato di arresto nelle carceri veneziane di san Domenico a Castello. Nel febbraio 1593 passa nelle carceri romane del palazzo del Sant'Uffizio. Il 24 marzo 1597 la Congregazione invita Bruno ad abbandonare la "inconsistente" teoria della pluralità dei mondi e ordina che per ottenere il risultato si passi a pratiche più rigorose: in pratica, sostiene Luigi Firpo, alla tortura. Il 12 gennaio 1599 viene richiesto di abiurare. Il 17 febbraio 1600 sale sul rogo con la "lingua in giova" e muore, arso vivo, in Campo de' Fiori.

Chi era, dunque, il nolano?

Un filosofo-poeta. Ma anche uno scienziato-letterato. Ma, forse, dovremmo dire che era un'espressione – una delle espressioni più significative – di quel *ménage à trois* tra scienza, filosofia e letteratura che attraversa la storia della letteratura italiana.

Che sia un filosofo e uno scienziato (come si può essere uomini di scienza alla fine del Cinquecento) lo abbiamo dimostrato. Che sia anche un poeta e un letterato lo abbiamo solo accennato. In realtà poeta e letterato lo è nel senso pieno del termine. Perché usa la poesia e la prosa. Scrive in versi, elabora dialoghi, propone commedie, pubblica saggi. In volgare e in latino. Con grande versatilità. E sofisticazione. Prendiamo a esempio, ancora una volta, *La Cena delle ceneri*. Possiamo rintracciarvi sette diversi livelli di lettura, peraltro indicati dallo stesso Bruno: uno storico, tre diversi livelli topografici – geografico, razionale (o *ratiozinale*, come egli stesso spiega), morale – un livello metafisico, un livello matematico e, infine, un livello che attiene alla filosofia della natura. Il tutto gestito con una sapienza manieristica molto ricercata [Wildgen, 2008].

La Cena delle ceneri è scritta in volgare. Probabilmente per mostrare che è in sintonia, come abbiamo detto, con i circoli scientifici londinesi che a loro volta hanno scelto il volgare per comunicare al grande pubblico. Ma l'importante, come sottolinea Michele Ciliberto, non è solo *perché*, ma *come* scrive, in volgare e in latino. La sua lingua è una miscela di piani e livelli linguistici oltre che semantici diversi. Una singolare commistione di moduli: comico teatrale e narrativo umoristico, retorico oratorio e scientifico colloquiale. Un intreccio di registri retorici e stilistici differenti: dal serio al giocoso, dal drammatico al grottesco, secondo ritmi "musicali" che ad alcuni appaiono caotici, privi di un progetto letterario e filosofico. Ma esso, al contrario, esprime il caos della Vita-materia infinita: infinite espressioni, ciascuna delle quali ha pari dignità e valore [Ciliberto, 2004].

Bruno usa dunque il suo originale stile letterario perché è funzionale al suo progetto filosofico. Non a caso è in polemica anche con i sacri cultori delle regole grammaticali, come con ogni pedante "normativismo" [Bruno, 1980]:

> I grammatici asservono il contenuto alle parole, noi asserviamo le parole ai contenuti: quelli seguono l'uso corrente, noi lo determiniamo.

Bruno, sostiene Michele Ciliberto, sul piano linguistico risulterà a lungo uno sconfitto. A vincere è quel modello galileiano che incontreremo fra poco e che è imperniato su una forte selezione di piani linguistici e su un rifiuto programmatico di quella commistione tra "massimi" e "minimi" che teorizza Bruno [Ciliberto, 2004].

Tuttavia Bruno oggi appare come un autore moderno e innovativo. E infatti sarà rivalutato dagli innovatori moderni, come James Joyce o come Carlo Emilio Gadda.

L'ipotesi dei molti mondi da Metrodoro di Chio a Giordano Bruno

Quando dice che la Terra è della stessa specie della Luna e che entrambe sono astri nell'immensità del cosmo, Giordano Bruno cambia semplicemente il posto dell'umanità nel mondo, togliendole ogni centralità. Ogni primato.

E questa detronizzazione è davvero totale, perché il nolano popola molti e molti e molti degli infiniti mondi. L'uomo è definiti-

> L'astro narrante

vamente un accidente dell'evoluzione cosmica. Inserito come tanti altri infiniti accidenti nel ciclo della "mutazione vicissitudinale", l'evoluzione incessante che modifica i composti mai la sostanza.

Siamo alla conclusione, non all'inizio, di un lungo percorso di ricerca, speculativa, di esseri fuori dalla Terra – un'autentica *Search for Extra Terrestrial Intelligence* (SETI) – che da molti secoli impegna molte terrestri intelligenze, molti spiriti liberi, ma che, come rileva Miguel Granada, suscita scandali così gravi da costare la vita [Granada, 2002].

Ed è con una ricostruzione di questa libera ricerca, che potremmo definire di un (altro) senno sulla Luna, che vorremmo chiudere la nostra rapida incursione nel pensiero del piccolo, grande nolano.

"Non è possibile che vi sia un solo mondo abitato, nell'universo infinito". Invoca un criterio logico di impossibilità Metrodoro di Chio, discepolo di Democrito ed esponente illustre della corrente degli atomisti, nel IV secolo avanti Cristo, per sostenere che non siamo soli nell'universo. Secondo la scuola di pensiero, inaugurata da Leucippo e da Democrito, cui appartiene Metrodoro, infatti, "il tutto è infinito". E nel tutto, "in parte pieno, in parte vuoto", infiniti atomi si muovono componendosi e scomponendosi in un continuo divenire, che in ogni istante forgia infiniti mondi e altrettanti ne decompone. L'uomo non può essere il solo essere intelligente nel cosmo. Nell'universo infinito ci sono, in ogni istante, *molti mondi* come la Terra, abitati da molti esseri che per forza di cose devono essere simili all'uomo.

L'idea che non siamo soli nell'universo è piuttosto comune tra i filosofi dell'antica Grecia. Risale all'alba del pensiero razionale nella penisola mediterranea. Già nel V secolo a.C., per esempio, Anassagora di Clazomene, passeggiando per Atene, va spiegando che il Sole è più grande del Peloponneso e la Luna è butterata da montagne, alla cui ombra si riparano i suoi abitanti. Gente, incalzano da Crotone i discepoli di Pitagora, di certo superiore agli uomini che abitano la Terra.

Tuttavia è proprio nel secolo di Metrodoro, il IV secolo a.C., che il dibattito sulla solitudine cosmica dell'uomo diventa piuttosto acceso. Anche perché, contro le tesi dei *molti mondi* proposta dagli atomisti, scende in campo addirittura Aristotele. "Il cielo – dice – è di necessità uno solo, e non più d'uno". Se il cielo è uno, anche la Terra che è sotto il cielo è una e unici sono i suoi abitanti dotati di intelligenza autocosciente.

La tesi di Aristotele è destinata, come altre parti del suo pensiero, a dominare per un paio di millenni la cultura sulle sponde del Mediterraneo. Ma la Grecia è fucina di pensiero libero e antidogmatico. Così il giovane Epicuro, alla fine del IV secolo, non si fa remore di contrastarla.

L'universo è infinito – spiega Epicuro nell'epistola indirizzata a Erodoto, lo storico – e [in esso] vi è un numero assolutamente infinito di atomi... E ancora, i mondi sono infiniti, sia quelli simili al nostro, sia quelli dal nostro dissimili. Perché gli atomi, che abbiamo testé dimostrato essere infiniti, percorrono anche i più lontani spazi. E in verità quelli opportuni a dare origine ad un mondo o a costruirlo, non possono essere esauriti né da un solo mondo, né da un numero finito di mondi, né da quanti mondi sono simili, né da quanti sono ad essi diversi. Nulla dunque si opporrà a che i mondi siano infiniti. [Epicuro, 1986]

E se infiniti sono i mondi, infinite sono le comunità di esseri viventi dotati di un'intelligenza pari o superiore agli uomini che li abitano.

Anche l'astronomo Aristarco, nato a Samo come Epicuro, una trentina di anni dopo Epicuro, e influenzato, probabilmente, dal pensiero del suo concittadino, immagina un universo infinito. In cui né la Terra, né l'uomo occupano alcuna posizione privilegiata. Anzi Aristarco va sostenendo, insieme al suo discepolo Seleuco, che la Terra ruota, come un pianeta qualsiasi, intorno al Sole. Pochi gli credono, come peraltro capiterà diciotto secoli dopo a un astronomo polacco che, come lui, proporrà il modello eliocentrico. Entrambi, Aristarco e il polacco, saranno accusati di empietà per aver osato rimuovere l'uomo dal centro dell'universo.

Aristarco non è un epicureo in senso stretto. Tuttavia la scuola epicurea riscuote successo per molte e molte generazioni. E, con essa, l'idea dei *molti mondi*. Ecco la versione poetica che di questa visione cosmica ci dà il giovane Tito Lucrezio Caro, nel I secolo a.C.:

> Ora, di atomi la quantità è così grande, quanta
> non potrebbe contarla tutta una vita di un essere vivo,
> e forza e natura rimane la stessa che i vari principi delle cose
> possa gettare nelle loro sedi, in modo simile

> Bruno, "la Terra è della stessa specie della luna"

a come sono stati qui insieme gettati, occorre tu ammetta che esistono altri mondi in altre parti dello spazio, e diverse razze di uomini e stirpi di animali. [Lucrezio, 2005]

Lucrezio è poeta famoso e intellettuale influente. Tuttavia non bisogna credere che siano solo gli epicurei a proporre questa immagine così poco antropocentrica dell'universo. Nell'immaginario e poliedrico salotto intellettuale della Roma del I secolo d.C., ricostruito da Plutarco nel *Della faccia che si scorge nell'orbe lunare*, trovano accoglienza (e pari dignità) le più svariate opinioni sull'universo. Tra queste anche quella, di pitagorica memoria, che attribuisce alla Luna e ai suoi abitanti qualità decisamente superiori a quelle della Terra e dei suoi abitanti. Naturalmente per possedere qualità superiori ai terrestri, gli abitanti della Luna devono possederne una primaria: l'esistenza in vita.

Insomma, lungo tutta la storia della cultura greca e, poi, romana, è sempre presente, anche se non è mai dominante, l'idea, basata su considerazioni razionali, che ETI – l'intelligenza extraterrestre – esista. Che esistano, sparsi per l'universo, altri esseri dotati, come gli uomini, di intelligenza e autocoscienza.

Tuttavia un'ipotesi razionale, logicamente argomentata, non è ancora un'ipotesi scientifica. E se c'è un limite alla cosmologia, nient'affatto antropocentrica, degli atomisti, degli epicurei e di quant'altri immaginano l'universo infinito e la pluralità dei mondi, questa, come rileva Alexandre Koyré, è l'incapacità di legarla a dati osservativi e a teorie matematizzate. Ovvero l'incapacità di trasformare una brillante intuizione in solida scienza.

Nessun rimprovero a quegli antichi scienziati. Ancora oggi la ricerca della vita fuori dalla Terra può contare su pochi dati e teorie incompiute. Ciò non toglie che SETI sia un autentico progetto scientifico.

Tuttavia anche l'altra idea, quella della solitudine cosmica dell'uomo, ha delle fondamenta razionali. Benché si nutra di un certa superbia antropocentrica. Non sosteneva, ancora qualche anno fa, il grande biologo francese Jacques Monod che l'"uomo sa di essere solo nell'immensità indifferente del cosmo" [Monod, 1970]? Fatto è che molti, nella Grecia antica, cominciano a considerare la Terra qualcosa di speciale quando si accorgono, con Anassimandro nel VI secolo a.C.: che la "Terra è isolata nello spazio". Che c'è una soluzione di continuità tra il pianeta su cui l'uomo vive e la volta celeste che interamente lo avvolge. Questa scoperta porta a una conseguenza logica difficile da smantellare. Se la Terra è isolata nello spazio, perché non cade? La prima spiegazione viene quasi spontanea: se non cade è evidente che si trova già nel luogo dove dovrebbe cadere. Si trova già al centro dell'universo. Per la verità questa soluzione non soddisfa Aristotele. Che, però, elabora la sua teoria sulla centralità cosmica del nostro pianeta sulla base di una seconda straordinaria scoperta effettuata dal pensiero razionale dei Greci: la "sfericità della Terra". Una scoperta che Aristotele avvalora sulla base di considerazioni puramente fisiche: è la Luna che ce lo dice. La forma dell'ombra che la Terra proietta sull'astro narrante nel corso delle eclissi è senza dubbio sferica. La narrazione della Luna è avvalorata dal fatto che, quando una nave si approssima all'orizzonte, a scomparire alla vista è prima lo scafo e poi gli alberi.

Queste, che secondo Livio Gratton sono due tra le più grandi scoperte della scienza greca, portano Aristotele a ipotizzare che i corpi cadono perché cercano di raggiungere il centro del mondo [Gratton, 1987]. Quando la Terra, in qualsiasi modo, si è formata, le sue prime componenti hanno raggiunto il centro universale. E le successive, trovando il posto occupato, si sono adattate in una posizione sempre un po' più alta. Per questo motivo la Terra è sferica. Per questo motivo è al centro del mondo. Per questo motivo "deve" restare immobile al centro del mondo. Per questo motivo la Terra e lo spazio separato dalla Terra, il cielo, sono e non possono non essere che unici.

Aristotele non ha a disposizione una teoria della gravitazione universale per spiegare il moto dei corpi. Né la possibilità di osservare il moto della Terra rispetto alle stelle del cielo. Per quanto, ai nostri occhi, la sua cosmologia appaia errata, dobbiamo riconoscere che si basa su una logica rigorosa. La sua ipotesi è puramente razionale. E non è neppure venata da eccessivo antropocentrismo. Il filosofo di Stagira colloca, infatti, le sostanze pure e incorruttibili nel cielo sopra la Luna e le sostanze "sporche" e corruttibili sulla Terra.

La centralità della Terra comporta il modello tolemaico in astronomia: il Sole e i pianeti "devono" ruotare intorno al centro dell'universo. Solo quando il modello viene assunto e fatto proprio dal cristianesimo, diventa supporto e, insieme, spiegazione

L'astro narrante

della centralità e dell'unicità dell'uomo. Che Dio ha posto al centro del creato e del suo progetto salvifico.

Così l'universo fisico e, potremmo dire, laico di Aristotele incontra il modello spirituale della religione dominante in Europa. Nel corso dell'intero Medioevo non si fa davvero un gran parlare di cosmologie alternative. Né di ETI.

Il dibattito che aveva animato le scuole di Atene e i salotti di Roma viene dimenticato. Quando Nicola da Cusa, che lo storico della scienza Alexandre Koyré definisce l'ultimo grande filosofo del morente Medioevo, ne ravvisa le contraddizioni e respinge, nel XV secolo, la cosmologia tolemaica, per proporre l'immagine di un universo "interminato", ovvero senza limiti, privo di un involucro esterno e con larghi tratti di indeterminazione, non fa alcun riferimento né a Lucrezio né ai classici greci [Koyré, 1970]. Quella del cusano non è una riscoperta. Ma una vera scoperta. Una nuova costruzione logica. Con la medesima genialità e i medesimi limiti della costruzione logica degli atomisti e degli epicurei. È, infatti, sulla base di un puro ragionamento, farcito qui e là di indimostrabili atti di fede, che Nicola da Cusa, nel 1440, scrive il suo *De docta ignorantia* e spiega che l'universo "interminato", benché non infinito, non può avere un centro. E che la Terra, come ogni altra sua componente, si muove "benché non appaia". Il nostro pianeta, oltre che *stella mobilis* è anche *stella nobilis*, come il Sole o come la Luna: irradia nello spazio la sua propria luce.

La Terra, nella cosmologia di Nicola da Cusa, non perde, dunque, solo la sua centralità. Ma anche la sua unicità: essa non è né più perfetta, né meno perfetta del Sole, della Luna e del resto del cielo. È un luogo come gli altri. Nell'universo del cusano ogni corpo materiale contiene e riflette tutti gli altri.

Nicola elabora dunque una immagine cosmica sulla base di un coerente "principio di mediocrità". Ci sono tutte le premesse e tutti gli elementi per dedurre che l'universo, "interminato" e privo di gerarchie, deve essere popolato da una pluralità di mondi, tutti uguali anche se tutti differenti, e, quindi, deve essere ovunque abitato. Ciò non significa che tutte le intelligenze cosmiche siano uguali. Al contrario, c'è una grande diversità. Per esempio, gli abitanti del Sole e della Luna, sostiene Nicola, sono più in alto degli uomini nella scala della perfezione. Essendo meno materiali e meno appesantiti dalla carne, hanno più spiccate capacità intellettuali e una più profonda spiritualità. Tuttavia, non bisogna disprezzare i terrestri. Perché non si può dire che:

> questo luogo del mondo sia abitato da uomini, animali e vegetali di grado più ignobile di quelli che risiedono nella regione del Sole e delle altre stelle.

Infatti, "anche se esistono sulle altre stelle abitanti di altro genere", con doti spirituali superiori: "L'uomo non desidera un'altra natura, ma soltanto di essere perfetto nella propria".

Nicola da Cusa, dunque, riapre alla fine del Medioevo, il dibattito su ETI. E anticipa molti degli argomenti utilizzati oggi a favore dell'esistenza di intelligenze extra-terrestri. In un universo illimitato, governato da un principio di mediocrità, devono esistere molti mondi simili alla Terra e, come la Terra, abitati da esseri intelligenti. Nicola, come molti studiosi contemporanei, sostiene inoltre che queste civiltà aliene debbano essere, mediamente, più progredite delle civiltà terrestri. Anche se il metro con cui egli misura il grado di sviluppo è la spiritualità, mentre noi tendiamo a utilizzare il metro, forse meno impegnativo, della tecnologia.

Nicola da Cusa è una voce rara, ma non isolata nella cultura europea che si appresta a uscire dal medioevo. Ci sono altri che iniziano a maturare e ad ampliare le sue idee. Per esempio Marcello Stellato Palingenio, al secolo Pier Angelo Mauroli da La Stellata, che nel 1534 pubblica, a Venezia, lo *Zodiacus vitae*, un poema didascalico destinato a notevole fama e diffusione. Che sarà letto in tutta Europa: tradotto in inglese, francese e tedesco. Il poema avrà grande successo tra i protestanti e sarà messo all'Indice, nel 1558, quindici anni dopo la morte dell'autore, dai cattolici. "La terra e il mare contengono molti animali: e si deve credere vuoto il cielo?", chiede a chi sostiene l'unicità cosmica dell'intelligenza umana. "O menti vuote piuttosto voi, che credete questo!".

Palingenio, più che nell'infinità dell'universo, nega la finitezza della creazione di Dio. E invoca quella che Arthur Lovejoy chiamerà il "principio di pienezza": ovunque è possibile nel cosmo nascono la vita e l'intelligenza. Così, sostiene Palingenio:

> ... anche l'etere ha i suoi cittadini, e le singole stelle sono le città del cielo, e le sedi degli dei. Colà si trovano re e popoli...

> Anche Palingenio indulge a credere nella superiorità di ETI. E continua: "... ma re e popoli veri, ogni cosa vera: non, come costà, ombre e simulacri di cose...".

Il successo del libro e delle idee di Marcello Stellato Palingenio dimostrano che i tempi sono ormai maturi per la prima, vera spallata all'angusto universo geocentrico e per la nascita di una nuova cultura. Una cultura scientifica.

La dirompente novità giunge, come abbiamo detto, da Norimberga, il 24 maggio del 1543, quando Andrea Osiander accetta finalmente la sfida dello scandalo e, pur premunendosi contro le *rabies theologorum* decide di pubblicare il prezioso libro, *De Revolutionibus Orbium Caelestium*, scritto da un amico giunto proprio quel giorno al termine della sua vita, Niccolò Copernico da Toruń. Con quel piccolo saggio e con la sola forza della ragione, anche questo lo abbiamo già detto, l'astronomo polacco osa rimuovere, nientemeno, la Terra e, quindi, l'uomo dal centro del cosmo. Non sono il Sole e i pianeti a ruotare intorno alla Terra, sostiene Copernico, ma è la Terra, come gli altri pianeti, a ruotare intorno al Sole.

Si tratta di un evento davvero importante nella storia dell'umanità. Perché, come scrive Alexandre Koyré, la pubblicazione del libro:

> segna la fine di un mondo e la nascita di un mondo nuovo. [...] segna la fine di un periodo che abbraccia insieme il Medioevo e l'Antichità. Dopo Copernico, e solo dopo Copernico, l'uomo non è più al centro del mondo. L'universo non ruota più per lui.

Certo non è la prima volta che qualcuno propone questa rimozione che, di lì a un secolo, sarà considerata eversiva. Addirittura eretica. Ma è la prima volta che la rimozione viene proposta non solo sulla base di argomentazioni logiche, ma anche sulla base di dimostrazioni matematiche. Dimostrazioni che appaiono incomprensibili ai contemporanei: "Mathemata mathematicis scribuntur", lasciamo la matematica a chi la scrive, alzano le spalle i filosofi scolastici. Solo Filippo Melantone coglie, immediatamente, la portata storica e dirompente della tesi copernicana. Ma occorrerà attendere Giordano Bruno perché l'intuizione di Melantone diventi senso comune e le *rabies theologorum* cessino di essere una metafora e diventino una minaccia mortale. Ma di Giordano Bruno parleremo tra poco. Per ora constatiamo che, benché rivoluzionario, l'universo copernicano resta finito. E immutabile. Proprio come l'universo di Aristotele e di Tolomeo. Piuttosto stretto per ospitare ETI.

L'universo di Copernico sembra angusto anche ai copernicani. E, infatti, già nel 1576 l'inglese Thomas Digges immagina "... l'orbe delle stelle fisse [che] si estende infinitamente verso l'alto". Tuttavia Digges separa l'universo, infinito, delle stelle fisse da quello, finito, degli oggetti materiali. Cosicché occorre attendere il 1584, prima che qualcuno, facendo leva sul modello astronomico di Copernico, proponga l'infinità e l'isotropia dell'universo fisico. Questo qualcuno è il nostro Giordano Bruno da Nola. Che in quell'anno, a Londra, pubblica due libri, *La Cena delle Ceneri* e *De l'infinito universo e mondi*, in cui sostiene che l'universo:

> è un infinito campo e spacio continente, il quale comprende tutto e penetra il tutto. In quello sono infiniti corpi simili a questo [la Terra, n.d.a.], dei quali l'uno non è più in mezzo de l'universo che l'altro, perché questo è infinito, e però senza centro e senza margine; benché queste cose convengano a ciascuno di questi mondi.

Giordano Bruno immagina infiniti sistemi planetari. E più tardi, nel *De immenso*, preciserà:

> Sono dunque soli innumerabili, sono terre infinite, che similmente circuiscono quei soli, come veggiamo questi sette circuire questo sole a noi vicino.

Nell'universo, infinito e senza centro, dunque, tutto si muove "compresa questa stella che è la Terra". E *infiniti mondi* esistono simili alla Terra. La causa di questa necessaria infinità risiede nella potenza infinita di Dio. Solo un Dio dalla potenza finita avrebbe creato un universo finito e un numero di mondi finito. Per questa medesima ragion sufficiente gli *innumerabili mondi* contengono innumerabili individui e innumerabili modalità di intelligenza extra-terrestre.

L'idea che non siamo soli nell'universo trova, dunque, nel filosofo di Nola un grande sostenitore. Con Bruno l'idea di ETI fa leva, per la prima volta, su una base scientifica: il modello astronomico di Copernico.

> Bruno, "la Terra è della stessa specie della luna"

"Io Zuane Mocenigo dinunzio...". Nel 1592 il nobile veneto denuncia alla Santa Inquisizione l'ospite che ha in casa perché gli ha sentito dire che

> il mondo è eterno, e che sono infiniti mondi, e che Dio ne fa infiniti continuamente, perché dice che vuole quanto che può.

Anche per questo il nolano viene imprigionato, giudicato e condannato al rogo. Con la condanna eseguita in Campo dei Fiori, a Roma, il 17 febbraio del 1600 viene messo al rogo il primo e, forse, l'unico martire nella storia di SETI.

Galileo, il *Sidereus Nuncius*

> *Appena Galileo Galilei si mette a parlare della luna innalza la sua prosa a un grado di precisione ed evidenza ed insieme di rarefazione lirica prodigiose.*
>
> Italo Calvino

Avviso Astronomico

Il 12 marzo 1610 a Venezia presso la tipografia di Tommaso Baglioni il fiorentino Galileo Galilei, professore di matematica a Padova, pubblica un:

> **Avviso Astronomico**
> Che contiene e spiega osservazioni di recente condotte con l'aiuto di un nuovo occhiale sulla faccia della Luna, sulla Via Lattea e le nebulose, su innumerevoli stelle fisse, e su quattro pianeti detti Astri Medicei non mai finora veduti. Grandi invero sono le cose che in questo breve trattato io propongo alla visione e alla contemplazione degli studiosi della natura. Grandi, dico, sia per l'eccellenza della materia per se stessa, sia per la loro novità non mai udita in tutti i tempi trascorsi, sia per lo strumento, in virtù del quale quelle medesime cose si son rese manifeste ai nostri sensi.

Il *Sidereus Nuncius* è contenuto in un piccolo libro, 56 pagine, tirato in poche copie, non più di 550 copie. Ma la stampa di quel piccolo libro costituisce per dirla, con Ernst Cassirer, "una svolta in cui le epoche si dividono" [Cassirer, 1963]. Sia perché il resoconto di fatti "non mai finora veduti" è destinato a cambiare per sempre il modo di concepire la realtà nella quale viviamo. Sia perché quello di Galileo per mezzo del "nuovo occhiale" costituisce il primo sguardo profondo lanciato dall'occhio con cui l'universo, dopo miliardi di anni di incubazione evolutiva, ha imparato a osservare se stesso [Weisskopf, 1992].

La Luna "vista" da Galileo

Nel dare a tutti – e in principal modo ad astronomi e filosofi – l'annuncio astronomico sulle "cose mai finora vedute" per mezzo "di un nuovo occhiale", Galileo si mette a parlare immediatamente della Luna. Perché è sulla faccia della Luna, oltre che nella lontana galassia e nello spazio intorno a Giove, che il fiorentino ha osservato le cose più significative. E nel parlare della Luna Galileo innalza subito "la sua prosa a un grado di precisione ed evidenza ed insieme di rarefazione lirica prodigiose" [Calvino, 2002].

> Bellissima cosa e mirabilmente piacevole, vedere il corpo della Luna, lontano da noi quasi sessanta raggi terrestri, così da vicino come distasse solo due di queste dimensioni; così che si mostrano il diametro stesso della Luna quasi trenta volte, la sua superficie quasi novecento, il volume quasi ventisettemila volte maggiori che quando si guardano a occhio nudo: e quindi con la certezza della sensata esperienza chiunque può comprendere che la Luna non è ricoperta da una superficie liscia e levigata, ma scabra e ineguale, e, proprio come la faccia della Terra, piena di grandi sporgenze, profonde cavità e anfratti.

Il *Sidereus Nuncius* è insieme una grande opera scientifica – un'opera che contribuisce a fare di Galileo uno dei più grandi fisici di ogni tempo – e una grande opera letteraria – un'opera che contribuisce a fare di Galileo uno dei più grandi scrittori italiani di ogni tempo.

E in quest'opera che addirittura divide le epoche è la Luna più che mai l'"astro narrante". Perché è la Luna il primo oggetto nel cielo verso cui il fisico punta il cannocchiale.

> lasciate le terrestri, mi volsi alle speculazioni del cielo; e primamente vidi la Luna così vicina come distasse appena due raggi terrestri.

È dunque sulla Luna che primamente Galileo "vede cosa mai prima vedute". Ed è la Luna il primo oggetto che dal cielo gli restituisce una nuova narrazione del cosmo. Attirando l'attenzione di "tutti quanti amano la vera filosofia". E suscitando la reazione di coloro che invece la odiano.

Osservata col nuovo occhiale, la Luna parla. E Galileo ne restituisce le parole con linguaggio asciutto e preciso. La Luna parla in primo luogo del suo volto, di come appare, della sua luminosità e delle sue macchie, riprendendo il tema e la narrazione raccolti da Plutarco e Dante. Ma le parole, questa volta, hanno una forza affatto nuova. La forza dell'evidenza.
E della definizione di dettaglio. La prima osservazione che Galileo riporta riguarda sì le parti luminose e quelle più opache della Luna. Ma tra le aree lucenti e le macchie scure di cui parla non sono solo quelle visibili a occhio nudo e osservate da tutti fin dai tempi più remoti. Ce ne sono anche altre e distribuite in maniera imprevista. Rispetto, per esempio, alle macchie "grandi e antiche", viste da tutti, lui ne vede in aggiunta di

> minori per ampiezza ma pure così frequenti da coprire l'intera superficie lunare, soprattutto la parte più luminosa: e queste non furono viste da altri prima di noi.

Non è scoperta banale il fatto che sul volto della Luna vi siano piccole e frequenti macchie, accanto a quelle "grandi e antiche". Né è banale che queste minute macchie costellino non solo le parti scure, ma anche le aree più luminose. E infatti sulla base di queste osservazioni, ripetute "più e più volte", Galileo ricava subito una precisa e clamorosa convinzione:

> che la superficie della Luna non è levigata, uniforme ed esattamente sferica, come gran numero di filosofi credette di essa e degli altri corpi celesti, ma ineguale, scabra e con molte cavità e sporgenze, non diversamente dalla faccia della Terra, variata da catene di monti e profonde valli.

È la medesima convinzione di Giordano Bruno. È il medesimo volto della Luna descritto da Ariosto. Ma con una differenza. Bruno ha immaginato che la Luna sia della stessa specie della Terra. Galileo lo vede.

Ariosto ha immaginato la scabrosità della Luna. Ha fantasticato di monti e valli e anfratti della Luna. Galileo li vede coi propri occhi. Vede e descrive le albe luminose e gli splendidi tramonti. Vede che la superficie lunare è persino più scabrosa di quella terrestre. Con valli più profonde e montagne più alte. Sulla base dei dati osservati ne calcola persino l'altezza. Galileo vede le ombre che si formano tra le valli e dietro gli altissimi monti. Osserva come, nel corso della giornata, quelle ombre si accorciano e si allungano. E verifica che – a causa della diversa esposizione alla luce del Sole – quelle ombre si accorciano e si allungano proprio come succede sulla Terra. Sulla Luna valgono, dunque, le medesime leggi fisiche. La Luna è davvero della stessa specie della Terra.

Eccola, dunque, la prima e grandissima novità. Con il *Sidereus Nuncius* la Luna diventa definitivamente della stessa specie della Terra. L'osservazione diretta di quei monti e di quelle valli, di quegli anfratti e di quelle ombre spazza via per sempre la plurimillenaria visione cosmica di Aristotele.

Non sempre, tuttavia, l'osservazione consente di giungere a conclusioni fondate. I sensi possono ingannare. E anche le deduzioni logiche. Galileo applica le leggi di simmetria cosmica appena scoperte per sostenere che, come sulla Terra, le parti luminose della Luna appartengono alla superficie solida e le parti più scure sono mari e oceani. Oggi noi sappiamo che non ci sono mari e oceani sulla Luna e che l'inferenza è stata perlomeno imprudente. Ma il principio che la Luna sussurra a Galileo e che Galileo subito rilancia, quello è corretto: non c'è soluzione di continuità dalle mie parti, la fisica sulla Luna e sopra la Luna è la stessa fisica che vale sulla Terra, nel mondo sublunare.

Galileo coglie dunque una "parentela e similitudine tra la Luna e la Terra" totale. La simmetria è limpida e perfetta. Anche nella capacità di riflettersi reciprocamente la luce. Infatti

> la Terra, grata, rende alla Luna luce pari a quella che essa stessa dalla Luna riceve per quasi tutto il tempo nelle tenebre più profonde della notte.

Conclusione cui Galileo giunge con puntuali argomentazioni astronomiche ed effettuando, probabilmente, un esperimento mentale che come sappiamo non è nuovo. Immagina sé stesso, come Dante e Astolfo, sulla Luna. E immagina come da lassù vedrebbe la Terra: tonda e luminosa, proprio come noi vediamo la Luna. Perché la Terra, grata, restituisce alla Luna la luce riflessa del Sole proprio come la Luna la invia alla Terra. E la luce riflessa della

Terra contribuisce a rischiarare le notti lunari proprio come la luce riflessa della Luna contribuisce a rischiarare le notti terrestri.

Dalla Luna, pensa, si vedrebbero anche le fasi terrestri, con tanto di Terra piena, Terra calante, Terra buia e Terra crescente. Questa relazione tra "i due globi" è simmetrica, ma non sincronica. A Luna piena, calcola Galileo, deve corrisponde Terra buia, a Luna calante deve corrispondere Terra crescente.

Perché questa relazione è tra i due globi: quando la Terra è maggiormente illuminata dalla Luna, la Luna riceve dalla Terra minor luce e viceversa.

L'esperimento mentale di Galileo è una nostra pura invenzione. Ma i risultati di questo esperimento sono proprio quelli che Galileo affida alle scarne pagine del *Sidereus*. E si tratta di risultati così rivoluzionari che Galileo annuncia di volerli riprendere e discuterli più diffusamente in un futuro libro, il *Sistema del mondo*. Libro in cui, promette, approfondirà proprio i temi relativi alla novità di quel "sistema del mondo" che ha scoperto e che risulta informato dai principi di omogeneità e simmetria emersi dalle prime osservazioni della Luna. Ma Galileo ha già le idee molto chiare: quei primi sussurri della Luna vista da vicino propongono una nuova immagine della Terra. Un'immagine copernicana. Nel nuovo libro, infatti,

> con molteplici ragionamenti ed esperienze si mostrerà validissima la riflessione della luce solare operata dalla Terra a coloro che van dicendo si debba escluderla dal novero degli astri erranti soprattutto perché non ha moto e luce; e dimostreremo che gira e supera lo splendore della Luna, e non è sentina delle terrestri sordidezze e brutture; questo confermeremo con infinite ragioni naturali.

Il *Sidereus Nuncius*

Forse, come sostiene Paolo Rossi:

> Non c'è, in Europa, un "luogo di nascita" di quella complicata realtà storica che chiamiamo oggi *scienza moderna*.

Perché, semplicemente, "quel luogo è l'Europa" stessa [Rossi, 1997].
C'è però, probabilmente, una "data di nascita" della scienza moderna. Quella data è il 12 marzo 1610[1], giorno in cui Galileo Galilei lancia il suo *Sidereus Nuncius* e pubblica, presso la modesta tipografia di Tommaso Baglioni a Venezia, il prototipo di quello che Andrea Battistini definisce

> un genere letterario nuovo che in seguito avrebbe goduto di una fortuna ininterrotta, il rendiconto scientifico con cui si comunicava (trasparente il significato di *Nuncius*) il riassunto di fenomeni fino allora ignoti, esposti con quella prosa incisiva, agile nel ragionamento ed economica nell'argomentazione, che tanto è piaciuta al Calvino delle *Lezioni americane*. [Battistini, 1993]

Già, perché la data d'inizio della *nuova scienza*, a nostro modesto avviso, non coincide tanto con il momento in cui Galileo si imbatte in quei

> grandi e oltremodo mirabili spettacoli [...], col cannocchiale da lui da poco inventato, osservati nella faccia della Luna, in innumerevoli fisse, nella Via Lattea, nelle Stelle Nebulose, e in primo luogo in quattro pianeti intorno alla Stella di Giove [...] [spettacoli] grandi, dico, sia per l'eccellenza della materia per se stessa, sia per la novità loro non mai udita in tutti i tempi trascorsi, sia anche per lo strumento, in virtù del quale quelle cose medesime si sono rese manifeste al senso nostro

effettuati nell'autunno del 1609 e nel rigido inverno del 1610 [Galilei, 1993].

La data d'inizio della *nuova scienza* coincide con il momento in cui Galileo "apre, ed espone allo sguardo d'ognuno e in special modo di filosofi e astronomi" quegli spettacoli "grandi invero". Perché è solo a partire da quel giorno, il 12 marzo 1610, che le

---

[1] Andrea Battistini indica, per la verità, il 13 marzo come data della pubblicazione del *Sidereus Nuncius*. Ma la gran parte dei biografi di Galileo, da Stillman Drake o Ludovico Geymonat, sostengono che il libro fu stampato il giorno prima. Il 12 marzo, appunto.

osservazioni di "Galileo Galilei, patrizio fiorentino, dello Studio Padovano Pubblico Matematico" vengono a conoscenza "in special modo" del ristretto pubblico degli esperti "filosofi e astronomi", ma anche "d'ognuno" del grande pubblico dei non esperti, che le possono così ripetere, confutare, interpretare.

È solo in quel momento che i "grandi e oltremodo mirabili spettacoli" osservati dal patrizio fiorentino cessano di essere un affare privato di Galileo Galilei e diventano, appunto, scienza. Anzi, *nuova scienza*.

Ricostruiamo, per sommi capi, la vicenda.

Nella primavera del 1609 giunge a Padova, proveniente dai Paesi Bassi, la notizia che è stato messo a punto e presentato a Maurizio di Nassau, principe d'Orange e *statolder* delle province di Olanda e Zelanda, un nuovo strumento tecnologico, un *occhiale* "col quale le cose lontane si vedono così perfettamente come se fussero state molto vicine" [Galilei, 1992]. Venezia è un mercato molto ricco e gli artigiani di Murano sono noti per la loro capacità di fare meraviglie con il vetro. Ed è ricorrendo, probabilmente, alle lenti messe a punto da questi maestri vetrai e all'aiuto del fidato Marcantonio Mazzoleni, l'abile artigiano col quale ha allestito un laboratorio/officina in un locale adiacente alla sua casa, che nell'estate del 1609 Galileo Galilei cerca di costruire da sé nella sua dimora patavina il nuovo strumento.

Galileo conosce l'ottica[2]. E, in più, è un tecnologo così valente da essere piuttosto richiesto, dalle pubbliche autorità come da privati cittadini. La sua abilità è tale che, nei diciotto anni passati a Padova, è venuto assumendo un doppio ruolo istituzionale, raro in Italia (ma frequente in Germania): quello di docente universitario e di consu-

---

[2] In realtà molti storici e lo stesso Keplero ritengono che Galileo non abbia approfondito a sufficienza la fisica ottica e non abbia dato, in questo campo, contributi originali. Ciò non toglie che, sebbene non l'abbia innovata, conosca bene l'ottica del suo tempo. Inoltre è certo che già nel Medioevo gli artigiani ottenevano dal vetro lenti per correggere la vista e che questi fenomeni ottici sono stati oggetto di approfondimento sia da parte del napoletano Giovanni Battista della Porta (che ne parla nel XVII libro del *Magia naturalis* del 1589), sia dall'inglese John Dee, sia dallo stesso Keplero, che affronta i temi dell'ottica nel libro *Ad Vitellionem* paralipomena del 1604. Sia della Porta che Keplero dimostrano di possedere le conoscenze sufficienti per giungere a realizzare un cannocchiale. Tuttavia non lo fecero [Geymonat, 1969].

L'astro narrante

lente tecnico e scientifico della Repubblica [Bucciantini, 2003]. Insomma, le autorità politiche veneziane e privati più o meno facoltosi della Serenissima città lo conoscono e lo consultano. Forse Galileo è fin troppo conosciuto e consultato se, alla fine, sbotta per quel dover "dispensare [...] talento [...] a minuto alle richieste di ogn'uno" e dover "consumar diverse hore del giorno, et bene spesso le migliori, [...] a richiesta di questo e di quello" [Galilei, 1890]. Tutte queste minute distrazioni nel corso di diciotto anni lo hanno reso famoso tra Padova e Venezia, ma lo distolgono dagli studi seri e approfonditi cui vorrebbe dedicarsi a tempo pieno.

La perizia tecnica, tuttavia, non è mai vana. Galileo, con l'aiuto di Mazzoleni, riproduce e migliora il cannocchiale olandese – tanto che il suo *occhiale* diventa subito "superiore a tutti gli strumenti dello stesso tipo che circolavano in Europa" [Festa, 2007] – e il 21 agosto del 1909 annuncia, con una lettera al Doge, di essere pronto a mettere al servizio della Serenissima repubblica la nuova meraviglia della tecnica, soprattutto per lo "straordinario benefizio" che a Venezia può derivarne qualora la utilizzasse, quella meraviglia, a fini militari. D'altra parte tre giorni dopo, il 24 agosto, il Doge Leonardo Donato e l'intero Serenissimo Senato possono verificare, "con infinito stupore" dai "più alti campanili" della città, la capacità di quello strumento che da San Marco, ricorda estasiato un testimone, consentiva di discernere "quelli che entravano et uscivano di chiesa di San Giacomo di Muran" [Galilei, 1890].

L'ammirata riconoscenza delle autorità politiche di Venezia è tale, che, nel giro di ventiquattro ore, il 25 agosto 1609, Galileo si vede ricevere un incarico a vita e aumentare lo stipendio da 520 a 1.000 fiorini. Anche se solo alla scadenza del contratto in corso e senza possibilità di ulteriori aumenti.

E, tuttavia, fino a questo momento lo strumento tecnologico perfezionato (non inventato) da Galileo non ha fornito nulla alla scienza. Né lui, Galileo, gode di una particolare fama scientifica fuori dalla ristretta cerchia accademica. Anche perché, finora, non ha scritto, o meglio non ha reso pubblico, molto di quanto ha fatto e di quanto ha intuito. Finora, figlio di Vincenzio e di Giulia Ammannati, docente di matematica presso l'università di Padova, copernicano, 45 anni ben portati, Galileo non è ancora Galileo.

Sia ben chiaro, il fiorentino ha già conseguito risultati importanti per lo sviluppo del pensiero scientifico, soprattutto nel campo del moto, elaborando una nuova e decisiva filosofia naturale intorno al concetto di inerzia, di relatività, di caduta dei gravi. E tuttavia il suo nome, in Europa, è conosciuto in una cerchia tutto sommato ristretta di esperti. Galileo Galilei è sconosciuto alle grandi masse.

In ogni caso, sarà stato l'annuncio dell'aumento di stipendio che libera dalle preoccupazioni la mente più che le effettive "hore del giorno", sarà stata l'ennesima intuizione geniale, fatto è che nel successivo autunno 1609 e poi nell'inverno 1610 Galileo decide di passare "la maggior parte delle notti [...] più al sereno et al discoperto, che in camera o al fuoco" [Galileo, 1890]. Insomma, decide di fare quello che nessun altro prima di lui ha fatto con discernimento: puntare il telescopio verso il cielo.

Il cannocchiale è, senza dubbio, uno strumento che consente di "potenziare gli occhi". Tuttavia non basta avere occhi più potenti per leggere più in profondità il "grandissimo libro, che essa natura continuamente tiene aperto". Occorre anche sapere guardare. E interpretare[3]. Come sostiene lo stesso Galileo, per leggere il libro della natura occorre avere "occhi nella fronte e nel cervello" [Galileo, 1890]. Lui, quegli occhi nella fronte e, soprattutto, nel cervello, li ha. E, alzando il cannocchiale verso il cielo, scopre detto che la Luna non ha la superficie levigata e lucida, come molti da molto pensano, ma al contrario è aspra e scabrosa, e che non c'è differenza qualitativa tra cielo e Terra, come sosteneva la cosmologia aristotelica. Scopre, come abbiamo detto, la simmetria cosmica della fisica.

Sulla Terra, sosteneva lo Stagirita, tutto è costituito da quattro essenze (acqua, terra, aria e fuoco). In cielo tutto è costituito da una *quinta essentia* (l'etere) solida, cristallina, trasparente, imponderabile e inalterabile. Sulla Terra tutto è imperfetto, greve, mutevole e corruttibile. E la fisica terrestre è la fisica di questo mondo imperfetto, greve, mutevole e corruttibile. Nei cieli vige un'altra fisica. Lì tutto è perfetto, incorruttibile e regolare. E la fisica è quella della perfezione dei moti, della incorruttibilità, della eternità. Con la loro natura (*quinta essentia*) e con i loro moti regolari e circolari, il Sole, i pianeti, la Luna che si muovono nel cielo di Aristotele sono una manifestazione di quest'altra fisica, della fisica perfetta dei cieli.

---

[3] Sul significato, affatto nuovo, del concetto di interpretare la realtà vista al telescopio e sul significato epistemologico dell'uso del telescopio si veda [Minazzi, 1994].

> E, invece, Galileo vede coi propri occhi che il paesaggio lunare è affatto simile al paesaggio terrestre. La Luna non è una sfera cristallina liscia e perfetta. Con i suoi monti e le sue valli, le sue "protuberanze" e le sue "cavità", è un oggetto bitorzoluto, aspro e ineguale, del tutto simile al nostro pianeta. Le macchie lì sulla Luna non sono dovute a una variazione di densità di una materia eterea, ma impasti del tutto simili a quelli che acqua, terra, aria e fuoco caoticamente generano qui sul nostro corruttibile pianeta.
> I corpi celesti, quindi, non hanno quella natura assolutamente perfetta ipotizzata da Aristotele. Ma hanno la medesima, imperfetta natura della Terra.
> Da queste considerazioni; dall'osservazione che la Terra brilla come tutte le *stelle erranti* (i pianeti) perché riflette sulla Luna una parte della luce che riceve dal Sole, proprio come la Luna riflette sulla Terra una parte della luce che riceve dal Sole; dalle osservazioni che poi farà studiando, alcuni mesi dopo, le fasi di Venere e le macchie solari, discende che l'asimmetria della fisica di Aristotele deve essere ricomposta. C'è un'unica, identica fisica per spiegare i fenomeni che avvengono in ogni parte del cosmo. L'unità e l'omogeneità dell'universo "scoperte" da Galileo con l'osservazione della natura "terrestre" della Luna e, poi, nel 1612 con l'osservazione delle fasi di Venere e delle macchie solari, non distrugge solo la cosmologia aristotelica (e quella tychoniana), ma con il suo principio di mediocrità (non ci sono luoghi speciali nel cosmo), rilancia e corrobora con osservazioni cruciali l'indigesta cosmologia di Giordano Bruno, il nolano che evidentemente a torto Brahe definiva il "Nullano", fondata sull'idea di un universo omogeneo e infinito.
> Poi Galileo scopre
>
>> una moltitudine di stelle fisse non mai più vedute, che sono più di dieci volte tante, quante quelle che naturalmente son visibili.
>
> Aprendo la prospettiva alla scoperta di nuovi mondi. Aprendo il passaggio, per dirla con Alexandre Koyré, dal mondo chiuso all'universo infinito [Koyré, 1970]. Già, perché le stelle, anche quando le guardi al cannocchiale, restano "mai terminate da un contorno circolare", insomma restano puntini sia pure "molto scintillanti", mentre i pianeti "presentano i loro globi perfettamente rotondi e

definiti", simili a piccole e rotonde lune. E tutto ciò indica che la distanza che separa la Terra dalle stelle fisse è immensamente più grande di quella che la separa dai pianeti. Tra il sistema planetario e le stelle fisse c'è, dunque, uno spazio così grande da apparire infinito. Infinito proprio come aveva sostenuto Giordano Bruno, il filosofo-poeta arso vivo dieci anni prima in Campo de' Fiori a Roma.

Infine, meraviglia "che eccede tutte le meraviglie", Galileo scopre che intorno a Giove ruotano quattro lune: "l'evento più importante riportato nel suo *Sidereus Nuncius*" [Drake, 1992]. Non tutto in cielo ruota, dunque, intorno alla Terra. E quindi il pianeta che ospita l'uomo perde *ipso facto* ogni possibilità di essere considerato il centro assoluto dell'universo fisico.

Certo, tecnicamente potrebbe restare in piedi il modello di Tycho Brahe. Ma non c'è dubbio che la scoperta delle lune di Giove comporta un cambiamento di statuto dell'ipotesi eliocentrica di Copernico. Che non può più essere considerata un mero artificio matematico per far quadrare i conti, ma si candida prepotentemente e diventare un modello che rappresenta la realtà naturale. Una realtà in cui l'umanità non è più, fisicamente, al centro del Creato.

Il gesto di puntare il cannocchiale verso il cielo – un gesto semplice, ma che Paolo Rossi acutamente definisce di grande coraggio intellettuale [Rossi, 1997] – ha dunque conseguenze davvero sconvolgenti:

> i monti e le valli della luna, la moltiplicazione impressionante del numero delle stelle, l'individuazione del tutto inattesa dei satelliti di Giove si [rivelano] subito a Galileo la dimostrazione sperimentale risolutiva per abbattere il paradigma aristotelico-tolemaico. [Battistini, 1993]

L'invenzione del cannocchiale a opera degli olandesi e il suo perfezionamento a opera di Galileo non sono, come rileva Vasco Ronchi, episodi degni di particolare ammirazione [Ronchi, 1958]. La grandezza di tutta la vicenda sta, come sostiene Ludovico Geymonat, nella fiducia che Galileo concede al nuovo strumento tecnologico e, soprattutto, nella sua capacità di diffondere tale fiducia tra i suoi contemporanei [Geymonat, 1969].

Galileo ha chiara la grandezza delle osservazioni effettuate. E delle loro enormi implicazioni. Così non solo rende "infinitamente" grazie a Dio perché si è "compiaciuto di far me solo primo osservatore di cosa così ammirando, e tenuta a tutti i secoli occulta", come scrive già il 30 gennaio 1610 in una lettera a Belisario Vinta, ma comprende immediatamente di poter costruire una nuova cosmologia, non più fondata su prove logiche, ma sulla "certezza che è data dagli occhi", che consente di risolvere "tutte le dispute che per tanti secoli tormentarono i filosofi", liberandoci una volta e per sempre "da verbose discussioni".

Galileo comprende che ora e solo ora la visione copernicana dei cieli cessa di essere una speculazione come le altre e diventa una teoria scientifica. Che ora e solo ora c'è la prova provata, "sensatamente provata", che Copernico e Keplero hanno "creduto e filosofato bene", come scrive in una lettera a Giuliano de' Medici il primo gennaio 1611. Che ora e solo ora è diventato filosofo, ma in senso nuovo, perché, come rileva Eugenio Garin, "vede" che il mondo non è quello di Aristotele [Garin, 1993]. "Vede" che i cieli non sono quelli tolemaici.

A questo punto Galileo morde il freno. Ha visto "cose mai viste" prima. Ha capito che quelle sue "sensate osservazioni" modificano il "sistema mondo" e, ancor di più, la maniera stessa di vedere il mondo. E ha fretta. "La fretta di battere tutti sul tempo", come rileva Andrea Battistini.

Ma battere tutti sul tempo in che cosa se non nel dare pubblica notizia di quei "grandi, e oltremodo mirabili spettacoli" e, facendo questo, rivendicare a sé la primazia di quella scoperta "grande invero"?

Galileo scrive furiosamente di giorno, mentre di notte continua a scrutare il cielo. L'osservazione e la sua narrazione si rincorrono per due mesi a un ritmo insospettato. Ma quando il 30 gennaio 1610 tutto è pronto, le osservazioni ormai sufficienti e il manoscritto ultimato, il fiorentino ha difficoltà a trovare qualcuno disposto a pubblicarglielo. Deve, così, rivolgersi a quello che noi oggi chiameremmo un piccolo editore: Tommaso Baglioni, tipografo in Venezia, che ha iniziato da poco la sua attività e vanta, ancora, un modesto catalogo.

Il libro, con una veste editoriale essenziale "per le angustie del tempo", "sciolta" da rilegatura "et ancora bagnata" d'inchiostro, esce dalla tipografia Baglioni il 12 marzo 1610 con una tiratura di 550 copie. Dopo una settimana risulta già introvabile. Mai successo fu più meritato. Quel "libro di poche pagine – scrive Enrico Bellone, destinato a esercitare – nella cultura del Seicento, un ruolo imponente […] può essere a ragion veduta considerato come uno dei libri più importanti che mai siano stati scritti" [Bellone, 1998]. Perché, conferma Charles Singer: "Non esistono in tutta la letteratura scientifica ventiquattro pagine che più di quelle siano ricche di rivelazioni" [Singer, 1961].

Insomma, Galileo ha scritto un libro che inaugura un'epoca.

Ma qual è l'idea veramente nuova distillata in quelle ventiquattro facciate (in realtà 56 pagine) "ricche di rivelazioni", che si propongono come una delle opere più importanti mai realizzate dall'uomo? L'intuizione che ha avuto Galileo di puntare verso il cielo il suo cannocchiale? Non esattamente. Perché, come scrive Enrico Bellone, l'idea "di usare il telescopio per compiere ricerche astronomiche non [è] merito esclusivo dell'autore del *Sidereus Nuncius*" [Bellone, 1998]. Il francese Pierre de l'Estoile ha già esaminato, nel 1608, la possibilità di studiare il cielo col telescopio. L'inglese Thomas Hariot lavora, nell'estate del 1609, al progetto di redigere una mappa della Luna. E Symon Mayr pretenderà di aver preceduto Galileo nella scoperta del sistema di Giove.

D'altra parte l'idea stessa dell'imperfezione della Luna non è nuova. Ne parlavano già, al tempo dei Greci, Eraclito e Plutarco. E più di recente, pur non possedendo il cannocchiale, non erano forse rimasti colpiti Michael Maestlin e lo stesso Johannes Kepler dalla profonda somiglianza tra alcune regioni della Luna e alcune regioni della Terra?

E allora, qual è il carattere che rende straordinario il *Sidereus*? L'osservazione, con quegli "occhi nel cervello" che altri non hanno mostrato di possedere, di "cose mai viste" prima? Certo. Ma non solo. Perché non è l'atto in sé di osservare il cielo, sia pure con "gli occhi nella fronte e nel cervello", che costituisce il gesto di "grande coraggio intellettuale" di cui parla Paolo Rossi. La grandezza di Galileo sta nel puntare il cannocchiale verso il cielo *e* "giungere per primo a un insieme di grandi scoperte" *e* nell'idea di "pubblicarne un resoconto nel volgere di poche settimane" [Bellone, 1998].

È con questo combinato disposto di osservazione originale *e* pronta pubblicazione che Galileo introduce nella storia dell'umanità, come dice Cassirer, "una svolta in cui le epoche si dividono". È questo combinato disposto di intuizione, osservazione sensata e pronta e trasparente comunicazione che consente a tutti noi – e a ragion veduta – di dividere la storia dell'uomo in prima e dopo Galileo. In prima e dopo il *Sidereus Nuncius*.

Non è, la nostra, una valutazione esagerata. E neppure originale. Il padre gesuita Adolf Müller, studioso piuttosto ostile a Galileo, sostiene che per quanto riguarda le novità astronomiche annunciate col *Sidereus*, Galileo dovrebbe essere considerato più un "fortunato trovatore" che un autentico scopritore. Anzi, la scoperta delle lune di Giove dovrebbe essere attribuita al tedesco Simon Mayr, che nei medesimi giorni di quel fatidico 1610 ha puntato un altro cannocchiale al cielo. Ma persino l'astioso e ingeneroso padre Müller riconosce a Galileo almeno un merito: quello

> di aver ridotto l'attenzione generale su questi oggetti con la pubblicazione del suo *Sidereus Nuncius*". [citato in Geymonat, 1969]

Appunto.

È per questo che, pur correndo il rischio di far irritare qualche storico, noi tagliamo d'un colpo la testa al toro e proponiamo di considerare il 12 marzo 1610 come data d'inizio della *nuova scienza*. Perché è con il *Sidereus Nuncius* che si manifesta in maniera clamorosa la pericolosa idea di Galileo, che poi diventerà la pericolosa idea di tutti gli uomini di scienza: mostrare i risultati del proprio lavoro "allo sguardo d'ognuno", oltre che "in special modo di filosofi e astronomi".

La verità è che col *Sidereus Nuncius* Galileo getta le premesse per la definizione di uno dei caratteri fondanti – forse il principale tra i caratteri fondanti – della *nuova scienza*: quello che il sociologo Robert Merton chiamerà universalismo e che, per dirla con Lewis Feuer, sposta il foro dei competenti da una cerchia ristretta di iniziati (in questo caso, le autorità ecclesiastiche), alla gente comune. Certo, in special modo a gente esperta (i filosofi e gli astronomi). Ma potenzialmente a chiunque abbia "occhi nella fronte e nel cervello" e abbia voglia di accostarsi al cannocchiale per effettuare, in prima persona, "sensate osservazioni".

La verità è che, nella "fretta a pubblicare" di Galileo che il 12 marzo 1610 si materializza nei 24 fogli (per oltre cinquanta pagine) stampati da Tommaso Baglioni, c'è la prima e clamorosa manifestazione di uno dei caratteri fondanti, una sorta di *imprinting*, di quella istituzione sociale che chiamiamo comunicazione della scienza. In quasi tutti i suoi variegati aspetti.

C'è, in primo luogo, l'origine di uno stile letterario che, all'ambasciatore dell'impero asburgico a Venezia Georg Fugger, appare *aridus* e che invece è "modernissimo nella scrittura limpidamente effettuale, facile a leggersi, sobrio e asciutto ancorché ardente di un fervore sotterraneo che qua e là fa trasparire un'emozione vibratile e commossa" e che tuttavia impiega "nella descrizione una frugalità inedita" che lascia

> cadere subito ogni accessorio per badare all'essenziale e a un'esposizione governata da una chiara *dispositio* geometrica, scandita su una successione di argomenti che, per quanto continua, [induce] subito i primi lettori a partire da Keplero a dividere agevolmente lo spartito della trattazione in tanti capitoli: l'indice generale delle scoperte, la tecnica costruttiva del cannocchiale, i risultati delle indagini sulla superficie lunare (le macchie, il perché della circonferenza non irregolare, il supposto alone di vapore, l'altezza dei monti, la luce cinerea), sulle stelle fisse, sulla Via Lattea, sui satelliti di Giove, con la storia dell'occasione della loro scoperta, delle loro posizioni rispetto a Giove e della posizione di questo pianeta rispetto a una stella fissa, e con i risultati dedotti da tutte queste osservazioni. [Battistini, 1993]

Il testo è scritto in lingua latina, perché Galileo intende portare il *Nuncius* in "special modo" a un pubblico di esperti, "filosofi e astronomi". Ma la prosa è affatto originale, perché, per dirla con Italo Calvino, è rapida e incisiva, agile nel ragionamento ed economica nell'argomentazione [Calvino, 1993]. Insomma, la "fretta" di Galileo e il suo modo di governarla hanno come effetto la fondazione di un genere letterario nuovo, il rendiconto scientifico.

Di questo genere letterario sono parte decisiva le illustrazioni, che assolvono al compito di rendere visualizzabile l'esperienza dell'autore. Nel *Sidereus*, infatti, Galileo non pubblica i diagrammi geometrici che parlano ai soli matematici, ma aggiunge le immagini (nove disegni originali), comprese quelle che mostrano la superficie della Luna nelle diverse fasi d'illuminazione solare, per dimostrare che la superficie lunare non è

> affatto liscia, uniforme e di sfericità esattissima [...], ma al contrario diseguale, scabra, ripiena di cavità e di sporgenze, non altrimenti che la faccia stessa della terra. [Galileo, 1993]

L'efficacia della comunicazione per immagini è straordinaria. Come ricorda Marco Beretta:

> L'impatto di queste figure [è] enorme e il lettore secentesco non [può] rimanere che colpito dalla differenza tra ciò che Galileo [ha] visto con il telescopio e ciò che l'uomo aveva finora visto a occhio nudo. [Beretta, 2002]

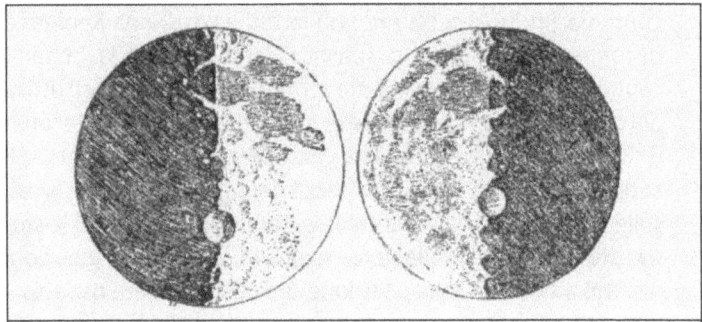

Figura 2: Alcuni dei disegni della Luna proposti da Galileo nel Sidereus Nuncius

Le immagini che Galileo propone, immediatamente comprensibili a ognuno (e, infatti, contribuiscono non poco alla "meraviglia" che in Europa accompagna la lettura del *Sidereus*), assolvono a una funzione retorica precisa. Con esse Galileo prepara

> i suoi contemporanei a un'idea diversa dell'universo e [inaugura] un metodo completamente nuovo di rappresentare i fenomeni naturali. [Beretta, 2002]

L'atto fondativo del nuovo genere letterario, rendiconto asciutto più immagini, è talmente ben congegnato da contribuire a fare di

Galileo se non "il più grande scrittore della letteratura italiana d'ogni secolo", come sostiene Italo Calvino, certo uno dei più accreditati [Calvino, 2002]. Un giudizio condiviso da molti letterati, Giacomo Leopardi *in primis*. E da molti critici. Galileo, scrive per esempio Natalino Sapegno,

> occupa un posto notevolissimo nella storia della nostra prosa letteraria, come espressione di un momento di suprema maturità e di compiuto equilibrio del gusto toscano e classicistico. [Sapegno, 1973]

Una maturità, suprema, che non è stata raggiunta per caso. In altri termini Galileo sa quel che fa, quando scrive. È, infatti, persona di cultura eclettica: pittore, musicista, amante delle arti. E ha ricevuto, in particolare, una buona educazione letteraria, di cui restano tracce in alcune opere di critica scritte in età giovanile: *Postille all'Orlando Furioso, Considerazioni al Tasso, Lezioni su Dante*.

Decisivo, in questa educazione, è la figura del padre Vincenzio. Un aristocratico in relativa povertà che si guadagna da vivere impartendo lezioni private di liuto a giovani fiorentini, ma che in realtà è un teorico della musica, in un'epoca, come nota Dava Sobel, in cui la teoria della musica è considerata una branca della matematica [Sobel, 1999]. È Vincenzio che introduce Galileo alla matematica di Pitagora e alle note regole dei rapporti musicali elaborate due millenni prima dal filosofo greco. Ma è sempre Vincenzio che insegna a Galileo che occorre andare "oltre Pitagora" se non si vuole piegare la realtà naturale a principi astratti, ancorché matematicamente convincenti [Barbacci, 2003]. Vincenzio, infatti, non si limita a studiare e ad applicare le regole musicali di Pitagora, ma studia anche la fisica del suono. Perché sa che se l'armonia dei suoni musicali segue le astratte leggi matematiche di Pitagora, deriva dalle fisiche vibrazioni dell'aria. Non è possibile pertanto elaborare una teoria della musica senza tener conto di come, in pratica, si sviluppano le fisiche vibrazioni dell'aria. Vincenzio decide, così, di sperimentare come si modifica il suono al variare della lunghezza e della tensione delle corde dei suoi strumenti. E scopre nuove leggi, matematiche, dell'armonia dei suoni diverse da quelle pitagoriche. Leggi che, secondo Stillman Drake sono addirittura le prime leggi matematiche a essere elaborate in fisica, fuori dall'ottica e dall'astronomia. Fatto è che in un libro pubblicato nel 1589, *Discorso intorno alle opere di Gioseffo Zarlino*, Vincenzio Galilei, polemista di classe, dimostra che nell'intonare gli strumenti non sempre è corretto seguire le regole di Pitagora, ma che talvolta è necessario seguire regole matematiche diverse. Verificate e verificabili nella pratica.

La novità è così grande da spingere Stillman Drake a sostenere che Vincenzio in qualche modo precede Galileo, perché effettua nell'ambito della musica "una rivoluzione comparabile a quella del figlio nella scienza" [Drake, 1981]. Una rivoluzione che aiuta la stessa pratica musicale a rinnovarsi. Dopo le innovazioni di Vincenzio nasce, infatti, l'opera e si sviluppa la modulazione armonica. In ogni caso è certo che la teoria musicale era, ormai, diventata una pura astrazione matematica. E che Vincenzio la riconduce a "salvare i fatti".

Galileo apprende, dunque, dal padre a rifiutare la filosofia *in libris* e a coniugare in modo corretto la fisica sperimentale e la matematica. C'è chi sostiene che ci sia proprio l'originale rapporto tra musica, matematica ed esperienza elaborato da Vincenzio all'origine dell'attitudine scientifica e dell'epistemologia di Galileo [Drake, 1970b].

Come che sia, un fatto è certo: Galileo vive in un mondo culturale in fermento. E ne frequenta tutte le dimensioni: artistiche, letterarie, filosofiche. Si ritrova appieno, per esempio, nella tradizione letteraria fiorentina. E il suo stile lo rivela. A partire dal *Sidereus Nuncius*, dove

> appena si mette a parlare della luna innalza la sua prosa a un grado di precisione ed evidenza ed insieme di rarefazione lirica prodigiose. [Calvino, 2002]

Nelle 24 facciate di rendiconto pubblicate il 12 marzo 1610 c'è una rivoluzione scientifica. Ma c'è, anche, una grande tradizione letteraria. Perché, sostiene Italo Calvino, c'è

> una vocazione profonda della letteratura italiana che passa da Dante a Galileo: l'opera letteraria come mappa del mondo e dello scibile, lo scrivere mosso da una spinta conoscitiva che è ora teologica ora speculativa ora stregonesca ora enciclopedica ora di filosofia naturale ora di osservazione trasfigurante e visionaria. [Calvino, 1994]

Galileo è espressione (massima?) di questa vocazione profonda che lo stesso Calvino definisce "letteratura come filosofia naturale". E questa vocazione Galileo la matura nella cultura della sua città, Firenze. Il matematico conosce a fondo il Poeta. Tanto che quando le sue capacità iniziano a essere note, l'Accademia fiorentina lo invita a tenere due conferenze sulla "figura, sito e grandezza dell'*Inferno* di Dante". Il fatto è che in quei canti Dante aveva incorporato la scienza del suo tempo e per tutto il Cinquecento si è discusso sulla struttura dell'inferno dantesco. Le ipotesi in campo sono due. E nel 1588 il giovane Galileo, con argomenti matematici e geografici, oltre che con una completa padronanza del testo dantesco, dimostra ai letterati dell'Accademia fiorentina che solo una delle due è realmente sostenibile. Gli accademici restano così colpiti da quelle argomentazioni, che il loro presidente aiuta Galileo a ottenere la cattedra di matematica prima presso l'università di Pisa e poi presso quella di Padova.

Ma la consuetudine con la poesia (rafforzata con le *Considerazioni sul Tasso* e con un opera poetica, in terza rima, *Contro il portar la toga*, in cui attacca i riti e le pedanterie dei docenti universitari) aiuteranno Galileo ben oltre la soluzione dei suoi problemi di lavoro. Lo indirizzano sin dall'inizio verso uno stile destinato a raggiungere valori letterari assoluti. Come sostiene Stillman Drake:

> La necessità di tener ferme le menti dei lettori sulle loro proprie esperienze visuali [è] ben presente a Galileo, ed egli vi [fa] fronte con espedienti appresi dai poeti".

Galileo, continua Drake, si serve delle figure poetiche come uno strumento per comunicare a tutti, proprio come si serve della matematica per comunicare le sue scoperte ai colleghi [Drake, 1981]. Dove trae la sua ispirazione poetica? Be', proprio dai poeti che frequenta da giovane. Come nota, ancora, Natalino Sapegno:

> Il suo culto per l'Alighieri, l'ammirazione sempre in lui vivissima per l'Ariosto, la scarsa simpatia per le novità stilistiche e per la poesia della *Gerusalemme* giovano a orientarci fin d'ora sull'indirizzo del suo gusto, strettamente vincolato alle tendenze della tradizione fiorentina. [Sapegno, 1973]

Ed è proprio allo stile fiorentino del Cinquecento che si ispira il modo di scrivere di Galileo:

> Caratteristiche della sua prosa sono un'eleganza, non ricercata e studiata, bensì naturale e schietta; una chiarezza cristallina di esposizione e di ragionamento, aliena per lo più da ogni schematismo e da ogni freddezza, e sorretta dovunque dal calmo fervore di chi sa di esser nel vero e perciò non sente il bisogno di forzare e esagerare la virtù dei propri argomenti; un vigore combattivo infine, misurato e dignitoso, che non trascende mai all'invettiva, alla beffa o al sarcasmo, ma si effonde in sottile ironia e in una garbata canzonatura dell'avversario. [Sapegno, 1973]

Questo stile, per lui naturale, ben si adatta, come rileva Sapegno, al "vivo processo dialettico del suo pensiero". E ai risultati cui quel vivo pensiero giunge.

Possiamo, dunque, affermare che l'originale prosa di Galileo, destinata a fare scuola nella storia della comunicazione della scienza, è il frutto di almeno tre componenti particolari: la tradizione letteraria fiorentina e la particolare vocazione italiana alla "letteratura come filosofia naturale", il particolare modo di ragionare di Galileo i contenuti particolari che intende comunicare.

Queste notazioni riguardano l'intera opera di Galileo. Ma ben si adattano anche alla cifra letteraria specifica del *Sidereus*. Massimo Bucciantini ha giustamente messo in luce come lo stile letterario scelto da Galileo per il *Sidereus Nuncius* – con la presentazione secca ed efficace di dati osservativi "separati dalla loro *storia* e dalla loro *tradizione*", senza la discussione e l'approfondimento (rimandati ad altre opere successive), senza riferimento ad alcun altro libro e autore, moderno o antico, se non a Copernico (e a Bruno) – non è dovuto solo alla volontà di evitare, per quanto possibile, dispute sulla paternità della scoperta. Ma è dovuto anche e soprattutto al progetto culturale di Galileo. Il *Sidereus Nuncius* non è un nuovo libro che si aggiunge ai tanti. E Galileo lo sa. È "bensì il *primo* lavoro di una nuova *philosophia coelestis* che [segna] una cesura nel modo di indagare la natura e l'universo". Cosicché "nelle intenzioni dello scienziato italiano quell'"aridità"" che caratterizza lo stile narrativo del *Sidereus* non [è] da considerarsi come un limite, come un'assenza o una privazione di qualcosa: esso [corrisponde] invece all'esigenza di dare al testo un significato di rottura e di originalità rispetto a qualunque ricerca precedente. [Bucciantini, 2003]

La necessità avvertita da Galileo di rendere pubbliche e in fretta le "cose mai viste" prima e lo stile letterario del *Sidereus Nuncius*, dunque, fanno tutt'uno con la nuova *philosophia coelestis* e, insieme, determinano quel nuovo modo di indagare la natura e l'universo evocato da Bucciantini e quella svolta epocale indicata da Cassirer.

Galileo avverte tutto questo con estrema lucidità. Sa di aver inaugurato una stagione culturale nuova. Quella in cui si può dimostrare "con la certezza data dagli occhi" chi "crede e filosofa bene" e chi no. È per questo che il 1610, quanto e forse più del 1543 (anno di pubblicazione del *De revolutionibus* di Copernico, ma anche del *De humani corporis fabrica* da parte di Andrea Vesalio), può assurgere all'anno in cui inizia davvero la *nuova scienza*. Perché è l'anno d'inizio della stagione in cui, per dirla con Massimo Bucciantini, "la verità si può vedere" e non solo dedurre con logica astratta, ancorché matematizzata.

Galileo, sostiene ancora Massimo Bucciantini, è pienamente consapevole della sensazione di clamorosa novità che avrebbero avuto sulla scena internazionale, nel mondo degli scienziati e in quello dei religiosi, le sue osservazioni e la *philosophia coelestis* che contengono.

Il fiorentino è consapevole del rischio che quelle osservazioni avrebbero corso se sottoposte a una gruppo ristretto di iniziati: essere fagocitate da "verbose discussioni" capaci di sommergerne e annichilirne con la loro capziosa viscosità l'autentica novità. Quelle da lui compiute non sono elucubrazioni su un mondo di carta. Sono osservazioni "sensate" e ripetibili da chiunque. Ovvero, oggettive e inconfutabili. Che mostrano una realtà oggettiva e inconfutabile (se fatti sono interpretati con un ragionamento sano). Cosicché la strategia che Galileo adotta per sottrarsi al rischio delle "verbose discussioni" imbastite con dotti che parlano *ex cathedra*, è precisa e ben definita: andare oltre la cerchia degli iniziati (i dotti, i religiosi) e anche dei filosofi e degli astronomi esperti, per "far vedere tutto a tutti". A cominciare dai principi e dagli intellettuali colti (e potenti) che frequentano le corti d'Europa. Ecco cosa scrive a Belisario Vinta già il 19 marzo, sei giorni dopo la pubblicazione del *Sidereus Nuncius*:

> Parmi necessario, oltre a le altre circuspezioni, per mantenere et augumentare il grido di questi scoprimenti, il fare che con l'effetto stesso sia veduta et riconosciuta la verità da più persone che sia possibile: il che ho fatto et vo facendo in Venezia et in Padova. Ma perché gl'occhiali esquisitissimi et atti a mostrar tutte le osservazioni sono molto rari, et io, tra più di 60 fatti con grande spesa et fatica, non ne ho potuti elegger se non piccolissimo numero, però questi pochi havevo disegnato di mandargli a gran principi, et in particolare a i parenti del S. G. D.: et di già me ne hanno fatti domandare i Ser.mi D. di Baviera et Elettore di Colonia, et anco l'Ill.mo et Rev.mo S. Card. Dal Monte; a i quali quanto prima gli manderò, insieme col trattato. Il mio desiderio sarebbe di mandarne ancora in Francia, Spagna, Pollonia, Austria, Mantova, Modena, Urbino, et dove più piacesse a S. A. S.; ma senza un poco di appoggio et favore di costà non saprei come incaminarli. [cit. in Bucciantini, 2003]

Il progetto di Galileo ha successo. Nelle settimane successive alla sua pubblicazione, il *Sidereus Nuncius* giunge ovunque in Europa. Suscitando, ovunque, scalpore. Il dado è tratto. Quella che propone è una rivoluzione culturale atipica, perché verificabile. E, infatti, viene rapidamente verificata e confermata. Dal suo ammirato collega, Giovanni Keplero. Ma, dopo un'iniziale titubanza, anche dal gesuita Cristoforo Clavio, fiero e dotto avversario del sistema copernicano, che tuttavia nel 1611 di fronte alla verità che "si può vedere" si convince e afferma che, ormai, gli astronomi devono elaborare un sistema che si accordi alle nuove scoperte (di Galileo), "poiché l'antico non sarebbe loro più servito" [Dreyer, 1980].

Il dado è tratto. Le osservazioni proposte a tutti dal *Sidereus Nuncius* non possono più essere ignorate da nessuno.

Naturalmente, la verità "che si può vedere" proposta da Galileo non viene accettata da tutti. Anzi, viene anche confutata. Per esempio da Cesare Cremonini, il suo aristotelico amico e collega dell'università di Padova che non crede in quegli occhiali che "imbalordiscono la testa". Ma questa è prassi, anzi la miglior prassi dell'istituzione sociale che noi oggi chiamiamo comunicazione della scienza e che, come tale, nasce proprio il 12 marzo 1610.

Il *Nuncius* scientifico nell'era della cultura di massa

Il *Sidereus Nuncius* si diffonde con una rapidità straordinaria, non solo tra gli esperti. Lo stesso giorno in cui, ancora bagnato d'inchiostro, esce dalla tipografia, l'ambasciatore inglese a Venezia, sir Henry Wotton, ne invia una copia a re Giacomo I, con una lettera di accompagnamento in cui avverte il sovrano che il libro contiene "la notizia più strana mai ricevuta da nessuna parte della Terra" [citato in Battistini, 1993]. In pochi giorni la notizia più strana mai ricevuta da nessuna parte della Terra si diffonde dappertutto, in Italia e in Europa.

Il sidereo annuncio raggiunge rapidamente gli esperti "filosofi e astronomi": Keplero, per esempio, che arrossisce per lo stupore e che nel libro di Galileo vede "mostrata la divinità del suo ingegno"; o Benedetto Castelli, che di Galileo è amico e discepolo, che immediatamente divora il libro, leggendolo "più di dieci volte con somma meraviglia e dolcezza grande d'animo".

Ma raggiunge rapidamente anche la moltitudine dei "non esperti": re e principi, intellettuali e gente comune. Appena due settimane dopo l'uscita del *Sidereus Nuncius*, a Firenze si sparge la voce che è in arrivo in città un pacco spedito da Galileo. Al mercato la gente si stringe intorno al destinatario per sapere di cosa si tratta, pensando che sia l'ormai famoso cannocchiale. E quando sa invece "ch'egl'era il libro" non per questo cessò "la curiosità" [citato in Battistini, 1993]. Alcune settimane dopo l'Imperatore Rodolfo II in persona sollecita l'ambasciatore toscano a Praga affinché il Granduca gli invii "quei vetri da fare occhiali di Galileo" [citato in Bucciantini, 2003]. E a Parigi Enrico IV vorrebbe tanto che qualche nuovo astro celeste fosse dedicato alla Francia [Bellone, 1998].

"Non c'è dubbio che le spiegazioni popolari [di Galileo, n.d.a.] abbiano fortemente impressionato più di un lettore" in Europa [Dreyer, 1980]. C'è chi, a quella notizia, è colto da "infinito stupore" e chi, al contrario, è "atterrito dalla novità e dalla difficoltà". Ma una cosa è certa, la nuova visione scientifica annunciata da Galileo viene presto metabolizzata dalla cultura popolare. Nei mesi successivi gli "astri medicei" compaiono a teatro, in un balletto (con l'approvazione del loro scopritore, sottolinea Andrea Battistini), suscitando l'indignata reazione dei peripatetici che non possono "contenersi di ringhiare, come veternosi e nimici d'ogni cosa nuova".

> Non è un caso, quella barocca del Seicento è cultura con caratteri di massa, legata alla vita urbana [Maravall, 1985]. E quella cultura con caratteri di massa non ha difficoltà ad accogliere, metabolizzare, trasformare, contrastare e, comunque, diffondere la novità.
> Una novità davvero siderea, non solo perché investe problemi filosofici fondamentali (la struttura stessa del cosmo), ma perché, non ci stancheremo di ripeterlo, per la prima volta offre a tutti la possibilità di verificare coi propri occhi e di trovare, attraverso un'esperienza sensibile e ripetibile, la soluzione a quei problemi. Tutti possono procurarsi un cannocchiale e verificare di persona le affermazioni di messer Galileo. Come scrive Andrea Battistini:
>
>> La nuova cosmologia eccitò l'immaginario perché si conciliava con un metodo che perseguiva la democratizzazione del sapere, ormai alla portata di tutti. Di qui l'agitazione, la frenesia, la smania quasi parossistica con cui in tutta Europa si cercava di procurarsi gli esemplari migliori di cannocchiali. [Battistini, 1993]
>
>> Evento sensazionale – commenta Elizabeth L. Eisenstein – il *Sidereus Nuncius* non solo catapultò il suo autore nella posizione di celebrità internazionale, ma fece anche per l'astronomia ciò che i primi libelli di Lutero avevano fatto per la teologia: suscitò eccitazione letteraria e generò pubblicità di tipo nuovo. [Eisenstein, 1995]
>
> Insomma, contribuì, più di ogni altro libro prima, a rendere l'astronomia (e, di riflesso, la *nuova scienza*) una dimensione culturale di massa.
> Certo non manca, come dire, una certa sintonia tra la natura dell'annuncio scientifico e
>
>> l'imperativo barocco della novità e della meraviglia a tutti i costi, riassumibile nell'alternativa categorica di Chiabrera che [prescrive] agli uomini di lettere di scoprire nuovi mondi o di affogare. [Battistini, 1989]
>
> Ma tant'è. L'uscita del *Sidereus Nuncius* può essere a buona ragione definito un grande evento culturale.

E che il *Sidereus Nuncius* sia un evento nell'ambito della storia della cultura di massa non sono i nostri occhi di posteri a rilevarlo, quanto i fatti. La nuova visione del mondo ottiene una immediata rappresentazione a teatro, abbiamo detto, ma anche nelle arti figurative. Ludovico Cardi da Cigoli, che è amico di Galileo, si lascia ispirare dai disegni del fisico fiorentino proprio quando deve raffigurare la Luna (con tanto di macchie, crateri e asperità) sotto l'immagine della Madonna nell'*Assunzione della Vergine* affrescata sotto la cupola della cappella paolina della chiesa di Santa Maria Maggiore a Roma; e Adam Elsheimer raffigura il nuovo "cielo galileano" quando dipinge la *Fuga in Egitto*, l'opera cui tiene di più,

> con il naturalismo, fino allora inedito in pittura, dello sperimentatore avvezzo a scrutare il firmamento attraverso il cannocchiale. [Battistini, 1993]

D'altra parte Galileo stesso diventa punto di riferimento di una folta schiera di poeti e, insieme al suo annuncio, entra da protagonista in una serie ancora più fitta di poesie, alcune encomiastiche, come quelle, tra gli altri, di Giambattista Manso, Giovanni Battista Marino, Gabriello Chiabrera, Johannes Faber di Bamberg, Giuseppe Battista e John Milton nel suo *Paradise Lost*[4].

---

[4] John Milton fu così efficace e così entusiasta nel diffondere il pensiero galileano attraverso le sue poesie, da essere considerato da molti storici un seguace del fisico fiorentino, sebbene lo avesse incontrato, forse, una sola volta nel 1638 nel corso di una sua visita in Italia [Segre, 1993]. Milton inizia a scrivere il *Paradiso perduto* nel 1658, sedici anni dopo la morte di Galileo, e lo termina nel 1666. La cosmologia del poema non è affatto galileana. O meglio, non è affatto copernicana. Tuttavia l'interesse e l'entusiasmo per il pensiero e la figura di Galileo, "the Tuscan Artist", sono altissimi [Toscano, 2004]. E bene espressi sia nel fatto che Galileo è l'unico personaggio storico che viene citato nel poema (tre i riferimenti) sia nei versi in cui (con qualche licenza astronomica, storica e geografica) Milton descrive lo scudo di Satana, la cui:

vasta mole
Appesa gli grava dalle spalle simile alla luna, quel disco
Che esplorò con ottiche lenti l'artista toscano
Durante la notte, dalla collina di Fiesole
O in Valdarno, per scoprire nuove terre,
Fiumi o monti, sul suo volto maculato.
[citato in Singer, 1961].

"Vicisti, Galileae!", scrive di getto lo scozzese Thomas Seggett in una poesia in latino citata nella *Narratio de Jovis Satellitibus* che Keplero scrive in onore di Galileo l'11 settembre del 1610. Da notare che sono passati meno di sette mesi dall'uscita del libro e già il *Nuncius* rimbalza più volte tra il mondo della scienza e quello dell'arte.

Non tutti sono, in realtà, cantori estatici dell'annuncio galileano. In preda all'angoscia, nel 1611, il poeta inglese John Donne scrive [Donne, 1611]:

> La nuova filosofia pone tutto in dubbio [...]
> Si sono persi il sole e la terra, né ingegno d'uomo
> Può bene indirizzare dove cercarli [...]
> Tutto è in pezzi, ogni coerenza se n'è andata
> Ogni supporto e ogni relazione.

Alcuni sono cantori ambigui. Il più illustre e tragico è Maffeo Barberini: da cardinale dedica un componimento poetico in onore di Galileo, la *Adulatio perniciosa*, pubblicata nel 1620 e dedicata al filosofo e matematico fiorentino quale "piccola dimostrazione della volontà grande che le porto". E poi, quasi a voler dare corpo al titolo del poema, da papa, col nome di Urbano VIII, diventerà uno dei persecutori di Galileo. La *Adulatio* del 1620 si dimostrerà davvero *perniciosa*.

Altri, invece, sono cantori sinceramente ammirati. È il caso di Giovanni Battista Marino che nel canto X del suo monumentale poema, l'*Adone*, si lancia senza remore nell'elogio di Galileo e mostra tutta la sua ammirata meraviglia per l'invenzione del cannocchiale e la scoperta delle quattro lune di Giove [Marino, 1975]. Marino vede nell'opera di Galileo e, in particolare, nella scoperta di "nove luci e nove cose" rimaste "ad ogni gente ascose" il modo in cui si rinnova il mito antico degli Argonauti con "il vello d'oro", la conoscenza di cose mai viste prima, che si propone come fattore inusitato di progresso e viene addirittura "a vestir d'oro il mondo" [Marino, 1975].

Ma, al di là della natura delle emozioni che suscita, è certo che il *Sidereus Nuncius* colpisce non solo gli esperti, "filosofi e astronomi", ma l'intera cultura di massa europea. Persino i numerologi si lasciarono ispirare dalla scoperta dei quattro pianeti medicei per tessere nuove reti di corrispondenze numeriche intorno al cosmo e all'essenza dell'uomo.

La diffusione dell'annuncio sidereo "con altri mezzi" viene rilanciata, interpretata, amplificata dai più svariati gruppi di intellettuali in quel Seicento barocco. Ed è questo, a ben vedere, che rende immediatamente cultura le osservazioni galileane, contribuendo rapidamente a costruire (o meglio, a ricostruire) un "immaginario scientifico" di massa mentre la scienza va ancora formandosi.

Certo Giovanni Battista Marino o altri poeti che "cantano" Galileo non sono uomini di scienza. E neppure filosofi, come Giordano Bruno o Tommaso Campanella. E tuttavia la loro opera poetica, nota Paul Renucci, non potrebbe essere compresa in una prospettiva da cui Galileo (e Bruno e Campanella) fossero esclusi. In altri termini la "filosofia naturale" in drammatica evoluzione informa immediatamente di sé l'intera cultura del Seicento [Renucci, 1974].

Evidentemente, il bisogno di Galileo di far "vedere tutto a tutti" incontra un bisogno sociale emergente e diffuso di "vedere tutto da tutti".

Conviene allora rimarcare ancora una volta la straordinaria rapidità con cui il *Sidereus Nuncius* e i suoi contenuti si diffondono. E non solo dentro quella che è ormai pronta per diventare il luogo di nascita della scienza moderna, l'Europa. Nel 1612 l'"annuncio" raggiunge Mosca ("Le sue lucidissime Stelle Medicee sono pervenute fino in quella freddissima zona di Moscovia", gli scrive il polacco Cristoforo, duca di Zbaraz) e l'India. Tre anni dopo ne circola una sintesi in Cina, redatta da un gesuita e scritta in lingua cinese. Il cannocchiale impiegherà più tempo del libro, ma arriverà nel 1631 in Corea e nel 1638 in Giappone. Galileo stesso, a 46 anni da stimato professore di matematica dell'università di Padova, diventa un personaggio famoso in tutto il mondo. Negli anni '40 è una star persino tra i cinesi, dove è conosciuto come Chia-Li-Lueh.

> Non si [mettono] in moto solo le stamperie gesuite in Cina – nota, Elizabeth Eisenstein – ma anche gli stampatori italiani a Venezia e a Roma. La repubblica delle lettere, che prima di allora aveva aspettato da Wittenberg e da altri nordici le più sensazionali novità, [comincia] a rivolgersi nuovamente all'Italia. [Eisenstein, 2000]

> Poeti e letterati di ogni parte d'Europa sono irresistibilmente attratti dal "nuovo mondo del Fiorentino". Tutti ne parlano. Di conseguenza:
>
>> Per la prima volta in molti decenni, gli editori italiani [possono] approfittare dell'eccitazione prodotta da un nuovo autore di successo che si [appella] a un pubblico che [legge] in lingua locale [Eisenstein, 2000]

Gli editori italiani, sommersi dalle richieste, iniziano a stampare "un fiume di libelli". E quel "fiume di libelli" consente alla comunità intellettuale di iniziare, a sua volta, a metabolizzare le novità del *Sidereus Nuncius*.

Gli editori italiani potranno profittare solo per quattro o cinque anni della improvvisa e generosa manna culturale regalata loro da Galileo. Poi interverrà la Congregazione dell'Indice a bloccare, per decreto, la diffusione delle "idee copernicane". Tuttavia quel "fiume di libelli" che scorre vigoroso in Italia tra il 1610, anno della pubblicazione del *Sidereus*, e il 1616, anno del decreto della Congregazione dell'Indice, ha due conseguenze degne di nota: da un lato moltiplica come mai i profitti degli editori italiani e dall'altro contribuisce "a stimolare nuove osservazioni e la vendita di strumenti e libri" [Eisenstein, 2000]. Insomma, il *Sidereus Nuncius* innesca un sistema di azioni e retroazioni tra comunicazione della scienza al grande pubblico dei "non esperti" e sviluppo della conoscenza scientifica che costituisce – almeno questa è la nostra tesi – uno degli elementi più importanti e meno considerati nella storia della scienza.

Ma torniamo a Galileo, ormai un personaggio, al centro dell'interesse e dell'ammirazione non solo e verrebbe da dire non tanto nelle università e nelle accademie, ma anche nelle corti d'Europa (e del mondo), nei circoli letterari, tra le grandi masse. Uno scienziato diventato improvvisamente famoso nel suo tempo come, poi, capiterà forse solo ad Albert Einstein e, in parte, a Isaac Newton nel loro tempo.

Il motivo di questo straordinario successo è quello individuato subito da Thomas Seggett, su suggerimento di Keplero, che ritiene Galileo superiore a Cristoforo Colombo. Perché il fisico fiorentino ha percorso "vie inesplorate" proprio come il navigatore genovese, ma lo ha fatto in maniera incruenta. Non meno entusiasta si dimostra Giovanni Keplero, che paragona Galileo non solo a Colombo, ma anche agli Argonauti (tema ricorrente, ricordate Giovanni Battista Marino?). E Johannes Faber che, in un poema dedicato "al principe dei matematici del nostro secolo", afferma che Colombo e Vespucci devono cedere il passo a Galileo, perché se i due navigatori ci hanno regalato nuovi continenti, lo scienziato fiorentino ha donato al genere umano nuove costellazioni. Altro tema ricorrente: ripreso, nel 1612, da Francis Bacon, ammirato dal fatto che

> uomini dotti [...] con l'aiuto di nuovi strumenti ottici, come usando scialuppe e piccole barche, hanno cominciato a tentare nuovi commerci con i fenomeni del cielo. [Bacon, 1975]

Con la pubblicazione del *Sidereus Nuncius*, abbiamo detto, non nasce solo il mito di Galileo. Si afferma un modo nuovo di fare filosofia intorno alle cose della natura. Come scrive Paolo Rossi: "La «certezza data dagli occhi» [spezza] il cerchio senza fine delle dispute" [Rossi, 1998].

Giocoforza il *Sidereus Nuncius* diventa anche il primo strumento di promozione e, talvolta, di vera e propria propaganda della scienza. E per mano del suo stesso autore. Galileo, infatti, spedisce il suo libro a "molti principi" di tutta Europa, insieme a un esemplare di cannocchiale, "acciò possino incontrare la verità delle cose" [Battistini, 1993]. D'altra parte la decisione di chiamare "pianeti medicei" le quattro lune di Giove cos'è, se non un'opera di promozione abile – abile, ancora una volta fino alla spregiudicatezza – e raffinata – l'obiettivo non è solo quello, banale, di ottenere un posto di matematico e di filosofo a Firenze, ma anche e soprattutto quello di coprire dietro le robusta spalle dei Medici le scomode verità che veniva proponendo?

Nell'opera di propaganda Galileo si spende in prima persona. Senza risparmio. A Pasqua del 1610 è già a Firenze, da Cosimo II, per spiegargli come funziona e come si usa il cannocchiale. E al ritorno verso Padova, si ferma a Bologna per tenere tre lezioni, offrire una dimostrazione pubblica delle capacità del nuovo strumento (o meglio, dello strumento usato in modo nuovo) e per fornire, come dire, consigli di lettura del *Sidereus*. Quando ritorna a Padova è convinto che, con questa sua personale opera di diffusione delle nuovo conoscenze, ha fatto "restare [...] ciascheduno capace e satisfatto" [citato in Battistini, 1993].

E già pensa – per promuovere se stesso e il suo annuncio sidereo – ad altre edizioni del volume, arricchite di dati nuovi e di nuove risposte alle critiche che, "benché frivolissime", iniziano ad arrivargli in ragione di "mille".

Galileo persegue con lucida determinazione un "progetto di comunicazione" che non coinvolge solo "gli intellettuali direttivi clericali" o "i filosofi e gli astronomi", ma quante "più persone è possibile": potenti, intellettuali o gente comune, non importa. Con tutti gli strumenti retorici possibili: non solo il rendiconto scientifico o le conferenze, ma anche strumenti di comunicazione meno diretti e più ambigui. Galileo sa che per affermare la sua rivoluzione occorre cambiare un'intera visione del mondo. E sa anche che – in una società di massa – gli atteggiamenti mentali, i comportamenti concreti, le aspettative, le inerzie, le passioni che concorrono a formare una visione del mondo non possono "cambiare soltanto con la forza della logica", ma hanno bisogno "di argomentazioni persuasive più oblique" [Battistini, 1989]. Ivi comprese le argomentazioni più vistosamente promozionali.

Galileo ha un progetto: "mettere la difesa del sistema di Copernico" come scrive Egidio Festa e, più in generale, la nuova visione del mondo

> al centro di una campagna diretta ad estirpare, nella testa di ogni cittadino in grado di ragionare, l'idea antica e falsa del Sole in movimento e della Terra immobile. [Festa, 2007]

e, più in generale, della nuova filosofia. Un progetto che è di Galileo e non di altri filosofi naturali. Per Keplero, per esempio:

> la verità del doppio movimento della Terra era inscritta nel cielo, la si poteva leggere, descrivere, esprimere nei calcoli. Se gli increduli continuavano a non crederci, tanto peggio per loro. [Festa, 2007]

E no. Galileo – che vive a ridosso delle terre del Papa – sa che non è tanto peggio per loro. È tanto peggio per tutti. Anche – e soprattutto – per i filosofi naturali. L'astronomia non può essere lasciata solo agli astronomi: sarebbe perduta. Anche gli increduli più testardi, anche i non addetti ai lavori, devono essere convinti, se si vuole che la nuova filosofia possa affermarsi e non risolversi – come è successo a Giordano Bruno – in tragedia.

Che una vera e propria campagna di promozione sia componente ormai essenziale della strategia di Galileo è rilevato anche da Ludovico Geymonat. Dopo il 1610, sostiene il filosofo della scienza, l'interesse di Galileo si sposta dalla ricerca scientifica pura a "un'azione di propaganda culturale" non solo per la difesa, ma anche e soprattutto per la diffusione della teoria copernicana [Geymonat, 1969]. E questa è, ancora una volta, una novità.

Non che la propaganda sia un'attività sconosciuta, agli uomini di scienza di quei tempi. Prendete il cannocchiale, che Galileo si premura di inviare, quasi come un gadget, insieme al libro. E prendete la dimostrazione dello "straordinario benefizio" del cannocchiale – lungo 90 centimetri e con un potere di ingrandimento di 8 volte, o poco più [Drake, 1992] – che Galileo organizza sul campanile di San Marco il 24 agosto 1609, per la gioia del Doge e dei senatori veneziani. Ebbene, quella dimostrazione a uso del governo della Serenissima – organizzata con "una spregiudicatezza che ci lascia perplessi", anche perché Galileo spaccia per sua un'invenzione che sua non è [Geymonat, 1969] – ha chiaro il sapore dello spettacolo. Di uno spettacolo a fini promozionali. E non è certo una novità. Anzi, come rileva Andrea Battistini:

> Era normale che la scienza, vivendo del mecenatismo dei potenti, fosse anche destinata a suscitare diletto e meraviglia negli ambienti a volte apatici dell'aristocrazia, inserendosi nella dimensione ludica di uno svagato *divertissement*, non meno importante, per ottenere finanziamenti per la ricerca, dei vantaggi pratici puntualmente fatti balenare al doge. [Battistini, 1989]

L'azione di propaganda ha successo. A Galileo, come abbiamo già ricordato, viene offerto il rinnovo a vita del contratto di docenza e l'aumento dello stipendio da cinquecento a mille fiorini (sia pure alla scadenza del vecchio contratto, il che non soddisfa affatto il fiorentino).

Dopo il 24 agosto 1609 e, soprattutto, dopo il 12 marzo del 1610 il cannocchiale diventa uno strumento molto noto e famoso, ben oltre gli ambiti esperti di "filosofi e astronomi". Diventa simbolo di modernità anche presso le grandi masse. Diventa uno dei simboli attraverso cui la cultura di massa del tempo, il barocco, propone il concetto di modernità. Non a caso di questo simbolo se ne impossessano due teorici del barocco, Emanuele Tesauro (autore del *Cannocchiale aristotelico*) e Tommaso Stigliani, autore del *Mondo Nuovo*, in cui si canta la scoperta dell'America e di cui pare lo stesso Galileo abbia detto, con la sagacia e la capacità di vedere lontano che gli sono proprie: "si concede anco al Poeta il seminare alcune scientifiche speculazioni, come tra' nostri antichi fece Dante nella sua Commedia, e come tra' moderni ha fatto il Cavaliere Stigliani nel suo Mondo Nuovo". Stigliani anni dopo curerà per conto dell'Accademia dei Lincei la pubblicazione del *Saggiatore* di Galileo. Curatela in cui l'autore troverà, come dire, notevoli licenze poetiche.

Ma torniamo al cannocchiale. Il suo successo come strumento simbolo di un'epoca è tale che lo ritroviamo, impugnato da Argo, evidentemente non contento dei suoi cento occhi, persino sull'antiporta dell'*Almagestum novum*, il libro di uno dei grandi avversari di Galileo, Giambattista Riccioli. Mentre Keplero, nel trattato della *Diottrica*, lo definisce "più prezioso di uno scettro", perché capace di trasformare chi lo impugna in "un vero re, un dominatore di mondi".

Tuttavia c'è, forse, una differenza tra l'uso (anche) propagandistico, che Galileo fa del cannocchiale il 24 agosto 1609 e l'uso (anche) propagandistico che Galileo fa del *Sidereus Nuncius* dopo il 12 marzo 1610. Nel primo caso non c'è alcun particolare contenuto scientifico che viene veicolato. Nel secondo caso il messaggio promozionale è il contenuto scientifico. Ed è per questo che il *Sidereus Nuncius*, pur inserendosi nella rete fitta e ormai consolidata di attività di promozione e propaganda in cui sono impegnati gli uomini di scienza del Seicento, rappresenta una novità assoluta. Perché col *Sidereus Nuncius* inviato ai principi d'Europa e spiegato alle grandi masse è il contenuto scientifico (e non un suo effetto, tecnologico o filosofico) che diventa paladino o, se volete, agente di marketing di se stesso.

Ed è proprio ostentando le clamorose novità scientifiche del *Sidereus* che, a un anno dalla pubblicazione del suo libro, Galileo decide di trasformare il viaggio a Roma a lungo preparato in un viaggio di propaganda e di autopromozione. Un obiettivo colto in pieno. Tanto che un testimone descriverà quel viaggio come un "giro di trionfo" [Drake, 1992]. Tale da fornire un potente contributo a fare di Galileo Galilei, patrizio fiorentino figlio di Vincenzio e Giulia Ammanniti, semplicemente Galileo. Un mito. Uno dei primi miti di massa dell'Europa del Seicento.

Ricostruiamolo, dunque, quel viaggio di "promozione della scienza". Galileo parte da Firenze il 24 marzo 1611 e giunge nella capitale dello Stato Pontificio il 29 marzo. A partire da questa data e per molti decenni ancora la questione galileana, destinata a divenire la controversia galileana, dominerà la vita culturale, religiosa e sociale dell'Urbe [Matthiae, 1971]. In questo primo ingresso di Galileo a Roma l'accoglienza è entusiasta. L'Accademia dei Lincei organizza un banchetto in onore di Galileo e del *perspicillum*, battezzato per l'occasione "telescopio". Il filosofo naturale fiorentino viene eletto membro dell'Accademia fondata dal principe Federico Cesi. Gli oppositori e gli increduli – sostiene Galileo – sono zittiti o, addirittura, "convertiti". Fatto è che Galileo discute di copernicanesimo col prudente e coltissimo cardinale Roberto Bellarmino, un gesuita, teologo di fiducia del Papa, che pure accosta l'occhio al "cannone overo ochiale" per scrutare il cielo. E viene, benevolmente, ricevuto in udienza dallo stesso pontefice, Paolo V, che – massimo onore – lo invita a non restare in ginocchio durante la conversazione. Quanto ai temuti padri gesuiti del Collegio Romano, be' loro addirittura lo festeggiano in maniera solenne con una dissertazione letta – alla presenza di Galileo e di numerosi cardinali – da padre Odo van Maelcote il cui titolo non lascia equivoci a dubbi sul giudizio che i dotti padri hanno elaborato guardando il cielo galileano: *Nuncius siderus Collegii Romanii*.

I gesuiti del Collegio Romano – massime padre Clavio – sono unanimemente riconosciuti, insieme con Galileo e Keplero, come le maggiori autorità scientifiche del tempo. Il loro riconoscimento, a sua volta, consente a Galileo (o, almeno, questo è ciò che Galileo pensa) di superare a pie' pari tutte le obiezioni scientifiche alle sue scoperte. Aveva dunque torto l'amico Sagredo a manifestare preoccupazione per la sua decisione di lasciare Venezia, dove gli era garantita "la libertà e la monarchia di se stesso", per trasferirsi a Firenze, "nel tempestoso mare della Corte", città troppo vicina – e non solo in senso geografico – a Roma. Ma ora che Galileo ha ottenuto la benedizione ufficiale del Collegio Romano tutto è risolto per il meglio. L'appoggio dei Gesuiti è determinante, pensa. Perché la sua fama e la sua gloria

> avrebbero potuto trovare nell'efficiente e capillare rete organizzativa della Compagnia uno strumento di diffusione incomparabile. [Bucciantini, 2003]

Galileo pensa che i dotti padri gesuiti possano diventare un amplificatore, il più potente degli amplificatori, della sua azione di propaganda scientifica!

In realtà i gesuiti del Collegio Romano concordano sì con lui sull'autenticità delle osservazioni fatte col cannocchiale, ma non concordano affatto sull'interpretazione, copernicana, che egli ne dà.

L'errore di valutazione sarà decisivo per il futuro. Intanto Galileo ha, netta, la sensazione che la sua strategia di comunicazione, fare in modo che la verità "sia riconosciuta da più persone che sia possibile", sta funzionando.

D'altra parte l'anno che ha appena trascorso è stato davvero un *annus mirabilis*: ha osservato in cielo "cose mai viste" e ne ha informato il mondo con un libro di successo clamoroso e repentino; è stato nominato "filosofo e matematico primario" del Granducato di Toscana; ha avuto il riconoscimento pieno ed esplicito di Keplero e del Collegio Romano; viene ricevuto con tutti gli onori dal cardinale Bellarmino e dal Papa; è osannato da folle festanti. Chi potrebbe obiettare che ha sbagliato strategia?

E tuttavia la sua idea vincente, far sì che la verità venga riconosciuta da più persone possibile, è pericolosa. Proprio perché, come rileva Lewis Feuer, osa

> spostare il foro, per così dire, competente alla discussione, dagli intellettuali direttivi clericali al pubblico istruito al di fuori della cerchia clericale il cui senso comune [è] relativamente incontaminato dalla teologia o da interessi particolari. [...] Galileo [ha] portato il suo caso scientifico in mezzo alla gente, come Lutero aveva fatto con le sue tesi religiose. [Feuer, 1969]

E ben presto quell'ardito pensiero susciterà reazioni violentissime da parte di chi vede negarsi il monopolio della competenza alla discussione e alla decisione. Da un lato la Chiesa di Roma, alle prese con gli effetti della Riforma, che non può (ma è più giusto dire non sa) tollerare che il suo primato culturale venga messo in discussione. Dall'altro gli accademici, gelosi custodi del pensiero di Aristotele che, senza colpa alcuna dell'autore stagirita, da pensiero (e che pensiero) critico è stato ridotto e fossilizzato in dogma. Con il suo stile colorito, con il suo umorismo ruvido e spesso provocatorio, prendendo "rumorosamente la parola durante cene e dibattiti", Galileo, scrive la giornalista Dava Sobel, trasporta "la nuova astronomia dai quartieri latini delle università alla sfera collettiva" [Sobel, 1999]. E toccati nel vivo gli abitanti, aristotelici, dei quartieri latini delle università precedono i teologi romani nell'attacco alla *nuova scienza*.

Intanto, Galileo è impegnato nel suo modernissimo progetto di "comunicazione totale". Anche se non sempre ha il tempo di spiegare per intero la sua strategia. Gli eventi in quel mirabile 1610 incalzano. Il 25 luglio scopre la "stravagantissima meraviglia" degli anelli di Saturno (che al telescopio gli appare come un insieme formato da tre pianeti). E, giunto a Firenze, il 12 settembre scopre che Venere presenta diverse fasi, proprio come la Luna – prova che egli considera decisiva in favore del sistema copernicano.

La scoperta, scrive a Giuliano de' Medici, finalmente consente di dare una risposta con "sensate esperienze" a due questioni molto dibattute:

> l'una è che i pianeti tutti sono di loro natura tenebrosi (accadendo anco a Mercurio l'istesso che a Venere): l'altro che Venere necessariissimamente si volge intorno al Sole

e, quindi, per analogia, intorno alla stessa stella girano

> tutti li altri pianeti, cosa ben creduta da i Pittagorici, Copernico, Keplero e me, ma non sensatamente provata, come ora in Venere e in Mercurio. [Galileo, 1890]

Ancora una volta Galileo rivendica a sé l'aver fornito la prova sensatamente provata e, quindi, definitiva che i Pitagorici, Copernico, Keplero ed egli stesso "hanno filosofato bene".

Anche questa volta le osservazioni di Galileo hanno una forte implicazione sul piano comunicativo. Il fiorentino non ha tempo di scrivere una rigorosa nota o un nuovo libro. Ma avverte la necessità di dare per primo la notizia, per rivendicare a sé la scoperta. Così invia due anagrammi, uno a Keplero e l'altro a Giuliano de' Medici. L'anagramma relativo a Saturno è:

Salve umbistineum geminatum Martia proles

Che, risolto, vuol dire:

Altissimum planetum tergeminum observavi.

L'anagramma relativo a Venere è:

Haec immatura a me iam frustra leguntur o y

Che, risolto, vuol dire:

Cynthiae figuras aemulatur mater amorum

Decisamente Galileo non trascura nessun media nel perseguire la sua strategia di comunicazione totale.

Ma, come ricorda Geymonat, dopo il mirabile 1610 la "propaganda culturale", è diventa l'interesse precipuo di Galileo. E la comunicazione totale è diventata una necessità – una necessità necessitante – del suo agire come scienziato e come promotore della visione scientifica del mondo.

Galileo, infatti, sa di aver falsificato, con prove "sensatamente provate", la visione del mondo aristotelico-tolemaica.

Ma abbattere il paradigma aristotelico-tolemaico non è cosa da poco. Significa proporre al mondo un nuovo "sistema mondo". Significa contraddire le Sacre Scritture. Quindi, in prospettiva, fornire nuove interpretazioni della verità biblica. Quindi ridefinire il rapporto tra scienza e teologia. Con la prima che non può più accettare di essere ancella fedele e obbediente della seconda, ma che pretende di dire – meglio della seconda – la verità intorno alle faccende del mondo fisico e della filosofia naturale[5].

---

[5] Il suo ardito progetto, per dirla con Geymonat, è ancora più ambizioso: integrare la nuova visione del mondo e il nuovo rapporto tra scienza e teologia all'interno della tradizione cattolica e dell'autorità del Papa di Roma.

Ecco, è proprio la faccenda della verità il nodo più profondo del contendere. Finché non c'era stato modo di provare, con osservazioni "sensate", come vada davvero il cielo, i modelli della fisica o, se volete, le teorie avevano una sola funzione: "salvare i fenomeni". Proporre il modo più utile ed efficace per fare tornare i conti. Nessun modello fisico aspirava e poteva aspirare a dire la "verità" sul mondo. Cosicché la ricerca della verità era compito tutt'al più dei filosofi e del suo ragionare in punta di logica. Anche se era chiaro che nessuno poteva comprendere qualcosa di certo se non gli era rivelato da Dio [Bellone, 2000].

Prendiamo il caso dell'astronomia. Fin dai tempi di Tolomeo è chiaro che l'idea o, se volete, la teoria aristotelica delle sfere cristalline che ruotano, coi sette pianeti e le stelle fisse, intorno alla Terra non funziona. Perché basta fare un po' di conti per comprendere che le orbite dei pianeti non sono affatto quelle di oggetti che si muovo, trascinati o meno a sfere cristalline, di moto circolare uniforme. Cosicché lo stesso modello del grande astronomo ellenista Tolomeo, con l'introduzione di una serie sempre più estesa di epicicli (combinazioni di circonferenze) per descrivere le orbite planetarie misurate, non è altro che il tentativo di fornire uno strumento matematico per "salvare i fenomeni" e predire con successo le posizioni dei pianeti nel tempo e non un tentativo di dire come vadano davvero le cose, lassù in cielo. Gli astronomi non ambivano a dire la "verità" sui moti planetari. Non potevano ambire a dire la verità, perché non avevano prove provate che i loro modelli descrivessero la realtà. Così gli astronomi si limitavano a fornire buoni strumenti di calcolo e di previsione. Nulla di più.

È per questo che Andrea Osiander, nel 1543, si affretta a scrivere la prefazione al *De Revolutionibus* di Copernico sostenendo che quello copernicano non è nulla di più che un nuovo e più efficiente modello per "salvare i fenomeni", mica per affermare che davvero è la Terra a girare intorno al Sole.

Sulla base di questa reciproca limitazione, gli astronomi che propongono modelli per far tornare i conti e i teologi che dicono quale sia la verità e non quale sia il modo migliore per far quadrare i conti, non c'è conflitto possibile tra scienza e teologia. E, infatti, per circa settant'anni dopo la prima edizione del libro di Copernico, i teologi, protestanti e cattolici, si mostreranno scettici rispetto a un modello così eccentrico rispetto alla verità (quella autentica, quella contenuta nelle Sacre Scritture), ma non saranno particolarmente aggressivi. Il testo di Copernico è letto e studiato liberamente e senza limitazione alcuna da chiunque sia interessato a leggerlo, studiarlo e adottarlo per far tornare i conti astronomici.

Ed è per questo che uno come Giordano Bruno, che invece cerca di stabilire quale sia la verità nella descrizione del mondo fisico e non si cura dei modi di far tornare i conti, definirà la prefazione al *De Revolutionibus* l'opera di un somaro scritto per altri somari.

Il *Sidereus Nuncius* è tutt'altro. Non è un libro che contiene modelli per "salvare i fenomeni". È un libro che ambisce a dire come vadano davvero le cose, lassù in cielo. Ambisce a dire quale sia la verità. E può farlo perché, per la prima volta, può fondare le sue spiegazioni non su meri calcoli matematici, ma su "sensate osservazioni".

Galileo comprende perfettamente il salto logico ed epistemologico che a lui per primo ha consentito il cannocchiale. E si avvede, altrettanto rapidamente, che la sua rivendicazione a dire "come vada il cielo" lo porta dritto filato allo scontro con le autorità religiose. Perché il *Sidereus Nuncius* inaugura la stagione delle due verità, quella fisica e quella teologica, in potenziale conflitto. Tuttavia egli è convinto che la verità rivelata dalla scienza rispetto ai fatti della natura mediante le "sensate esperienze" organizzate nelle "certe dimostrazioni" della matematica, sia una verità di ordine superiore rispetto alla verità rivelata, in modo ambiguo, dalle Sacre Scritture. Cosicché sa di dover rivendicare questo primato, anche nei confronti dei teologi. E sa che la sua non sarà una rivendicazione indolore, "poiché nel pretendere che la scienza [conosca] la verità sul mondo si [infrange] una norma generale" [Bellone, 2000]. Si infrange l'ordine culturale vigente in Europa.

Ma, essendo un buon cattolico, si preoccupa anche che la Chiesa di Roma possa andare incontro a una nuova e severa sconfitta, dopo quella inflittagli da Lutero e dalla Riforma, se non accetterà che quella scritta con caratteri geometrici nel libro della natura è una verità di ordine superiore rispetto a quella desunta, attraverso faticose interpretazioni, dalle Sacre Scritture. Ed è per questo che elabora il più ardito dei suoi progetti: portare la Chiesa di Roma sulle sue posizioni [Geymonat, 1969].

Decisamente l'annuncio sidereo non riguarda solo un grappolo di filosofi e di astronomi sparsi per l'Europa. E decisamente non è un grappolo di filosofi e astronomi sparsi per l'Europa che può sostenere con le autorità religiose la "discussione competente" intorno a questo nuovo "sistema mondo", al rapporto tra scienza e teologia, al problema della verità. C'è necessità assoluta che la "discussione competente" coinvolga la più vasta platea possibile. Perché solo una vasta opinione pubblica può reggere il confronto con la forze tradizionaliste interne alla Chiesa di Roma e vincerne, infine, la resistenza al nuovo.

È all'interno di questa strategia, complessa e ambiziosissima, che vanno classificate e giudicate le opere di "promozione culturale" o, se volete, di mobilitazione degli intellettuali e finanche delle masse, che Galileo si accinge a scrivere dopo il *Sidereus Nuncius*: dal *Discorso intorno alle cose che stanno sull'acqua* (1612), alla *Istoria e dimostrazioni intorno alle macchie solari* (1613), fino soprattutto alla lettere teologiche (note anche come lettere copernicane): la *Lettera a don Benedetto Castelli* (1613), le due *Lettere a monsignor Pietro Dini* (1615), la *Lettera a Madama Cristina di Lorena* (1615) [Galilei, 1999].

Quanto questa strategia di comunicazione sia, oltre che complessa e ambiziosa, anche pericolosa, Galileo avrà modo di verificarlo entro il 1616, anno in cui la Chiesa di Roma mette all'indice, settant'anni dopo la sua pubblicazione, il *De revolutionibus* di Copernico e tutti i libri "copernicani"[6]. Fatto è che la polemica galileiana sulla verità e la sua strategia di "mobilitazione degli intellettuali e delle masse" porta, per dirla con Enrico Bellone, la Chiesa a censurare il *De revolutionibus* e Galileo a incamminarsi verso la rovina [Bellone, 2000].

Prime e provvisorie conclusioni

Il *Sidereus Nuncius*, dunque, ci appare come l'atto inaugurale di una nuova istituzione sociale, la comunicazione della scienza, che contiene in sé già tutte le caratteristiche e tutte le articolazioni della odierna comunicazione della scienza.

---

[6] In realtà non è del tutto esatto dire che il *De revolutionibus* di Copernico sia stato messo all'indice nel 1616. Il libro non è bandito, ma "sospeso" fino alla "correzione" di alcune sue parti. Le "correzioni" non saranno rese pubbliche dalla Chiesa fino nel 1620 [Drake, 1992].

È il rendiconto asciutto di un'osservazione scientifica, come lo sono gli articoli pubblicati sulle riviste scientifiche (ma, essendo il libro privo di *peer review*, lo potremmo più opportunamente paragonare a un articolo pubblicato su un qualche modernissimo *open archive*).

È scritto "di fretta". Anticipando non solo le modalità, ma anche la tempistica di quella spinta alla comunicazione immediata che oggi va sotto il nome di *publish or perish*.

È esplicitamente indirizzato a esperti, i filosofi naturali pari di Galileo, in una lingua internazionale, il latino, che è la lingua con cui comunicano gli esperti in Europa. Così come oggi lo è l'inglese per la comunità scientifica mondiale.

Ha un impianto retorico che fonda il genere letterario con cui, ancora oggi e salvo dettagli, gli scienziati comunicano tra loro. Ivi incluso l'uso delle immagini.

E, tuttavia, le novità del *Sidereus Nuncius* non si esauriscono nell'aver "inventato" lo stile della comunicazione interna alla comunità scientifica (e già questo non sarebbe davvero poco). La novità va oltre.

Galileo, abbiamo visto, dopo la pubblicazione del *Sidereus* va in giro per le università (a Bologna, per esempio) a divulgare, a spiegare e (cercare di) convincere colleghi, studenti e "non esperti". In questo modo egli pratica quella che oggi chiameremmo la comunicazione diretta della scienza ai pubblici di non esperti da parte degli scienziati.

Abbiamo visto, d'altra parte, che il *Sidereus Nuncius* viene immediatamente captato, interpretato, diffuso e amplificato dalla cultura di massa e dai suoi svariati e non sempre chiari canali di comunicazione. E che, attraverso questa opera di metabolizzazione e percolazione, il sistema mondo proposto da Galileo diventa presto senso comune in Europa e fuori dall'Europa. È attraverso gli svariati canali della comunicazione di massa, cioè, che gli uomini del Seicento ridanno forma, in tempi piuttosto rapidi e non senza contraddizioni e furiose resistenze, al loro "immaginario scientifico". Ancora una volta il *Sidereus Nuncius* è la porta che introduce a un "nuovo mondo", quello, complesso, in cui la scienza incontra la società e la rimodella, venendone a sua volta rimodellata.

L'idea, pericolosa, di Galileo diventa più chiara alla luce di un altro suo "ardito progetto", per dirla con Ludovico Geymonat.

Galileo considera la scienza non come un'attività privata di singoli studiosi, ma come un fatto di interesse pubblico, destinato a permeare di sé l'intera società. [Geymonat, 1969]

Per questo si convince che occorre convincere. Che tocca a lui, lo scienziato divenuto all'improvviso il più famoso del mondo, "convertire" quante più persone è possibile (la gente comune, i potenti e persino la Chiesa di Roma) alla causa della *nuova scienza* [Geymonat, 1969].

Ci sono, dunque, in Galileo ben due idee innovative distinte. La prima è quella di coinvolgere nell'impresa scientifica non poche persone elette o gruppi di persone con un preciso indirizzo filosofico, ma tutti coloro che hanno "gli occhi nella fronte e nella mente". Questa è un'idea davvero innovativa, che, come nota Stillman Drake, diventerà comune tra gli uomini di scienza solo a partire dall'Ottocento [Drake, 1981].

La seconda idea, innovativa, di Galileo è che, comunque, questi uomini con "gli occhi nella fronte e nella mente" hanno bisogno del consenso dell'opinione pubblica più generale, perché molto spesso con le loro nuove visioni si troveranno non solo a suscitare la curiosità di pochi dotti ma a suscitare "scandali gravissimi" capaci di coinvolgere l'intera società. Scandali che potrebbero suscitare furiose reazioni, come quelle che egli stesso sperimenta a opera degli aristotelici. O, addirittura, potrebbero indirizzare le grandi istituzioni verso vie pericolose e senza uscita, come quella che sta imboccando la Chiesa di Roma contro le novità scientifiche da lui stesso prodotte. Insomma, il fiorentino è convinto che occorre portare la scienza tra la gente. E che questo sia un bene non solo per la comunità scientifica, ma anche per la società e per la stessa Chiesa cattolica. Questa seconda idea, l'idea più pericolosa di Galileo, è così innovativa che ancora oggi stenta ad affermarsi completamente nella comunità scientifica.

La verità, dunque, è che col *Sidereus Nuncius* e con le attività di diffusione del sidereo annuncio, Galileo inaugura quella che oggi viene chiamata la "comunicazione pubblica della scienza" e che noi, per esigenza di rigore, preferiamo chiamare la "comunicazione della scienza ai pubblici di non esperti". Far vedere la verità scientifica (che oggi sappiamo essere molto più contingente e problematica di come la immagina Galileo), per l'appunto, "a più persone che sia possibile". Non solo e non tanto per vocazione divulgativa, ma per mera necessità. "Io l'ho scritta vulgare, perché ho bisogno che ogni persona la possi leggere", scrive nel 1612 a commento del *Discorso intorno alle cose che stanno sull'acqua*. Perché è lì, tra la gente, che, volenti o nolenti, sta nascendo il nuovo foro della competenza alla discussione. Un nuovo centro in grado di effettuare scelte rilevanti sia per lo sviluppo della scienza sia per un più generale sviluppo culturale della società.

È questa la pericolosa e attualissima intuizione di Galileo.

Oggi, in quella che John Ziman chiama l'"era post-accademica della scienza", il legame tra la comunicazione primaria e la comunicazione della scienza ai pubblici di non esperti, anche nelle sue forme promozionali, è sempre più stretto e forma un ordito "necessario" di una necessità necessitante, sempre meno facile da districare.

Ebbene, questo attualissimo e necessario ordito è, per molti versi, seicentesco. Proprio perché il foro competente alla discussione (a una discussione che ha un impatto rilevante per lo sviluppo della scienza) è costituito sempre più da una costellazione di pubblici di non esperti. Lo scienziato dei nostri giorni "deve", per varie ragioni, comunicare la sua scienza. E "deve" dotarsi di una strategia di comunicazione totale, ivi incluse "le forme di persuasione più oblique". Tutto ciò lo rende molto simile a Galileo. Molto più degli scienziati dell'"era accademica della scienza" che, come vedremo, hanno avuto modo, tra l'Ottocento e il Novecento, di vivere e di assumere le decisioni rilevanti per lo sviluppo della scienza, ben protetti in una torre d'avorio.

Leopardi, "dimmi, o Luna: a che vale?"

> *Che fai tu, luna, in ciel? dimmi, che fai,*
> *Silenziosa luna?*
> Giacomo Leopardi, *Canto di un pastore errante dell'Asia*

Il pastore errante e l'astro narrante

La scienza ci dice la verità sul mondo. Ma non ci spiega il senso del mondo.

È sera. Il pastore – un pastore errante dell'Asia – rivede la sua giornata, uguale a tante altre, tra i pascoli, i ruscelli e le greggi, poi, stanco, alza gli occhi al cielo, si rivolge all'astro – un astro errante del cosmo – e chiede:

> Dimmi, o luna: a che vale
> Al pastor la sua vita,
> La vostra vita a voi? dimmi: ove tende
> Questo vagar mio breve,
> Il tuo corso immortale?

Perché tutto ciò, Luna? Perché la mia breve vita su questa Terra, in queste steppe? Perché il tuo eterno errare negli spazi siderali, nel cosmo?

La Luna è l'unica compagna del pastore errante nelle fredde notti dell'Asia. È a lei che l'uomo rivolge il canto, quando scende la sera:

> Che fai tu, luna, in ciel? dimmi, che fai,
> Silenziosa luna?
> Sorgi la sera, e vai,
> Contemplando i deserti; indi ti posi.
> Ancor non sei tu paga

> Di riandare i sempiterni calli?
> Ancor non prendi a schivo, ancor sei vaga
> Di mirar queste valli?

L'uomo chiede. Ma questa volta non attende risposta dall'astro silenzioso eppure narrante. La risposta alle sue domande, il pastore errante dell'Asia, la conosce già.

> Somiglia alla tua vita
> La vita del pastore.
> Sorge in sul primo albore
> Move la greggia oltre pel campo, e vede
> Greggi, fontane ed erbe;
> Poi stanco si riposa in su la sera:
> Altro mai non ispera.

Tutto ciò – la breve vita del pastore e il corso immortale della Luna – è comprensibile. Può essere catturato dalla ragione. Tutto ciò è persino sereno e ordinato. Esteticamente apprezzabile. Bello. Com'è bello il cielo in una notte chiara sulla steppa. Come è bella la Luna. Ma tutto ciò a che serve? Che senso ha?

> Dimmi, o luna: a che vale
> Al pastor la sua vita,
> La vostra vita a voi? dimmi: ove tende
> Questo vagar mio breve,
> Il tuo corso immortale?

No, non c'è disperazione nel canto notturno di un pastore errante dell'Asia. C'è solo (solo?) un lucido disincanto. Quel canto è il canto di chi sa "come" va il mondo. E proprio perché sa – e apprezza di sapere – "come" va il mondo, sa anche che quel mondo – sia esso il breve vagar della vita di un uomo o il corso immortale dell'astro narrante – non ha alcun fine. Non ha alcun senso.

E allora non un grido disperato e neppure disperante. Ma una melanconica e disincantata ricerca: la ricerca di un modo soddisfacente di vivere in un universo comprensibile, ma privo di un fine. In un cosmo, il tutto armoniosamente ordinato dei Greci, cui manca l'equilibrio più profondo: il senso.

È il 1830 quando Giacomo Leopardi si rivolge di nuovo alla Luna e compone il *Canto notturno di un pastore errante dell'Asia*. L'opera che porta a sintesi il percorso intellettuale del poeta lungo due decenni intorno alla scienza.

Leopardi e la scienza

La scienza è un (forse è il) punto di riferimento costante nella vita e nell'opera del più grande poeta italiano dell'epoca moderna, Giacomo Leopardi. Le tesi potrebbe suonare paradossale, persino blasfema, per chi ha frequentato il poeta di Recanati sui libri del liceo e lo ha conosciuto come critico radicale, sferzante fino al sarcasmo, di quelle "magnifiche sorti e progressive" vagheggiate dal positivismo tecnologico.

In passato anche la grande critica ha definito "strana e irragionevole" la pretesa di cercare nell'opera di Leopardi un concetto scientifico che ne sia il filo conduttore [Chiarini, 1905].

Ma da qualche tempo, come nota Gaspare Polizzi:

> gli interpreti più accorti del pensiero leopardiano non ignorano più la presenza di aspetti scientifici nella formazione culturale del giovane Leopardi, né dimenticano il valore assunto da teorie e conoscenze scientifiche in momenti significativi dell'opera poetica e della riflessione pubblica (nelle *Operette morali*) e privata (nello *Zibaldone*) di Leopardi. [Polizzi, 2003]

Da qualche tempo abbiamo capito che il percorso intellettuale di Giacomo Leopardi non è un percorso senza la scienza e neppure contro la scienza. Ma un percorso ininterrotto intorno alla scienza.

La scienza cattura il ragazzino avido di sapere mentre sfoglia a centinaia i volumi della biblioteca paterna agli inizi del XIX secolo. E non lo lascerà mai più. Non c'è soluzione di continuità negli interessi di Leopardi per la filosofia naturale. C'è invece un'incessante e profonda maturazione. Il rapporto tra Leopardi e la scienza nasce in età precoce, come riconoscono i manuali di storia della letteratura. Ma non si chiude con l'età giovanile del poeta di Recanati, né si esaurisce solo in pochi saggi o in alcuni momenti della sua opera poetica, ma si intreccia e, anzi, informa di sé l'intera vicenda letteraria e filosofica di Giacomo Leopardi: da quando, tredicenne, inizia a scrivere le prime poesie e le *Dissertazioni Filosofiche* (1811) fino a quando trentottenne, sul letto di morte a Napoli, nel 1837, compone il suo ultimo canto, *Il tramonto della luna*[1].

Gaspare Polizzi ha mostrato come l'interesse per la scienza nasca, appunto, in età molto precoce nell'immensa biblioteca paterna, ricca di 16.000 volumi, alimentato da letture di libri molto pertinenti [Polizzi, 2008]. Tra questi vale la pena ricordare due testi dell'Abate Pluche, l'*Historie du ciel* (1739), una storia delle cosmogonie e delle cosmologie antiche, e lo *Spectacle de la Nature* (1732), in cui l'abate consiglia di guardare alla natura, per l'appunto, come a un meraviglioso spettacolo. Ammirarlo è un modo per avvicinarsi a Dio. Dello spettacolo della natura, tuttavia, possiamo osservare la maestosa messa in scena, ma non ci è concesso conoscere le macchine che, da dietro le quinte, ne consentono lo svolgimento.

Il primo libro di Pluche alimenta l'interesse di Leopardi per la storia dell'astronomia. Il secondo lo stimola a elaborare un suo pensiero sulla natura e sulla scienza. Diciamo subito che l'idea del cielo e della Luna come spettacolo da ammirare sarà una costante delle opere di Leopardi. E a questa costante l'Abate Pluche non è estraneo. Tuttavia il ragazzo non rinuncerà affatto a tentare di gettare lo sguardo dietro le quinte.

Tra gli altri testi significativi letti dal giovanissimo Giacomo c'è di certo anche quell'*Entretiens sur là pluralité des mondes* che Bernard le Bovier de Fontenelle ha scritto nel 1724, ripercorrendo per larga parte il viaggio di Giordano Bruno nell'infinità cosmica e nella pluralità dei mondi. È questo il libro che, probabilmente, introduce Giacomo all'infinito, una dimensione con cui il giovane di Recanati si misurerà per tutta la vita raggiungendo vette poetiche altissime.

Anche Fontenelle propone al suo lettore di diventare "spettatore del mondo". Ma in maniera affatto diversa, anche se non alternativa, a quella di Pluche. Lo scrittore di Rouen non si limita a con-

---

[1] In realtà la notizia che *Il tramonto della luna* sia stato scritto sul letto di morte è molto discussa. È stata diffusa nel 1840 dal poeta tedesco Heinrich Wilhelm Schultz, ma è stata successivamente negata. Pare che la poesia sia stata scritta quasi un anno prima, nella primavera 1836, nella Villa Ferrigni a Torre del Greco. In ogni caso è stata scritta dopo *La ginestra* [Leopardi, 2007].

sigliare di ammirare il cosmo, propone di conoscerlo. Di andare a vedere dietro le quinte. Sapendo che la Luna è lì pronta a narrare all'uomo che sbircia tra le macchine che muovono lo spettacolo della natura.

Fontenelle, per esempio, evoca proprio la Luna per dire, come Giordano Bruno (e Galileo), che è fatta della medesima pasta della Terra. E allora chiede al lettore di assumere una visione relativistica *á la Bruno*, di volare come Dante sulla Luna e di immaginare come gli apparirebbe il nostro pianeta visto dal suo satellite. E infine gli chiede di osservare entrambe, la Terra e la Luna, da un punto equidistante nello spazio. Si tratta di una serie di esercizi mentali che il giovane Giacomo evidentemente accetta di effettuare, come mostrerà proprio a proposito della Luna, in due opere, *Storia dell'astronomia* e *Saggio sopra gli errori degli antichi*, di lì a qualche tempo.

Potremmo continuare nell'elenco sterminato dei libri scientifici influenti che Giacomo trova e divora nella biblioteca del padre Monaldo. Ma preferiamo rimandare il lettore alla già citata e documentatissima ricostruzione di Gaspare Polizzi [Polizzi, 2008]. Non prima, però, di averne richiamato almeno un altro – la prima edizione italiana apparsa nel 1791 del *Trattato elementare di Chimica* di Antoine-Laurent Lavoisier – a testimoniare come la domanda scientifica del giovanissimo Leopardi non si indirizzi solo verso l'astronomia, ma spazi libera e onnivora in ogni campo della filosofia naturale.

Sta di fatto che grazie a questi libri, a una straordinaria determinazione e al fumo del genio, il giovane aristocratico di Recanati trova il modo non solo di acquisire una solida e aggiornata conoscenza dei fatti scientifici più recenti e rilevanti, ma anche di costruirsi una notevole cultura scientifica. Erudizione e senso critico che iniziano a trasparire già nelle opere dell'adolescenza: le *Dissertazioni filosofiche*, scritte tra il 1811 e il 1812, quando Giacomo ha rispettivamente 13 e 14 anni; la *Storia della Astronomia* (scritta a 15 anni, nel 1813); la *Dissertazione sopra l'origine e i primi progressi dell'Astronomia* (scritta un anno dopo, nel 1814) e il *Saggio sopra gli errori popolari degli antichi* (scritto a 17 anni, nel 1815).

È dunque in questi anni ed elaborando queste opere che Giacomo Leopardi comincia a costruirsi una immagine della scienza su cui, poi, erige un'articolata, dinamica e complessa filosofia della natura, la quale a sua volta informa completamente di sé l'intera opera poetica, dai *Canti* (1816-1836) ai *Paralipomeni* (interminato, scritto a partire dal 1831), alle prose (ivi incluse le *Operette morali*, scritte a partire dal 1821) e ai pensieri filosofico-letterari affidati a un diario privato tra il 1817 e il 1832 (noto come *Zibaldone*).

Ancora una volta non è nei nostri fini – non è nei nostri mezzi – ricostruire in dettaglio il rapporto – stretto e complesso forse come nessun altro mai – tra Leopardi e la scienza. Tuttavia, poiché la Luna ne è l'astro narrante privilegiato, conviene ripercorrere velocemente questo rapporto evolutivo. Anche a costo di apparire troppo riduttivi.

L'evoluzione del rapporto tra Leopardi e la scienza si muove con velocità differenziali e direzioni diverse lungo almeno quattro direttrici, certo interconnesse, ma abbastanza autonome da poter essere individuate con una certa precisione.

L'epistemologia

La prima è quella strettamente epistemologica. Quando Giacomo entra fanciullo nella biblioteca paterna (e nelle altre biblioteche accessibili a Recanati) si imbatte subito nel cosiddetto metodo scientifico, ovvero nell'approccio che hanno gli scienziati di produrre nuove conoscenze sul mondo naturale. I filosofi e gli storici della scienza ci dicono che non si tratta tanto di un processo formale (tanto meno formalizzato), ma piuttosto di un approccio. Di un abito mentale. Costruito, in primo luogo, sulla relazione dinamica tra l'esperienza empirica e la teoria: insomma, tra le *sensate esperienze* e le *certe dimostrazioni* di cui parlava Galileo. E, in effetti, gli uomini della nuova scienza galileana prestano grande attenzione ai fatti osservati, ai dati sperimentali, alle esperienze sensibili. Ma riconoscono anche la necessità di interpretare i fenomeni osservati sulla base di un modello teorico, logicamente rigoroso e coerente, che va oltre e spesso in direzione opposta al senso comune. Naturalmente i modelli teorici non possono prescindere dai dati empirici. Tra i due esistono delle regole di corrispondenza da rispettare. Cosicché i fatti noti possono essere reinterpretati sulla base di nuovi modelli teorici: un po' come ha fatto Copernico, che ha proposto il nuovo modello eliocentrico per spiegare gli stessi fatti interpretati dal modello geocentrico di Tolomeo. Ma le stesse teorie sono continuamente rimodellate dall'affluenza di nuovi risultati osservativi e/o sperimentali. La scoperta della radioattività, alla fine del XIX secolo, imporrà di rivedere radicalmente le teorie sulla struttura della materia. Leopardi presterà sempre grande attenzione, anche quando si occuperà di questioni non strettamente scientifiche, sia ai modelli teorici rigorosi della scienza, sia ai dati empirici che li corroborano o li falsificano. Come ha giustamente rilevato Alessandro Della Corte, Leopardi assume da ragazzino nella famosa biblioteca paterna questo *habitus scientifico* e non lo dismetterà mai [Della Corte, 2008]. Nel suo viaggio intorno alla scienza, da Recanati a Napoli, la sua cultura epistemologica sarà sostanzialmente una costante. La sua ammirazione per il rigore scientifico non verrà mai meno. Né verrà mai meno il rispetto per i fenomeni empirici. In questo quadro va inserito anche il suo rapporto con la matematica, che molti ingiustamente ritengono di rifiuto totale. In realtà quello che Leopardi rifiuta è l'uso errato della scienza dei numeri, come quando viene evocata per spiegare realtà – per esempio l'uomo, con le sue speranze e le sue angosce – che non sono riducibili all'interno di un modello matematizzato. Ma Leopardi riconosce che, nei contesti opportuni, la matematica non solo è utile, è indispensabile. Per esempio è strumento imprescindibile per le scienze fisiche, *in primis* per l'astronomia, perché è grazie alla matematica che i fisici riescono a catturare le verità cosmiche.

La filosofia della scienza

Fin da ragazzino Giacomo Leopardi riflette e matura idee sue proprie su cosa sia la scienza. Sia sul suo statuto ontologico, sia sui fondamenti delle diverse discipline scientifiche. Queste idee mutano, anche radicalmente, nel tempo. Ma, ancora una volta, in maniera differenziale.

Leggendo libri su libri a Recanati, Giacomo ragazzino fa proprie in particolare due idee. La prima è che la scienza sia in grado di dirci "come va il mondo". Gli scienziati hanno gli strumenti per scoprire tutta la verità sul mondo naturale. Certo non sapremo mai tutto, perché ci sono infinite cose da scoprire, ma grazie al lavoro degli scienziati ne sapremo sempre di più sulla natura.

La seconda idea è che la filosofia della scienza allora prevalente, il meccanicismo fondato sulle leggi di Newton, sia lo strumento più adatto per realizzare l'ideale del progresso scientifico.

Sono due proposizioni diverse. La seconda, in particolare, non è una conseguenza necessaria della prima. Nel tempo Leopardi modificherà entrambe queste idee, ma in maniera – riteniamo – abbastanza differenziata. Il giovane che frequenta la biblioteca paterna è certo "un fiducioso assertore del razionalismo scientifico" [Polizzi, 2003]. Ma dopo la grande crisi intellettuale che, a partire dal 1817, lo porterà a rivedere la sua concezione della natura – da spettacolo meraviglioso e comprensibile ad aspra matrigna; da luogo di esaltazione della ragione a nemica della ragione – Giacomo si rende conto che la scienza – che neppure la scienza – è in grado di dirci la verità sul mondo. Perché le sfuggono molte dimensioni della realtà. Non coglie e anzi perde la complessità del mondo. Non coglie le circostanze che sono il tessuto della infinita varietà della natura. E con ciò uccide la varietà della natura. Quanto alle leggi universali della natura, sono limitate ai pochi fatti che conosciamo. Tutto il resto la scienza lo perde.

Le sfugge il bello, anzi lo dissolve.

Quello che Leopardi critica è il riduzionismo, che giudica intrinseco, della scienza. La varietà della natura è così ricco, il suo ordine così complesso ed emergente dai minimi dettagli, che non è possibile fornirne una descrizione generale attraverso leggi universali. Occorre qualcosa che vada oltre la scienza e sappia tener conto delle circostanze. Occorre, appunto, una "filosofia delle circostanze". Dopo il 1824 chiamerà "ultrafilosofia" questo qualcosa.

La critica che Leopardi inizia a muovere alla scienza dopo il 1817 è sempre più radicale. Essa si alimenta di una nuova filosofia della natura. Ma vale la pena notare che, mentre elabora la sua nuova prospettiva sulla natura, Leopardi non fa riferimento a un pensiero astratto, la corrobora sempre con dati fenomenologici concreti. Come è possibile prendere sul serio l'idea cosmica di ordine armonioso della natura proposto dalla scienza, si chiede in uno dei pensieri dello *Zibaldone*, se lo sterminio senza fine (e senza fini) di milioni di animali, di milioni di piante, di milioni di semi di animali e di piante la sporca di sangue e la sommerge di dolore ogni giorno, ogni momento?

Ma a ben vedere una simile visione, realistica, della natura è tutt'altro che incompatibile con un approccio scientifico. Dopo Charles Darwin e la pubblicazione dell'*Origine delle specie* (1859) molti uomini di scienza inizieranno a pensare alla natura come all'arena dove si svolge non il meraviglioso spettacolo di cui parlava l'Abate Pluche, ma una cruda e spesso cruenta lotta per la sopravvivenza. Il verso del poeta Alfred Tennyson – "*Nature, red in tooth and claw*" (Natura, rossa nelle zanne e negli artigli) – sarà preso a prestito da molti specialisti per rappresentare la loro idea di natura.

In definitiva, la critica di Leopardi alla scienza è severa, ma non definitiva. La varietà e le circostanze della natura sono tali e tante, sostiene, che le teorie scientifiche sono ancora incapaci di darci una descrizione compiuta della realtà. La scienza non è ancora sufficiente. Talvolta è platealmente insufficiente. Ma mai è inutile.

Molto più radicale è, invece, la critica che Leopardi viene progressivamente muovendo alla ideologia scientifica del tempo – il meccanicismo – di cui era un convinto assertore in età giovanile. Le leggi della meccanica – che pure per un certo periodo ha considerato come le leggi in grado di catturare per intero l'ordine implicito della natura – gli sembrano strutturalmente incapaci di cogliere la verità del mondo naturale.

Il giovane di Recanati è, in realtà, tra i primi all'inizio del XIX secolo a rappresentare la crisi del meccanicismo. E ha piena consapevolezza che la scienza e quella visione del mondo fondata sulle leggi della meccanica non sono dimensioni totalmente sovrapponibili. Tuttavia considera il sistema newtoniano come un punto di arrivo della ricerca in fisica. Come un paradigma che magari può essere modificato, ma non abbattuto. È un passaggio decisivo per la filosofia della scienza di Leopardi. La conseguenza è che

> una volta interpretato il sistema newtoniano come il punto ultimo dello sviluppo della scienza della natura, l'ultima parola della scienza nella conoscenza della natura, Leopardi non vede le condizioni perché all'interno di un tale ordine di conoscenza si sviluppi un movimento realmente progressivo, che soltanto un sistema scientifico alternativo potrebbe produrre. [Polizzi, 2003]

La funzione sociale della scienza

Leopardi ha sempre presente la funzione sociale della scienza. Che è duplice. Da un lato la scienza ha un valore culturale e quindi sociale in sé, perché con le nuove conoscenze sul mondo che continuamente produce aiutano l'uomo a spogliarsi di miti e pregiudizi. A uscire dalle nebbie dell'ignoranza. Ad andare oltre se stesso e ad acquisire una crescente dignità. Dall'altra la scienza ha un valore sociale per le possibili applicazioni, tecnologiche, delle nuove conoscenze.

In età giovanile non ha dubbi. Entrambi questi caratteri sociali dell'impresa scientifica hanno una valenza positiva. Ma con la crescente percezione dei limiti della scienza e, soprattutto, con la progressiva elaborazione del suo pessimismo cosmico, cambia il giudizio intorno a entrambi gli aspetti. Ma ancora una volta in maniera differenziale. La conoscenza cessa di avere un valore positivo in sé. Se produce maggiore infelicità la conoscenza può far male. Anche se resta a merito della scienza la lotta alla superstizione e all'ignoranza.

Sul piano del benessere materiale Leopardi viene acquisendo una crescente convinzione che non c'è corrispondenza lineare tra il successo dello sviluppo scientifico e il miglioramento delle condizioni dell'umanità. Quando la conoscenza scientifica viene applicata e diventa tecnologia, assume un carattere effimero e molto poco consistente. Non è affatto detto, in particolare, che una società in cui crescono ricchezza e benessere materiale diventi più felice. Di qui l'ironia verso chi pensa di affidare alla scienza – anzi alla sua smaniosa figliola, la tecnica – il compito di costruire la felicità dell'uomo.

Dallo spirito illuministico di fiducia nella tecnica alla irrisione delle "magnifiche sorti e progressive" Leopardi cambia dunque posizione in maniera radicale: non pensa, come scrive nel saggio *Sopra l'elettricismo*, che le scienze "ridondar possono in qualche modo a pro del genere umano". Non necessariamente, almeno.

Il senso e la scienza

Ma la scienza che spiega "come" va il mondo, anche se in maniera insufficiente, non spiega "perché". Non spiega il senso del mondo. Tutto il percorso intorno alla scienza di Leopardi va letto alla luce del pessimismo cosmico la cui profondità traspare dal canto che il pastore errante dell'Asia rivolge alla Luna.

Questo atteggiamento nuovo di Leopardi su cui molto si è scritto è certo in contrasto con lo spirito illuminista che tracimava dalle sue opere giovanili. Tuttavia la scienza non è né la causa né il principale oggetto del suo pessimismo cosmico. La disillusione – il disincanto – di Leopardi sia sulla possibilità di lenire il dolore e la sofferenza e l'infelicità che informano il mondo sia sulla possibilità di dare un senso alla vita e al cosmo non riguarda solo la scienza. Riguarda l'intera vicenda umana.

Tant'è che il suo interesse per la scienza non termina dopo il 1817. Lo ritroviamo espresso sia nelle pagine dello *Zibaldone*, anche nelle ultime, sia in opere più squisitamente letterarie quali il *Frammento apocrifo di Stratone da Lampsaco* o il *Dialogo della Terra e della Luna*, sia distillato in poesia nei versi dei *Canti*. Anche le sue amicizie tra gli scienziati restano e si rafforzano. Il percorso di Leopardi intorno alla scienza continua per tutta la vita con immutata intensità. Anche se il rapporto che instaura con la scienza è radicalmente mutato. Con un'ulteriore e rozza esemplificazione possiamo dire che il Leopardi della maturità non pensa più, come in età giovanile, che la conoscenza dia la felicità.

La nostra modesta tesi è, dunque, quella di Italo Calvino: Giacomo Leopardi è una delle più grandi espressioni di quel *ménage a trois* con scienza e filosofia in cui si impegna la migliore letteratura italiana. Corollario di questa tesi è che, ancora una volta, è la Luna l'osservatore privilegiato di questa relazione triangolare.

La Storia dell'astronomia

> La più sublime, la più nobile tra le Fisiche scienze ella è senza dubbio l'Astronomia.

È con questo inno alla scienza del cielo che si apre e si snoda per intero l'ardito progetto che un giovane quindicenne di Recanati tenta e realizza nel chiuso dello studio paterno: scrivere la storia della scienza astronomica.

Il giovane si chiama Giacomo, è nato il 29 giugno 1798, primo di otto figli messi al mondo dal conte Monaldo Leopardi e dalla marchesa Adelaide Antici. Sulla vita di Giacomo molto è stato scritto e nulla conviene aggiungere. Se non ricordare che la sua infanzia è stata, tutto sommato, felice: vissuta in un piccolo borgo, in una famiglia nobile dai rigidi costumi, imposti da una madre resa ancora più energica dalla necessità di rimettere in sesto il bilancio reso instabile dalle imprudenti speculazioni del conte padre. L'educazione di Giacomo è affidata, come usa, e due ecclesiastici: al gesuita Giuseppe Torres e poi, tra il 1808 e il 1812, all'abate Sebastiano Sanchini. I precettori lo introducono non solo al latino, alla teologia e alla filosofia, ma anche alle scienze naturali.

Ben presto, però, il ragazzo inizia un personale percorso di "studio matto e disperatissimo", frequentando la biblioteca del padre. Monaldo è uomo molto erudito. Ha idee conservatrici, se non reazionarie. Per dirne una: è anticopernicano. E sì che sono passati duecento anni dal *Sidereus Nuncius*, duecentocinquanta dal *De revolutionibus* e oltre cento dalla sintesi newtoniana.

Giacomo crescerà cercando di elaborare un suo solido pensiero in contrasto aperto con le retrograde idee del genitore. Ma proprio per questo il padre resterà una figura centrale nella sua vita intellettuale.

Nella biblioteca paterna, ma anche nelle altre di Recanati cui ha accesso, le tentazioni culturali sono molte e il ragazzo si lascia sedurre da tutte. Comprese quelle, irresistibili, che gli provengono dai testi scientifici antichi e recenti. Lo studio è affannoso, ma fruttuoso.

Scrivere diventa il modo per evadere dal mondo chiuso di Recanati. I mille e mille libri della biblioteca rappresentano altrettante vie di fuga. Tra i nove e i dieci anni inizia a scrivere in latino e a produrre i primi versi in italiano, raccolte successivamente nelle cosiddette *Opere puerili*. Nel 1810 inizia gli studi di filosofia e nel 1812, ad appena 14 anni, ha già finito di scrivere il suo primo saggio, le *Dissertazioni filosofiche*.

E la scienza è già presente nella sua ricostruzione filosofica del mondo, se ben 10 delle 24 dissertazioni riguardano la fisica, sia teorica sia sperimentale, e spesso nelle dissertazioni che riguardano la logica e la metafisica c'è un riferimento diretto alla conoscenza scientifica [Polizzi, 2004]. È in questo periodo che Giacomo inizia a leggere i testi di Pluche, di Fontenelle, della cultura scientifica dell'Illuminismo e che viene a conoscenza degli ultimi risultati raggiunti nelle varie scienze.

Immediatamente dopo e in continuità con le *Dissertazioni*, ecco che il ragazzo inizia a impegnarsi, per dirla con Karl Vossler, nella "storia d'una scienza ch'egli non possiede affatto". E nel 1813 scrive la *Storia dell'Astronomia dalla sua origine fino al 1811*.

Certo il giovanissimo Giacomo non è un astronomo e dunque non possiede affatto la scienza astronomica. Tuttavia cerca di ricostruire, in modo compiuto, il modo in cui l'uomo ha progressivamente imparato a osservare il cielo e a scoprire come vadano le cose nell'universo più profondo fino a fare, di questa osservazione, una delle più sublimi e più nobili tra le fisiche scienze.

La *Storia dell'Astronomia* del quindicenne di Recanati è una delle prime mai scritte in assoluto. Come ricorda Franco Gàbici, in una bibliografia generale che sarà pubblicata nel 1887 sono citate solo 31 opere di ricostruzione storica della ricerca astronomica e solo una decina reggono il confronto con l'opera di Leopardi per vastità e completezza di dati [Gàbici, 2000].

La *Storia dell'Astronomia* di Giacomo Leopardi è considerata ed è certamente un'opera erudita. E in effetti il novero delle conoscenze sulla storia dell'osservazione dei cieli che il giovane Leopardi dimostra di aver acquisito è davvero enorme. La quantità delle citazioni è sterminata. Addirittura prodigioso il numero dei testi citati nella parte che riguarda l'astronomia degli antichi. Una parte che Leopardi stesso considera particolarmente ben riuscita e interessante. Tant'è che dopo un anno, nel 1814, la distacca dal trattato principale e la riformula nella *Dissertazione sopra l'origine e i primi progressi dell'astronomia*.

Ma la *Storia dell'Astronomia* non è solo un'opera di erudizione. Possiede una sua chiave di lettura molto precisa della scienza astronomica e della sua storia. Già dall'incipit si comprende che il ragazzo prova entusiasmo per la disciplina. "La più sublime, la più nobile tra le Fisiche scienze ella è senza dubbio l'Astronomia". Ma è un entusiasmo motivato dalla sua fiducia illuministica nella conoscenza: "l'uomo s'innalza per mezzo di essa come al di sopra di se medesimo, e giunge a conoscere la causa dei fenomeni più straordinari".

Questo elevarsi dell'uomo "sopra se medesimo" per mezzo della scienza è, come vuole lo spirito dei lumi, progressivo. Leopardi è convinto che attraverso la conoscenza e, in particolare, attraverso la conoscenza astronomica, l'uomo sale sempre più in alto. Lo dimostra la storia.

All'inizio l'uomo è mosso, quasi naturalmente, dalla curiosità:

L'uomo non fu da principio spinto ad osservare gli astri, che dalla curiosità. Lo spettacolo imponente di tanti corpi luminosi e brillanti, di una picciolezza compensata dalla loro moltitudine invitava la sua vista fatigata dalla luce del giorno a riposarsi in quell'azzurro che rivestia la volta celeste diversamente illuminata dallo splendore di que' piccioli fuochi. L'uomo seguì quest'invito con compiacenza. Preso da una profonda ammirazione, egli si rivolse a contemplare quei corpi che, camminando tranquillamente, senza urtarsi e senza distruggersi, annunziavano la potenza del Creatore e la magnificenza della natura. L'uomo riflessivo seguì quietamente il corso delle sue idee. Le solitudini, i deserti furono i primi osservatorii astronomici. Quivi l'uomo, abbandonato al riposo, e lasciato in balìa di se stesso, contemplò lo spettacolo del cielo con curiosità e con ammirazione.

Questo brano merita per lo meno un inciso. Come non trovare una corrispondenza tra l'immagine dell'uomo abbandonato al riposo nella solitudine dei deserti che mosso dalla curiosità eleva gli occhi al cielo e il pastore errante dell'Asia che la sera, quando si riposa, eleva il suo canto alla Luna? E come non trovare, in questa corrispondenza, l'indizio potente di una stabilità di interessi, di una riflessione che continuamente ritorna su stessa in forme diverse e con contenuti nuovi?
Ma torniamo alla storia. Ben presto, sostiene Giacomo, la molla che muove allo studio del cielo si modifica. Diventa pratica:

Ben presto però l'Astronomia, figlia della curiosità, divenne l'allievo della necessità. L'uomo nato agricoltore avea bisogno di un metodo che dasse regola e norma alle sue rustiche operazioni. Egli ritrovò questo metodo nel corso del sole. Dodici giri della luna si compiono nel tempo di un sol giro del sole. Si divida dunque questo in 12 mesi. Conosciuti i mesi lunari e l'anno solare, l'Astronomia cominciò a divenire scienza. L'uomo che da principio non osservò gli astri che per curiosità, li osservò poi per trarne delle cognizioni utili.

Al quindicenne di Recanati dunque non è estranea né l'idea del valore culturale in sé della conoscenza scientifica, né l'idea della sua utilità pratica.
La *Storia dell'Astronomia* di Giacomo Leopardi ha molti pregi – tantissimi, se si considera che è l'opera di un ragazzo autodidatta – e, ovviamente, qualche difetto. Molti l'hanno trattata in maniera ingenerosa. Giuseppe Chiarini e Karl Vossler, per esempio, accusa-

no apertamente il ragazzo di aver scritto su un argomento che non conosce. Vossler addirittura infierisce, definendola una "pazzesca e superflua fatica". Francesco De Sanctis è più equilibrato, perché riconosce che l'opera "fa spavento per la quantità di libri ove attinse, delle notizie raccolte, e per la pazienza delle ricerche" e che "si legge non senza diletto in certi punti", anche se meno in altri, dove "il lettore perde la pazienza, affogato in quell'infinità di citazioni, di date e di notizie, si che il libro ti pare più un sommario che una storia" [De Sanctis, 1983].

Tanta severità tuttavia non è solo un tantino ingenerosa verso il giovane in formazione. È soprattutto sviante rispetto all'intero percorso intellettuale del poeta e del filosofo. La *Storia dell'Astronomia* è una tappa niente affatto irrilevante dell'elaborazione culturale di Leopardi. Non merita la condizione di oblio e/o di sottovalutazione cui per lungo tempo è stata tenuta E, infatti, di recente sempre più critici hanno smesso di considerarla un'opera, più o meno riuscita, di mera erudizione e hanno iniziata a considerarla come la prima manifestazione di una vocazione di Leopardi per la lirica del cielo, per l'idillio cosmico [Gàbici, 2000].

Per la poesia della Luna.

Certo, il libro non è dedicato al satellite naturale della Terra. Certo, Leopardi stesso sottolinea che:

> La luna non è la sola che adorna e rende bello lo spettacolo della notte.

Ma è altrettanto vero che a lei, alla Luna, il ragazzo dedica ampio spazio nel suo trattato. Perché riconosce in lei l'oggetto che più di ogni altro eccita "la meraviglia de' primi astronomi", come scrive all'inizio del *Capo quinto* dedicato ai *Progressi fatti dalla astronomia*:

> La luna fissò altresì l'attenzione de' nostri primi osservatori. Un corpo talora falcato, talora rotondo, che avvanzandosi con maestà facea scomparir la plebe delle stelle, concedendo sol di risplendere alle più luminose e più brillanti, che essendo più grande in apparenza del sole spandea nondimeno minor copia di luce, il cui splendore delicato ed argenteo ricreava l'occhio senza offenderlo, non potea non eccitar la meraviglia de' primi astronomi. La luna fu certamente uno de' principali

> oggetti delle loro ricerche, specialmente allor che fu veduta diminuirsi appoco appoco, e finalmente rendersi del tutto invisibile. I primi osservatori spinti dalla curiosità si posero ad indagare il tempo in cui compivasi il corso de' diversi fenomeni della luna, e ben presto lor venne fatto di rinvenirlo.

In quel medesimo capitolo alla Luna è dedica un intero paragrafo, subito dopo quello dedicato al Sole. La nota inizia così:

> 4. *Luna*. Ma già il sole è giunto al termine del diurno suo corso. Egli ha abbandonato il nostro emisfero, ed altri popoli ed altre nazioni godono ora de' suoi benefici influssi. Il palagio della natura non rimane però privo di luce. Benché la notte non sia destinata che al silenzio ed al sonno, può nondimeno l'uomo aver mestieri di prolungare il suo travaglio, o di continuare i suoi viaggi. La natura sempre attenta a provvedere a tutti i suoi bisogni oltre le varie fiaccole che nel cielo ha disposte, e che abbastanza rischiarano il suo cammino, gli ha altresì somministrato un luminare superiore in chiarezza a tutte le stelle, un magnifico specchio, da cui gli vien resa nella notte una parte della luce solare che avea perduta. Questo corpo richiamò l'attenzione de' primi osservatori. Le sue fasi comparvero dapprima assai meravigliose. Quando la luna comincia ad apparir nella sera al tramontar del sole, presenta la forma di una falce o di un filo luminoso e curvo le di cui corna son verso l'oriente e la di cui convessità è verso il sole. La falce ben presto si allarga, la luna si allontana dal sole, e rimane per più lungo tempo sull'orizonte. La parte illuminata sensibilmente si accresce, e comparisce un mezzo disco: la luna allora al venir della notte è nel mezzo del cielo. Quattordici giorni circa dopo la sua prima apparizione, la luna si leva quando il sole tramonta; allora è piena, cioè mostra un disco tutto illuminato. Ma il suo lume comincia tosto a scemare: il sole è preceduto dalla luna che si leva prima di esso. Finalmente la luna non si leva più, si rende per alcun poco invisibile, e torna poi di nuovo a riprendere le stesse apparenze.
> Osservati questi fenomeni si dovè conchiudere, che la luna risplende per luce altrui e che questa luce le viene dal sole. È all'uom naturale il passar dagli effetti alle cause. Conosciuto un effetto l'uomo si sente spinto ad indagarne la cagione.

Questa dotta curiosità è la madre delle scoperte più belle. Se dagli effetti ben esaminati l'uomo non facesse passaggio alle cause, egli si troverebbe tuttora nella più profonda ignoranza.

Riconosciamo, in questa descrizione, per intero la filosofia naturale cui aderisce, in questa fase della vita, Giacomo Leopardi. La natura benigna e persino provvidenziale: la Luna è stata posta in cielo per rischiarare la notte agli umani e agli altri abitanti del pianeta Terra. La molla della curiosità, che spinge l'uomo a guardare dietro le quinte dello spettacolo cosmico. L'utilità della conoscenza, che consente all'uomo di uscire dalla condizione di ignoranza. Il paragrafo si chiude con toni non meno lirici.

La notte sembra incaricata di far sì che il Re della natura tranquillamente riposi, e che si rispetti in ogni dove il suo sonno. Non era però conveniente che a coloro che vegliano, un lume si dasse capace di disturbare la quiete di coloro che riposano. Fu quindi disposto che la luna non risplendesse che di una luce soave e poco brillante, capace di recar soccorso all'uomo che veglia, e incapace di recar molestia all'uom che riposa. Tutto è provvidamente distribuito nella natura. La confusione, e il disordine non possono aver luogo nelle opere di quella sapienza che detta leggi a tutto il creato.

I cieli che Leopardi ammira sono davvero cosmo, il tutto armoniosamente ordinato dei Greci. Non si tratta solo di un'ammirazione astratta, realizzata sui libri e coi libri. È un'ammirazione reale. Il giovane esce spesso dalla biblioteca e si ferma di notte a contemplare il cielo. Perché è innamorato della Luna e della sua incombente presenza sul natio borgo selvaggio. Leopardi, infatti, "soleva di sera, quand'egli era giovane, venire da una collina a rimirar la luna" [Montefredini, 1881]. Ed egli stesso rivelerà nei *Ricordi d'infanzia e di adolescenza*, scritti nel 1819, le sue "meditazioni dolorose nell'orto o giardino al lume della luna". La visione cosmica e la filosofia del ragazzo sono ancora acerbe (e come potrebbe essere altrimenti?). Ma la *Storia dell'astronomia* ha molti pregi, largamente sottovalutati. È sufficientemente completa e rappresenta una buona opera di divulgazione. Il quindicenne Leopardi si dimostra un provetto comunicatore di scienza e di storia della scienza.

L'astro narrante

E quell'entusiasmo che trasmette – che pure sa di ingenuità – può catturare il lettore. In definitiva, il libro andrebbe ancora letto. E quindi andrebbe ancora riproposto al grande pubblico, come ha fatto di recente Margherita Hack [Leopardi, 2002].

Tuttavia l'opera assume una luce ancora più brillante e ci aiuta a capire chi è Giacomo Leopardi, se ci chiediamo perché a quindici anni il poeta di Recanati ha deciso di scrivere con spavalda sicurezza una *Storia dell'Astronomia*.

Non è certo una scelta casuale.

Non è solo perché innamorato dei cieli, e soprattutto del cielo di Recanati. Anche se questa componente conta. Come dimostrerà chiaramente nelle *Ricordanze*, una delle più celebri tra le sue celebri poesie, scritta nel 1829:

> Vaghe stelle dell'Orsa, io non credea
> Tornare ancor per uso a contemplarvi
> Sul paterno giardino scintillanti,
> E ragionar con voi dalle finestre
> Di questo albergo ove abitai fanciullo,

Il cielo di Recanati conta. E conta la Luna di Recanati. Come sostiene Cesare Angelini: "Nessun paese entrato a vivere nella poesia, è bagnato di luna come Recanati" [Angelini, 1970]. Il "mite argento" dell'astro narrante

> pende sull'ermo colle e su la selva e tutta la rischiara; posa queta, sovra i tetti e in mezzo agli orti; splende sovra campagne inargentate ed acque: cara, silenziosa, graziosa, cadente, rugiadosa, candida, aurea, tacita, placida, vergine, intatta, vereconda: accolta coi più affidabili accenti. Nel *Sabato del villaggio* c'è quasi fretta che il sole vada sotto, perché i colli e i tetti, la piazza e ogni cosa goda al biancheggiar della recente luna. [Angelini, 1970]

Eccola, mentre arriva:

> Già tutta l'aria imbruna,
> torna azzurro il sereno, e tornan l'ombre
> giù da' colli e da' tetti,
> al biancheggiar della recente luna.

Or la squilla dà segno
della festa che viene;
ed a quel suon diresti
che il cor si riconforta.

Ma torniamo ai motivi che spingono il quindicenne Leopardi a occuparsi dell'astronomia e della sua storia. Non scrive neppure, solamente, per incitamento del padre o all'opposto per gareggiare col genitore, che peraltro supera subito e ampiamente sia per erudizione sia per profondità di elaborazione culturale.

Non è neppure solamente perché è ispirato, forse, da alcuni eventi astronomici spettacolari cui ha assistito qualche anno prima (l'eclissi di Sole dell'11 febbraio 1804) o solo pochi mesi prima, con lo spettacolare passaggio della Grande Cometa (C71811 F1) che appare nei cieli tra il 26 marzo 1811 e il 17 agosto 1812, visibile a occhio nudo per 260 giorni grazie a una coda lunga milioni di chilometri.

Il ragazzo quindicenne scrive la *Storia dell'astronomia* anche e soprattutto perché a quindici anni si è formato un'idea forte della scienza. Cui riconosce, immediatamente, la capacità di produrre conoscenza. Conoscenza vera, sia pure intorno alla sola natura fisica del mondo. Capace di elevarlo "al di sopra di se medesimo". Abbattendo i miti. E cercando di sconfiggere, non sempre con successo, l'ignoranza. Come avviene, si lamenta, con l'astrologia:

> parto infelice dell'umana ambizione e follia. [...] I filosofi esclamarono contro una sì mostruosa invenzione, ma il volgo non ne divenne più savio, e gl'impostori applauditi dal volgo seguirono ad ingannarlo. Il creder possibile la cognizion del futuro serve a pascere la curiosità dell'uomo, e il riputar di conoscerlo in effetto lusinga la sua ambizione. Questa infermità di mente fu ed è tuttora incurabile, e gli astrologi divennero ben presto l'oggetto dell'ammirazione del volgo.

Malgrado abbiano qualche difficoltà ad affermarsi tra il volgo, le conoscenze scientifiche e – in particolare le conoscenze degli astri e l'osservazione dei cieli – sono sapienza "poco meno che divina": consentono di "elevarsi a Dio" [Gàbici, 2000]. E nel contempo di conquistare il dominio del mondo.

E già, perché Giacomo ha fatto propria fino in fondo la cultura illuminista e ammira non solo la bellezza, ma anche la potenza che viene dalla conoscenza del cielo. E lo dimostra in questo passaggio:

> Al tempo di Copernico accadde un fatto, che non fe' poco onore alla scienza degli Europei. Cristoforo Colombo, uomo abile in Astronomia, siccome pur lo fu l'altro navigatore Americo Vespucci, che in questa scienza ebbe perizia non ordinaria per quella età; essendo vicino alla Giammaica fe' sapere ai barbari di quell'isola, che se essi non recavangli ciò che bramava, egli avrebbe tolto il lume alla luna. Que' barbari ciò udendo si fecero beffe della minaccia di Colombo. Ma quando la luna per una ecclissi, che Cristoforo avea preveduta, cominciò ad oscurarsi, atterriti essi ed attoniti, stimando un effetto del potere degli Europei ciò, che non provenia se non da cause naturali, si sottomisero ai voleri di Colombo e recarongli ciò che volle.

In conclusione, Giacomo Leopardi scrive la *Storia dell'astronomia* perché a quindici anni ha questa visione "forte" della scienza. Una visione con cui continuerà a confrontarsi per tutta la vita e che contribuisce a far nascere nel giovane erudito di Recanati il sublime poeta.

Leopardi, Copernico e Galileo

Una parte di questa visione forte gli deriva da Galileo Galilei, l'uomo che ha scoperto le montagne sulla Luna. Nelle sue opere, tuttavia, il poeta nato a Recanati non cita spesso lo scienziato nato a Pisa. Eppure è possibile dimostrare che "la figura e l'opera di Galileo [hanno un ruolo decisivo] sulla filosofia di Leopardi e sul suo stile" [Polizzi, 2007].

Leopardi, infatti, non solo ha letto Galileo e le opere su Galileo. Ma lo considera: il più grande fisico di tutti i tempi; un filosofo di primaria importanza nella storia del pensiero umano; e, insieme a Dante, appunto, il più grande rappresentante della letteratura italiana. Galileo è "per la sua magnanimità nel pensare e nello scrivere" un modello per Leopardi.

In realtà il giovane di Recanati, pur conservando sempre una sintonia di fondo con Galileo, modifica e aggiorna e affina nel tempo i suoi giudizi su quello che John Milton ha definito "l'artista toscano". Leopardi scopre nel tempo Galileo. Ma, come sempre accade con i giganti che salgono sulle spalle di giganti, Leopardi ha una lettura critica e personale di Galileo.

Il giovane Giacomo trae invece conseguenze dirette ed evidenti da uno dei distillati più densi prodotti dall'astronomia diventata scienza: il principio copernicano. Quello che il giovane Leopardi dimostra nella *Storia dell'Astronomia* è un copernicanesimo radicale [Di Meo, 1998].

Totale è l'ammirazione per Copernico,

> quell'ardimentoso Prussiano, che fe' man bassa sopra gli epicicli degli antichi, e spirato da un nobile estro astronomico, dato di piglio alla terra, cacciolla lungi dal centro dell'universo ingiustamente usurpato, e a punirla del lungo ozio, nel quale avea marcito, le addossò una gran parte di quei moti, che venivano attribuiti a' corpi celesti, che ci sono d'intorno. Quest'uomo immortale nacque in Thorn.

È un'ammirazione che non verrà mai meno. Ancora nel 1827 scrive un'opera teatrale, *Copernico*, in cui il polacco è protagonista, insieme al Sole.

L'osservazione del cielo e il modello di Copernico dimostrano che l'uomo non è al centro del creato. È ospite di uno dei pianeti che ruotano intorno al Sole. E il Sole, come ha di recente dimostrato Frederick William Herschel, non è che una delle infinite stelle che si muovono nell'universo.

La scienza, dunque, appare al giovane Leopardi come uno strumento potente per costruire immagini del mondo. E l'astronomia in particolare si dimostra come il mezzo più potente per abbattere il mito della centralità cosmica dell'uomo e costruire una nuova visione del mondo fondata sul principio copernicano.

Da questa visione del cosmo e degli infiniti mondi che lo abitano, che va ben oltre Copernico e che appare quasi bruniana, Leopardi trae la convinzione sempre più forte della marginalità dell'uomo. E della sua vicenda. Una convinzione che lo porterà, di lì a qualche anno, a interrogarsi sul senso del mondo. Passato l'entusiasmo adolescenziale, Giacomo comincia ad approfondire la sua riflessione sul pensiero copernicano. Se l'uomo non è al centro dell'universo, non è neppure "il" centro dell'universo. E il suo errare nel cosmo appare ancor più privo di senso.

Proprio questa mancanza di senso, che Leopardi coglie nella vicenda umana applicando fino in fondo, con grande lucidità e rigore logico, il principio copernicano, lo porterà a modificare la sua percezione della scienza e a formulare, ormai diciannovenne, la sua amara riflessione sull'"infinita vanità del vero" (*Zibaldone*, 1817). Che non è una ripulsa della scienza. Ma, al contrario, la convinzione che neppure la scienza, ovvero neppure la cultura che consente all'uomo moderno di innalzarsi "come sopra se medesimo" e di andare "sopra gli errori popolari degli antichi", riesce a dare un senso alla vita.

Da questo punto di vista la scoperta del copernicanesimo risulterà addirittura determinante per l'elaborazione del suo pessimismo cosmico.

La crisi

Dopo aver completato la *Storia dell'Astronomia*, Giacomo Leopardi non esaurisce l'interesse per la scienza né modifica il suo approccio alla scienza. L'anno dopo, infatti, vede il giovane impegnato a ritornare sui temi del *Capo I* per elaborarli in una forma più stringata, che titola *Dissertazione sopra l'origine e i primi progressi dell'astronomia*. E l'anno dopo ancora, il 1815, scrive il *Saggio sopra gli errori popolari degli antichi*, che molti critici considerano la prima espressione di grande valore letterario nella storia della prosa leopardiana.

Sta di fatto, tuttavia, che anche in questa opera – che il giovane tenta inutilmente di pubblicare prima a Roma e poi a Milano, presso l'editore Stella – la visione illuministica della scienza e della sua funzione sociale non è affatto mutata. Leopardi continua a credere nella scienza, perché

> il mondo è pieno di errori, e prima cura dell'uomo deve essere quella di conoscere il vero.

Naturalmente la scienza è lo strumento migliore per conoscere il vero. È tra il 1816 e il 1817 che si consuma la crisi, su cui molto si è detto e scritto. E su cui, ancora una volta, non conviene aggiungere altro se non per ricordare che il giovane, che ormai muore dalla voglia di uscire dal natio borgo selvaggio, scopre le "belle letture". Scopre il bello. Ma non a scapito del vero, quanto piuttosto accanto al vero. Come scrive Gianni Zanarini, il giovane ormai diciannovenne

> non mette in dubbio che la scienza, da lui così appassionatamente coltivata negli anni dell'adolescenza, permetta di giungere alla conoscenza del vero. Caso mai, è il "vantaggio" dalla liberazione degli errori popolari degli antichi a divenire problematico. [Zanarini, 2001]

Insomma nelle lettere a Pietro Giordani così come nelle nuove opere che Leopardi viene componendo, dallo *Zibaldone* al *Principio di un rifacimento del saggio sopra gli errori popolari degli antichi*, non inizia a mettere in dubbio le verità scoperte dalla scienza, quanto la loro utilità per la condizione umana.

La convinzione che Leopardi viene maturando è progressiva.

Conoscere la verità non serve a diradare le illusioni. Le illusioni sono tenaci. Così scrive in uno dei pensieri dello *Zibaldone* nel 1820:

> Le illusioni per quanto sieno illanguidite e smascherate dalla ragione, tuttavia restano ancora nel mondo, e compongono la massima parte della nostra vita. E non basta conoscer tutto per perderle, ancorché sapute vane. E perdute una volta, né si perdono in modo che non ne resti una radice vigorosissima, e continuando a vivere, tornano a rifiorire in dispetto di tutta l'esperienza, e certezza acquistata.

Conoscere la verità non sempre è bene. "Oh infinita vanità del vero", scrive in uno dei pensieri dello *Zibaldone*.

Talvolta il vero fa male. E le illusioni, invece, fanno bene. Aiutano a superare l'infelicità. La scienza, allora, che continua a proporci verità sul mondo naturale e continua a erodere il novero delle illusioni, può far male. "L'uomo non vive d'altro che di religione o d'illusioni". Il giovane non si illude più sul potere salvifico della conoscenza. Anzi, inizia a considerare la conoscenza come un peso. Talvolta come un peso insopportabile. Così scrive nel *Discorso di un italiano intorno alla poesia romantica* (1818):

> La condizione degli scienziati che contemplando le stelle sanno il perché delle loro apparenze e non si meravigliano né del lampo né del tuono [...] è una condizione artificiata, cioè innaturale.

Per fortuna. Perché la conoscenza senza illusioni porterebbe a toccare la mancanza di senso.

Questa è proposizione esatta e incontrastabile: Tolta la religione e le illusioni radicalmente, ogni uomo, anzi ogni fanciullo alla prima facoltà di ragionare (giacché i fanciulli massimamente non vivono d'altro che d'illusioni) si ucciderebbe infallibilmente di propria mano, e la razza nostra sarebbe rimasta spenta nel suo nascere per necessità ingenita, e sostanziale. Ma le illusioni, come ho detto, durano ancora a dispetto della ragione e del sapere.

Leopardi viene maturando tuttavia, anche un'altra convinzione: che la scienza – almeno la scienza dei suoi giorni – non solo sia vana o addirittura controproducente nel lenire la condizione umana, ma abbia dei limiti anche nella conoscenza del vero intorno alla natura. Perché non sa cogliere il bello, la poesia, l'immaginazione. E già preconizza, però, una nuova forma di conoscenza (dallo *Zibaldone*, 1820).

La nostra rigenerazione dipende da una, per così dire, *ultrafilosofia*, che conoscendo l'intiero e l'intimo delle cose, ci riavvicini alla natura. E questo dovrebbe essere il frutto dei lumi straordinari di questo secolo.

L'*ultrafilosofia* di Leopardi non è, come qualcuno sostiene, una dimensione che fa a meno della ragione. Semmai è una forma di conoscenza più profonda, che si serve anche (ma non solo) della ragione. D'altra parte è in questi anni che Leopardi scopre da un lato il valore e dall'altro il potere che ha la poesia di cogliere il bello e dare campo libero all'immaginazione. E inizia a riformulare la sua filosofia della natura. Che, come rileva Gaspare Polizzi, da "natura specchio della bontà divina" appare a Leopardi sempre più come "empia madre". La natura è ormai "soggetto di uno spettacolo in cui gli uomini sono solo residui contingenti" [Polizzi, 2008]. È il trionfo di un principio copernicano assoluto. Ed è il disincato che promana da questa acquisita consapevolezza.

La posizione filosofica di Leopardi a questo punto è diventata molto complessa e sofisticata. La natura senza senso è indifferente alla condizione umana, anzi spesso è crudele matrigna. La conoscenza della natura, ovvero la scienza, ha ancora una funzione, come dice chiaramente nell'opera teatrale dedicata a Copernico: è demistificante. Non è poca cosa. Perché, anche se la scienza non coglie il bello ma solo il vero, quando non c'è il bello – sostiene Leopardi – è utile che ci sia almeno il vero.

Tuttavia il possesso del vero, la conoscenza della natura mediante la scienza, ove anche fosse perfetta, non servirebbe a lenire la condizione umana, a trovare un senso. Per ora solo le illusioni e le superstizioni e le religioni riescono allo scopo. Ma la regola vale per chi non conosce. Per chi non sa. Occorrerebbe trovare un modo per vivere in un mondo senza senso. La scienza non ci offre questo modo. Anzi, la scienza attuale è incapace di cogliere l'intimo della natura. Occorrerebbe una conoscenza – una nuova scienza – capace di riavvicinarci alla natura – a quella natura indifferente e spesso matrigna – facendosi largo nella sue infinite e decisive circostanze. Nella sua complessità.

I luoghi della riflessione di Leopardi sulla filosofia naturale si sono ormai moltiplicati. Queste riflessioni le viene affidando al suo diario, alle sue lettere, alle sue opere in prosa e alle sue poesie. E la sintesi – e una sintesi – la troviamo nel *Canto notturno di un pastore errante dell'Asia*, scritta tra il mese di ottobre del 1829 e il mese di aprile del 1830.

Ora possiamo dire che ha ragione Karl Vossler: la domanda che pone il pastore errante dell'Asia, "Che fai tu luna in ciel?", tormentava Giacomo Leopardi già mentre scriveva la *Storia dell'astronomia*. La differenza è che a 15 anni, da illuminista entusiasta, ancora credeva che la risposta alla domanda fosse nella scienza. Anzi, fosse la scienza.

Diciassette anni dopo si avvede che neppure la scienza può dare risposta a questa domanda. La scienza spiega come la Luna sta in cielo. Non che senso abbia il fatto che siano il cielo e gli infiniti mondi, compresa la Luna, che lo popolano. Dobbiamo anche riaffermare che per Leopardi questa incapacità di spiegare il senso del mondo non è un annullamento totale della funzione della scienza. Anche dopo "la crisi", il giovane resta convinto che l'astronomia e più in generale la conoscenza scientifica consentano comunque all'uomo di elevarsi sopra gli errori del mito e della superstizione. Nella *Ginestra*, scritta un anno appena prima di morire, sotto il titolo lamenta "e gli uomini vollero piuttosto le tenebre che la luce", con ciò dimostrando che continua a ritenere il vivere alla luce della conoscenza una condizione comunque migliore del vivere nelle tenebre dell'ignoranza.

Purtroppo la scienza che getta luce sul mondo e consente all'uomo di uscire da una condizione indesiderabile di ignoranza – tra mille difficoltà e molti limiti – comunque non è abbastanza per dare un senso alla sua vita. Il senso va cercato altrove.

Resta la Luna

Resta la Luna.
In molte forme. Come presenza costante. Talvolta silenziosa. Tal altra dialogante. L'amore di Leopardi per la Luna è davvero precoce. Troviamo l'astro in una delle prose giovanili, *Descrizione di un incendio*, scritta a 11 anni, nel 1809.

> Pallida sul cielo volveasi la luna, e fra le squarciate nubi mostravasi di volo. Tutto era silenzio, ed i stanchi corpi dormivano in tranquillo riposo. Quando all'improvviso mi desto da insolito rumore, che sentesi in confuso eccheggiar per l'aria.

La troviamo, come abbiamo visto, negli scritti astronomici degli anni che precedono "la crisi", come esempio e presidio dello spettacolo della natura. E la troviamo negli anni che seguono "la crisi", come astro consolatore.

Paolo Rota ha verificato che solo nei *Canti* e a parte i titoli, la parola "Luna" ricorre 25 volte [Rota, 1997]. Noi abbiamo verificato che in quei medesimi *Canti* la parola "Luna" è immediatamente preceduta da 12 diversi aggettivi.

È candida e aurea; cara, diletta, graziosa; cadente, recente, rugiadosa; vergine e intatta; è tacita e silenziosa. Eppure continua a narrare. Come prima. Più di prima.

> Leopardi, "dimmi, o luna: a che vale?"

Candida luna	*Bruto Minore*
	Canto notturno di un pastore errante dell'Asia
Aurea luna	*Inno ai Patriarchi*
Cadente luna	*Ultimo canto a saffo*
Graziosa luna	*Alla luna*
Diletta luna	*Alla luna*
Cara luna	*La vita solitaria*
Tacita luna	*Al conte Carlo Pepoli*
Silenziosa luna	*Canto notturno di un pastore errante dell'Asia*
Vergine luna	*Canto notturno di un pastore errante dell'Asia*
Intatta luna	*Canto notturno di un pastore errante dell'Asia*
Recente luna	*Il sabato nel villaggio*
Rugiadosa luna	*Spento il diurno raggio*

Per dirci che nella temperie filosofica e letteraria di Leopardi la natura dello "spettacolo della natura" è cambiata. Prima il giovane di Recanati guardava a quello spettacolo con gli occhi soprattutto della ragione. Dopo lo osserva soprattutto con gli occhi del sentimento. Prima lo percepisce mediante la scienza. Dopo lo attraversa con la poesia. Quello che non è cambiato è la presenza di lei, della Luna, presidio costante ma mai incombente dello spettacolo cosmico. Non è una nostra inferenza. Lo scrive a chiare lettere Leopardi stesso nel *Discorso di un italiano intorno alla poesia romantica* (1818):

> Una notte serena e chiara e silenziosa, illuminata dalla luna, non è uno spettacolo sentimentale?

La Luna, dunque, accompagna per intero la transizione di Leopardi. E la narra, trasformandosi progressivamente da elemento realistico in elemento allegorico. Senza mai perdere, tuttavia, né l'uno né l'altro carattere.

E non ha forse l'uno e l'altro carattere l'astro narrante del *Dialogo della Terra e della Luna*, scritto tra il 24 e il 28 aprile 1924, che riassume – almeno così ci sembra – tutto il rapporto tra Leopardi, la scienza, la natura e la Luna?

Sentite la parte finale del dialogo tra due oggetti celesti della "stessa specie", con la Terra che ha chiesto notizie degli abitanti della Luna e lei, la Luna, ha smontato il suo ingenuo geocentrismo:

TERRA. Almeno mi saprai tu dire se costì sono in uso i vizi, i misfatti, gl'infortuni, i dolori, la vecchiezza, in conclusione i mali? Intendi tu questi nomi?
LUNA. Oh cotesti sì che gl'intendo; e non solo i nomi, ma le cose significate, le conosco a maraviglia: perché ne sono tutta piena, in vece di quelle altre che tu credevi.
TERRA. Quali prevalgono ne' tuoi popoli, i pregi o i difetti?
LUNA. I difetti di gran lunga.
TERRA. Di quali hai maggior copia, di beni o di mali?
LUNA. Di mali senza comparazione.
TERRA. E generalmente gli abitatori tuoi sono felici o infelici?
LUNA. Tanto infelici, che io non mi scambierei col più fortunato di loro.
TERRA. Il medesimo è qui. Di modo che io mi maraviglio come essendomi sì diversa nelle altre cose, in questa mi sei conforme.
LUNA. Anche nella figura, e nell'aggirarmi, e nell'essere illustrata dal sole io ti sono conforme; e non è maggior maraviglia quella che questa: perché il male è cosa comune a tutti i pianeti dell'universo, o almeno di questo mondo solare, come la rotondità e le altre condizioni che ho detto, né più né meno. E se tu potessi levare tanto alto la voce, che fossi udita da Urano o da Saturno, o da qualunque altro pianeta del nostro mondo; e gl'interrogassi se in loro abbia luogo l'infelicità, e se i beni prevagliano o cedano ai mali; ciascuno ti risponderebbe come ho fatto io. Dico questo per aver dimandato delle medesime cose Venere e Mercurio, ai quali pianeti di quando in quando io mi trovo più vicina di te; come anche ne ho chiesto ad alcune comete che mi sono passate dappresso: e tutti mi hanno risposto come ho detto. E penso che il sole medesimo, e ciascuna stella risponderebbero altrettanto.
TERRA. Con tutto cotesto io spero bene: e oggi massimamente, gli uomini mi promettono per l'avvenire molte felicità.
LUNA. Spera a tuo senno: e io ti prometto che potrai sperare in eterno.
TERRA. Sai che è? questi uomini e queste bestie si mettono a romore: perché dalla parte della quale io ti favello, è notte, come tu vedi, o piuttosto non vedi; sicché tutti dormivano; e allo strepito che noi facciamo parlando, si destano con gran paura.
LUNA. Ma qui da questa parte, come tu vedi, è giorno.

TERRA. Ora io non voglio essere causa di spaventare la mia gente, e di rompere loro il sonno, che è il maggior bene che abbiano. Però ci riparleremo in altro tempo. Addio dunque; buon giorno.
LUNA. Addio; buona notte.

La Luna dunque, narra come lo spettacolo della natura in Leopardi ha cambiato natura. E come nel medesimo cosmo copernicano di prima aleggi la medesima mancanza di senso. La medesima infelicità.

La verità è che la natura in Leopardi prende forma attraverso la Luna. Fisicamente. Come scrive Paolo Rota:

> Le notti leopardiane [...] pongono il "candido" astro in costante rapporto con il paesaggio circostante, che sembra derivare le proprie connotazioni dalla presenza (o dall'assenza) della luce lunare. [Rota, 1997]

E come dicono direttamente questi versi della *Vita solitaria* (1821), dedicati a lei, regina della notte, e ai suoi raggi infesti (ostili e molesti) per i ladron e le malvage menti, ma sempre vezzoso per chi, anche se solingo e muto, è innocente nel cuore e nella mente.

> O cara Luna, al cui tranquillo raggio
> Danzan le lepri ne le selve; e duolsi
> A la mattina il cacciator, che trova
> L'orme intricate e false, e da i covili
> Error vario lo svia; salve, o benigna
> De le notti reina. Infesto scende
> Il raggio tuo fra macchie e balze o dentro
> A deserti edifici, in su l'acciaro
> Del pallido ladron che a teso orecchio
> Il fragor de le rote e de' cavalli
> Da lungi osserva o il calpestio de' piedi
> Sul tacito sentier; poscia improvviso
> Col suon de l'armi e con la rauca voce
> E col funereo ceffo il core agghiaccia
> Al passegger, cui semivivo e nudo
> Lascia in breve tra' sassi. Infesto occorre
> Per le contrade cittadine il bianco
> Tuo lume al drudo vil che de gli alberghi

> Va radendo le mura e la secreta
> Ombra seguendo, e resta, e si spaura
> De le ardenti lucerne e de gli aperti
> Balconi. Infesto a le malvage menti,
> A me sempre benigno il tuo cospetto
> Sarà per queste piagge, ove non altro
> Che lieti colli e spaziosi campi
> M'apri a la vista. Ed io soleva ancora,
> Bench'innocente io fossi, il tuo vezzoso
> Raggio accusar ne gli abitati lochi
> Quand'ei m'offriva al guardo umano e quando
> Umani volti al mio guardo scopria.
> Or sempre loderollo, o ch'io ti miri
> Veleggiar tra le nubi, o che serena
> Dominatrice de l'etereo campo
> Questa flebil riguardi umana sede.
> Me spesso rivedrai solingo e muto
> Errar pei boschi e per le verdi rive,
> O seder sovra l'erbe, assai contento
> Se lena e core a sospirar m'avanza.

Ma di tutto questo ha già scritto Italo Calvino. Ed è tempo, ormai, di lasciare a lui la parola:

> La luna, appena s'affaccia nei versi dei poeti, ha avuto sempre il potere di comunicare una sensazione di levità, di sospensione, di silenzioso e calmo incantesimo. In un primo tempo volevo dedicare questa conferenza tutta alla luna: seguire le apparizioni della luna nelle letterature d'ogni tempo e paese. Poi ho deciso che la luna andava lasciata tutta a Leopardi. Poiché il miracolo di Leopardi è stato di togliere al linguaggio ogni peso fino a farlo assomigliare alla luce lunare. Le numerose apparizioni della luna nelle sue poesie occupano pochi versi ma bastano a illuminare tutto il componimento di quella luce o a proiettarvi l'ombra della sua assenza. [Calvino, 1993]

Calvino, "la Luna di pomeriggio..."

> *A questo punto, assicuratosi che la luna*
> *non ha più bisogno di lui,*
> *il signor Palomar torna a casa.*
> Italo Calvino, *Luna di pomeriggio*

La Luna di pomeriggio

Aspettando Mohole. Aspettando Mohole, il signor Palomar

> si mette in marcia per raggiungere, passo passo, la saggezza. Non è ancora arrivato.

Aspettando Mohole, il signor Palomar se ne va sulla spiaggia a osservare le onde, i bagnanti, i riflessi sul mare quando il sole si abbassa. Poi ritorna in giardino: le tartarughe in amore, il fischio di un merlo, il prato e la sua erba. Il signor Palomar è davvero un bel tipo. Sapete, è una di quelle persone, ormai piuttosto rare, che come gli uomini primitivi e gli autori classici vedono "i fatti minimi della vita quotidiana in una prospettiva cosmica". È, dunque, inevitabile. Aspettando Mohole, quel pomeriggio il signor Palomar a un certo punto volge gli occhi al cielo. E vede quello che pochi vedono, di pomeriggio: la Luna[1].

> La Luna di pomeriggio nessuno la guarda.

Eppure...

---

[1] Di seguito e per l'intero paragrafo, troverete in versione praticamente integrale inframmezzata da qualche commento, *Luna di pomeriggio*, tratto da *Palomar* [Calvino, 1994].

> ... è quello il momento in cui avrebbe più bisogno del nostro interessamento, dato che la sua esistenza è ancora in forse. È un'ombra biancastra che affiora dall'azzurro intenso del cielo, carico di luce solare; chi ci assicura che ce la farà anche stavolta a prendere forma e lucentezza? È così fragile e pallida e sottile; solo da una parte comincia ad acquistare un contorno netto come un arco di falce, e il resto è ancora tutto imbevuto di celeste. È come un'ostia trasparente, o una pastiglia mezzo dissolta; solo che qui il cerchio bianco non si sta disfacendo ma condensando, aggregandosi a spese delle macchie e ombre grigiazzurre che non si capisce se appartengano alla geografia lunare o siano sbavature del cielo che ancora intridono il satellite poroso come una spugna.

Aspettando Mohole, di pomeriggio, il signor Palomar si accorge che

> in questa fase il cielo è ancora qualcosa di molto compatto e concreto e non si può essere sicuri se è dalla sua superficie tesa e ininterrotta che si sta staccando quella forma rotonda e biancheggiante, d'una consistenza appena più solida delle nuvole, o se al contrario si tratta d'una corrosione del tessuto del fondo, una smagliatura della cupola, una breccia che s'apre sul nulla retrostante.

La Luna e il cielo di pomeriggio sembrano un'unica cosa. Per questo nessuno la guarda, di pomeriggio, la Luna. Tutti guardano il cielo. No, non è solo per la stupidità degli uomini. Dipende anche da lei, dall'ambigua Luna.

> L'incertezza è accentuata dall'irregolarità della figura che da una parte sta acquistando rilievo (dove più le arrivano i raggi del sole declinante), dall'altra indugia in una specie di penombra. E siccome il confine tra le due zone non è netto, l'effetto che ne risulta non è quello d'un solido visto in prospettiva ma piuttosto d'una di quelle figurine delle lune sui calendari, in cui un profilo bianco si stacca entro un cerchietto scuro.

Eh, sì. La Luna, di pomeriggio, è sfuggente. Si spaccia per una figura piana, a mezza falce.

Su questo non ci sarebbe proprio nulla da eccepire, se si trattasse d'una luna al primo quarto e non d'una luna piena o quasi. Tale essa infatti sta rivelandosi, ma man mano che il suo contrasto col cielo si fa più forte e la sua circonferenza si va disegnando più netta, con appena qualche ammaccatura sul bordo di levante.

Aspettando Mohole, il signor Palomar ha tempo da perdere. E può seguire con calma l'evoluzione – le evoluzioni – dalla Luna nel cielo, mentre scende la sera.

Bisogna dire che l'azzurro del cielo ha virato successivamente verso il pervinca, verso il viola (i raggi del sole sono diventati rossi), poi verso il cenerognolo e il bigio, e ogni volta il biancore della luna ha ricevuto una spinta a venir fuori più deciso, e al suo interno la parte più luminosa ha guadagnato estensione fino a coprire tutto il disco.

Il signor Palomar si accorge che finalmente al tramonto la Luna diventa la Luna. Ma al pomeriggio la Luna è un riassunto. Di pomeriggio l'ontogenesi diurna ripercorre la filogenesi mensile.

È come se le fasi che la luna attraversa in un mese fossero ripercorse all'interno di questa luna piena o luna gobba, nelle ore tra il suo sorgere e il suo tramontare, con la differenza che la forma rotonda resta più o meno tutta in vita. In mezzo al cerchio le macchie ci sono sempre, anzi i loro chiaroscuri si fanno più contrastati per rapporto alla luminosità del resto, ma ora non c'è dubbio che è la luna che se li porta addosso come lividi o ecchimosi, e non si può più crederli trasparenze del fondale celeste, strappi d'un fantasma di luna senza corpo.

Al tramonto, nota il signor Palomar, la Luna si scopre e si riempie. Passato l'incerto pomeriggio, alla fine la Luna trionfa.
Non tutto, però, è risolto.

Ciò che ancora resta incerto è se questo guadagnare in evidenza e (diciamolo) splendore sia dovuto al lento arretrare del cielo che più s'allontana più sprofonda nell'oscurità, o se inve-

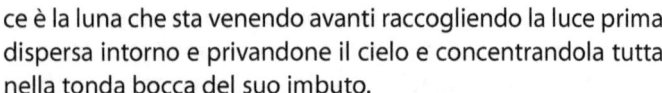

ce è la luna che sta venendo avanti raccogliendo la luce prima dispersa intorno e privandone il cielo e concentrandola tutta nella tonda bocca del suo imbuto.

Che la Luna venga fuori per forza propria o perché la luminosità del cielo arretra, una cosa è certa, pensa il signor Palomar: l'astro è mobile.

Questi mutamenti non devono far dimenticare che nel frattempo il satellite è andato spostandosi nel cielo procedendo verso ponente e verso l'alto. La luna è il più mutevole dei corpi dell'universo visibile, e il più regolare nelle sue complicate abitudini: non manca mai agli appuntamenti e puoi sempre aspettarla al varco, ma se la lasci in un posto la ritrovi sempre altrove, e se ricordi la sua faccia voltata in un certo modo, ecco che ha già cambiato posa, poco o molto.

L'astro è mobile, ma non effimero. È saldo nel suo movimento costante, ma lento. Tanto che…

… a seguirla passo passo, non ti accorgi che impercettibilmente ti sta sfuggendo. Solo le nuvole intervengono a creare l'illusione d'una corsa e d'una metamorfosi rapide, o meglio, a dare una vistosa evidenza a ciò che altrimenti sfuggirebbe allo sguardo.

A ben vedere è proprio dietro quella nuvola che si nasconde la novità: la Luna è solida, nel cielo.

Corre la nuvola, da grigia si fa lattiginosa e lucida, il cielo dietro è diventato nero, è notte, le stelle si sono accese, la luna è un grande specchio abbagliante che vola. Chi riconoscerebbe in lei quella di qualche ora fa?

Non occorre più aspettare Mohole, signor Palomar, per rendersi conto che tutto, in cielo, è cambiato.
    Ora la Luna…

…è un lago di lucentezza che sprizza raggi tutt'intorno e trabocca nel buio un alone di freddo argento e inonda di luce bianca le strade dei nottambuli. Non c'è dubbio che quella che ora comincia è una splendida notte di plenilunio d'inverno.

Ora la Luna è la sicura regina della notte.

A questo punto, assicuratosi che la luna non ha più bisogno di lui, il signor Palomar torna a casa.

Chissà, forse è per stabilire – anzi, per continuare – un dialogo a distanza con Giacomo Leopardi che Italo Calvino ha scritto questa *Luna di pomeriggio*, uno dei 27 testi che compongono il mancato dialogo intorno alla scienza del signor Palomar col signor Mohole. Il dialogo sarebbe dovuto avvenire – spiega Calvino nella presentazione del libro, *Palomar*, pubblicato nel 1983 – tra un signore, il signor Palomar, uso come un telescopio – il telescopio del Monte Palomar – a puntare verso l'alto e a osservare fatti minimi per porli in una prospettiva cosmica, e un signore, mai arrivato a destinazione, il signor Mohole, uso a puntare verso il basso, a trivellare la crosta per raggiungere le viscere della Terra e scoprire per via analitica cosa c'è sotto le cose del mondo e cosa c'è dietro le quinte dello spettacolo cosmico, per poi dire tutta la verità, soprattutto quella sgradevole.

Il dialogo non avviene, perché Calvino si accorge che il curioso signor Palomar, con quel suo occhio cosmico, a scovare quello che c'è sotto le cose del mondo e dietro le quinte dello spettacolo cosmico, tutto sommato, ci riesce da solo.

E se ci riesce il signor Palomar, perché non dovremmo riuscirci o, almeno, tentarci anche noi?

Calvino sul Lunik III

Il 4 ottobre 1957 l'Unione Sovietica invia in orbita intorno alla Terra il primo satellite artificiale della storia: lo *Sputnik*. Il lancio viene percepito come uno schiaffo negli Stati Uniti e, con la competizione che ne segue, non solo inizia la "corsa allo spazio" ma subisce anche una drastica accelerazione la costruzione di quella "economia della conoscenza" che oggi domina sul pianeta e di cui la scienza è leva principale.

L'astro narrante

Fiumi di denaro si riversano all'improvviso sui laboratori negli Stati Uniti, nell'Unione Sovietica, in Giappone, nell'Europa dell'Est e, soprattutto, dell'Ovest. Mai il mondo ha conosciuto tanti scienziati. Mai la scienza ha conosciuto tanta ricchezza.

Molti seguono stupefatti l'esplorazione dello spazio, che nei mesi successivi espone alla meraviglia di tutti la faccia finora nascosta della Luna (Lunik III) e la provata capacità dell'uomo di volare fuori dall'atmosfera (Yurj Gagarin). Pochi però si accorgono che un mondo intero sta cambiando. Tra questi c'è un giovane collaboratore della casa editrice Einaudi, Italo Calvino, che decide di cambiare passo alla sua ricerca letteraria.

Lo scrittore è nato meno di quarant'anni prima, il 15 ottobre 1923, a Santiago de las Vegas, nei pressi dell'Avana, a Cuba, dove il padre, Giacomo detto Mario, originario di San Remo, dirige una stazione sperimentale di agricoltura e una scuola di agraria.

I Calvino tornano in Italia appena due anni dopo, nel 1925, e si stabiliscono nel paese natale di Mario. In famiglia il piccolo Italo, crescendo, respira l'aria del socialismo libertario e della filosofia naturale [Calvino, 2002]:

> La mia famiglia era piuttosto insolita sia per San Remo sia per l'Italia d'allora: i miei genitori erano persone non più giovani, scienziati, adoratori della natura, liberi pensatori, personalità diverse tra loro ed entrambe all'opposto dal clima del paese. Mio padre, sanremese, di famiglia mazziniana repubblicana anticlericale massonica, era stato in gioventù anarchico krapotkiniano e poi socialista riformista, aveva vissuto nell'America Latina molti anni e non aveva conosciuto l'esperienza della Guerra mondiale; mia madre, sarda, di famiglia laica, era cresciuta nella religione del dovere civile e della scienza, socialista interventista nel '15 ma con una tenace fede pacifista.

Di più. In famiglia sono quasi tutti scienziati, in un'epoca in cui gli scienziati sono ancora pochi [Calvino, 2002]:

> Sono figlio di scienziati: mio padre era un agronomo, mia madre una botanica; entrambi professori universitari. Tra i miei familiari solo gli studi scientifici erano in onore; un mio zio materno era un chimico, professore universitario, sposato a

una chimica (anzi ha avuto due zii chimici sposati a due zie chimiche); mio fratello è un geologo, professore universitario.

Italo però non si occupa di scienza. Tranne un breve periodo, agli inizi degli anni '40, quando frequenta dapprima la facoltà di Agraria all'università di Torino, dove supera quattro esami, e poi la facoltà di Agraria e Forestale dell'università di Firenze, dove supera altri tre esami. "Io sono la pecora nera, l'unico letterato della famiglia". Lo intrigano, invero, altri interessi culturali e politici, alimentati da una lunga amicizia e da lunghissime discussioni con Eugenio Scalfari, suo compagno fin dai tempi del liceo a San Remo. Dopo la fine del fascismo e l'occupazione tedesca dell'Italia, Italo si ritrova, partigiano comunista (un tipo di comunista, anarchico e libertario, che non è raro in Italia), nella divisione *Garibaldi*. L'esperienza è breve, ma molto intensa. E, soprattutto, molto formativa.

A guerra finita, nel settembre 1945, Italo Calvino si iscrive alla facoltà di Lettere a Torino. Inizia a scrive su *L'Unità* e su varie riviste, compreso *Il Politecnico* di Elio Vittorini, diventa amico di Cesare Pavese, frequenta e discute con la scrittrice Natalia Ginzburg, con gli storici Delio Cantimori e Franco Venturi, con i filosofi Norberto Bobbio e Felice Balbo. Nel 1946 inizia a collaborare con la casa editrice Einaudi e pubblica il suo primo romanzo, *Il sentiero dei nidi di ragno*. Nel 1947 si laurea, con una tesi su Joseph Conrad. L'anno successivo, mentre scrive *Ultimo viene il corvo* e *Il bianco veliero*, assume la direzione del servizio di terza pagina presso la redazione torinese di *l'Unità*. Nel 1950, forse un po' deluso dal lavoro giornalistico, è di nuovo all'Einaudi, dove si occupa dell'ufficio stampa e dirige la parte letteraria di una nuova collana, la *Piccola Biblioteca Scientifico-Letteraria*.

Cura i libri degli altri. Ma scrive anche direttamente. Sono del 1951 due nuovi romanzi, *I giovani del Po* (pubblicato solo a partire dal 1957) e soprattutto *Il visconte dimezzato*, con cui Calvino sembra distaccarsi (ma il distacco è solo apparente) dal canone letterario cui aderisce: il realismo sociale.

Si dice che Calvino, in questo periodo, sia un neorealista. E in effetti lo è. Tuttavia, la stagione letteraria che molti considerano sotto l'approssimativa insegna del "neorealismo" ha molte facce. E Calvino ne rivendica per sé una in particolare. Perché lui alla letteratura assegna una funzione precisa. Che consiste in un'altrettanto precisa lettura della realtà. Quale, lo dice in maniera chiara in una conferenza tenuta al *Pen Club* di Firenze il 17 febbraio 1955 e raccolta, con il titolo *Il midollo del leone*, in *Una pietra sopra*:

> Un rapporto affettivo con la realtà non ci interessa; non ci interessa la commozione, la nostalgia, l'idillio, schermi pietosi, soluzioni ingannevoli per la difficoltà dell'oggi: meglio la bocca amara e un po' storta di chi non vuole nascondersi nulla della realtà negativa del mondo.

La letteratura che a lui piace, la letteratura che lui coltiva non deve fermarsi a indagare la dimensione individuale dell'uomo, ma deve raccontare la realtà sociale. In tutti i suoi aspetti negativi. Oggi più che mai (siamo nel pieno della guerra fredda).

Questa coscienza di vivere nel punto più basso e tragico di una parabola umana, di vivere tra Buchenwald e la bomba H, è il dato di partenza d'ogni nostra fantasia, d'ogni nostro pensiero.

Ma l'analisi onesta fino alla spietatezza della realtà, sostiene, non deve farci indulgere a una contemplazione inane della negatività, del brutto che c'è nel mondo. Al contrario, armati del pessimismo della ragione, dobbiamo liberare l'ottimismo della volontà per cambiarlo davvero, il mondo.

La letteratura, dunque, non solo come mezzo spietato che descrive la realtà collettiva così com'è, ma come mezzo efficiente per modificare la realtà. Perché, è fuor di dubbio, letteratura e impegno politico devono saldarsi. Devono diventare una cosa sola.

Ma, allora, perché l'invenzione fiabesca?

La letteratura che vorremmo veder nascere dovrebbe esprimere nella acuta intelligenza del negativo che ci circonda la volontà limpida e attiva che muove i cavalieri negli antichi cantari o gli esploratori nelle memorie di viaggio settecentesche. Intelligenza, volontà: già proporre questi termini vuol dire credere nell'individuo, rifiutare la sua dissoluzione.

In quest'ottica anche un poema o una favola (il rimando, attraverso i cantari, ad Ariosto è abbastanza chiaro), possono assolvere a una funzione sociale attiva. La poesia e la fiaba hanno infatti la capacità sia di descrivere, attraverso le allegorie e i simboli, la crudezza del mondo reale, sia di esaltare il ruolo dell'intelligenza e della volontà.

Lo stampo delle favole più remote: il bambino abbandonato nel bosco o il cavaliere che deve superare incontri con belve e incantesimi, resta lo schema insostituibile di tutte le storie umane, resta il disegno dei grandi romanzi esemplari in cui una personalità morale si realizza muovendosi in una natura o in una società spietate. [...] Vorremmo anche noi inventare figure di uomini e di donne pieni d'intelligenza, di coraggio e d'appetito, ma mai entusiasti, mai soddisfatti, mai furbi o superbi.

> Calvino, "la Luna di pomeriggio..."

È nell'ambito di questa ricerca, ormai inusuale, che negli anni successivi continua a muoversi lungo piani letterari in apparenza diversi, persino paralleli. Da un lato inizia a scrivere, nel 1954, un romanzo di ampio respiro che resterà inedito, *La collana della regina*, l'ultimo suo tentativo letterario con un impianto per così dire di neorealismo classico: ambientato nella Torino vera, quella degli operai, ma anche dei borghesi e degli intellettuali. Dall'altro cura la pubblicazione, avvenuta nel novembre 1956, delle *Fiabe italiane*, una raccolta rivisitata delle antiche fiabe popolari italiane.

La raccolta consolida l'immagine di un Calvino "favolista" che, secondo alcuni critici poco attenti, contrasta con l'idea di letteratura che il giovane espone nei suoi saggi. In realtà le *Fiabe italiane* sono l'espressione più autentica di quella sorta di "realismo sociale attraverso le favole" che lo scrittore propugna apertamente e coerentemente.

Sono questi, a metà degli anni '50, i mesi in cui Calvino inizia ad alzare gli occhi al cielo e a guardare lo spazio profondo. Non è un caso. Quel cielo e quegli spazi sono ormai attraversati da razzi che volano sempre più in alto. Simbolo della potenza crescente della tecnologia, libera persino dai vincoli della gravità. Ma anche della potenza cupa della tecnologia, perché quei razzi promettono di trasportare bombe all'uranio e al plutonio sempre più potenti in pochi minuti da un capo all'altro della Terra, esponendo l'umanità al rischio dell'olocausto nucleare [Greco, 2005].

È questa la nuova, tragica realtà. Calvino la vuole narrare per mezzo di un racconto – il suo primo racconto cosmico – che asso-

> L'astro narrante

miglia a una fiaba: *La tribù con gli occhi al cielo*. E che, come le fiabe, ha un'allegoria fin troppo chiara: la tribù protagonista, la tribù con gli occhi al cielo, non è altro, infatti, che l'umanità intera.

Nella nostra tribù non si discute ormai d'altro che di razzi teleguidati, e intanto continuiamo ad andare armati di rozze asce e lance e cerbottane.

Quei razzi che volano sempre più in alto, obbedienti ai comandi degli ingegneri, non modificano di una virgola la realtà sociale.

Il racconto, tuttavia, non sarà pubblicato. Perché intanto arriva il 4 ottobre 1957 e l'Unione Sovietica con il più potente di quei razzi invia una sonda, lo *Sputnik 1*, oltre l'atmosfera terrestre a girare altissimo intorno al pianeta lungo un'orbita ellittica a una distanza variabile tra i 228 e 947 chilometri. Per 57 giorni la Terra ha una nuova luna. Un satellite artificiale.

Il lancio dello *Sputnik* modifica la scena. Calvino si rende conto non solo che il suo racconto, *La tribù con gli occhi al cielo*, è diventato *ipso facto* obsoleto. Ma che le carte sulla tavola della realtà planetaria sono completamente cambiate.

La novità tecnologica ha una sua forza intrinseca che certo non ne cancella i limiti: lo sviluppo ineguale, le ingiustizie sociali, le sofferenze diffuse e le speranze deluse. Limiti che Calvino sottolinea in un nuovo racconto, *Dialogo sul satellite*, che pubblica su *Città aperta* nel marzo 1958:

> Il trasferire in cielo una parte di sé, umiliata dalla terra, non è l'antico modo usato dalla religione per offrire conforto alle pene quotidiane? [...] Non è questo che i filosofi chiamano alienazione?

Lo scrittore si dice convinto che

> anche il progresso tecnico, in un mondo alienato, può portare nuove alienazioni.

E tuttavia malgrado i loro limiti, il satellite e le nuove tecnologie spaziali, aprono a un nuovo mondo. Un mondo che bisogna capire se lo si vuole vivere e indirizzare verso un futuro migliore. Un nuovo mondo che richiede una nuova intelligenza e una rinnovata volontà. Se impariamo non solo ad andare con nuovi mezzi in cielo, ma impariamo a guardare in modo diverso il cielo, se guardiamo a un "nuovo cielo", allora la novità dell'esplorazione dello spazio può trasformarsi in una spinta ad "agire sulla Terra".

Calvino inizia a occuparsi di astronomia e più in generale di scienza non perché sia particolarmente interessato ai suoi risultati puntuali, ma – come rileva Massimo Bucciantini – per descrivere la nuova condizione esistenziale in cui si è venuto a trovare l'uomo, per comprendere "il nostro inserimento nel mondo" [Bucciantini, 2007].

La letteratura, pensa Calvino, si occupa dell'uomo e dell'immagine che l'uomo ha del mondo. Per questo non può non occuparsi della scienza, delle immagini del mondo che produce e dei linguaggi che usa nel produrle.

> A un certo punto della sua vita Calvino si rende conto che per non morire, per non restare pietrificato, per sfuggire al mondo di pietra che lo circonda, occorre conoscere bene quel mondo. Ma a partire dalla fine degli anni cinquanta quel mondo non è più quello di sempre. La scienza e la tecnica lo stanno cambiando vorticosamente. E per cercare di comprenderlo non basta più una rappresentazione fondata sull'abitudine e sull'immediatezza della percezione sensibile. Occorre ben altro se si vuole provare a scriverci sopra e, soprattutto, a viverci dentro. [Bucciantini, 2007]

Calvino ha dunque iniziato a modificare il suo pensiero. Anzi, ha iniziato a riposizionarlo. Con quei razzi confezionati dall'uomo che hanno iniziato a solcarlo, il cosmo non è più uno spazio lontano e ineffabile, uno "spettacolo della natura" distante dalle vicende terrestri e ininfluente, ma sta diventando una nuova dimensione della realtà. Della realtà quotidiana dell'uomo.

Ed ecco che subito, evocato lo spazio, appare la Luna. Quando, due anni dopo lo *Sputnik*, il 3 ottobre 1959 un'altra sonda sovietica, *Lunik III*, invia a Terra le immagini della faccia nascosta della Luna, di nuovo, come Galileo nel 1609, l'uomo vede sul satellite naturale della Terra "cose mai viste prima". E Italo Calvino ha la plastica e pratica dimostrazione che la conquista dello spazio produce nuova conoscenza. E quindi apre, necessariamente, un nuovo fronte di riflessione sul mondo. Un fronte che non può "essere sbrigativamente liquidato come l'ennesimo risultato disumanizzante di una razionalità calcolante" [Bucciantini, 2007].

Attraverso quelle foto dei suoi monti, delle sue valli, delle sue ombre "mai viste prima", l'astro narrante viene dicendo a Calvino che tanto i rapporti tra gli uomini quanto i rapporti tra l'uomo e la natura stanno velocemente cambiando. Stanno diventando enormemente più complessi. Il mondo reale, quello dove l'uomo si muove e agisce, sta diventando un labirinto sempre più vasto e fitto e inestricabile. Ma con quelle stesse foto della sua faccia nascosta, la Luna gli dice che non bisogna lasciarsi vincere da una sensazione di impotenza. Che la letteratura non deve rinunciare a una visione unitaria del mondo: deve accettare la "sfida del labirinto" e rifiutare la "resa al labirinto». Deve fornire all'uomo una nuova e più potente "mappa" che lo renda capace di muoversi nell'inedita complessità del nuovo mondo. E questa nuova e più potente "mappa del mondo", sostiene Calvino, oggi più che mai è la scienza. Una mappa che consente all'uomo di muoversi, anche letteralmente, in nuovi spazi.

Un mese dopo l'impresa del *Lunik III*, insieme ad altri scrittori Italo Calvino sbarca in America. È il suo primo viaggio negli Stati Uniti. Si reca a New York e a Las Vegas. Si imbatte nelle *slot machines* e nei primi *beatnicks*. Incontra Martin Luter King. E incontra, soprattutto, Giorgio de Santillana, fisico e filosofo, allievo e collaboratore di Federigo Enriques e ora professore di Storia e filosofia della scienza al Massachusetts Institute of Technology di Boston. L'italiano, costretto a emigrare in America ai tempi delle leggi razziali, colpisce Calvino perché dice cose che lui, forse, vuole sentirsi dire: teorizza la profonda unità della cultura umana; evoca una nuova alleanza tra la scienza e la società, fondata su un rapporto tra uomo e natura che non sia di dominio ma di rispetto tra uguali; sostiene che all'origine sia del mito sia della scienza c'è il numero e che nelle esperienze conoscitive degli antichi, nelle culture fondate sul "mito", esiste il medesimo e inesausto *furor misurandi* della cultura scientifica [Antonello, 2005].

Giorgio de Santillana è il catalizzatore che, come rileva Gaspare Polizzi, induce Calvino a scoprire

> la sua vocazione letteraria nella composizione tra "il mondo della scienza moderna e quello della sapienza antica", nell'idea

di poter "leggere" il cosmo – e al suo interno l'uomo – con le lenti delle più recenti teorie scientifiche e delle più antiche fantasie poetico-letterarie. [Polizzi, 2007]

Calvino incontrerà Giorgio de Santillana di nuovo nel 1963, il 29 marzo a Torino per la precisione, quando lo storico e filosofo della scienza tiene una conferenza su *Il fato nell'antichità e nell'era atomica*, in cui di nuovo analizza l'origine del pensiero scientifico in quella zona grigia di confine tra mito e ragione, tra fato e legge naturale. Calvino lo ascolta e dirà (in un intervista pubblicata su *Repubblica* il 10 luglio 1985):

> Ascoltando la conferenza nel 1963, ne ebbi come la rivelazione d'un nodo di idee che forse già ronzavano confusamente nella mia testa ma che m'era difficile esprimere.

Il nodo di idee è quello del mito come "primo linguaggio scientifico" che costituirà, come rileva massimo Bucciantini, uno dei punti di partenza delle *Cosmicomiche* [Bucciantini, 2007].

Ma stiamo correndo troppo. Prima di quella conferenza Calvino, in cuor suo – e non solo in cuor suo – ha già effettuato la svolta definitiva della sua vita letteraria. È diventato fautore di una "letteratura cosmica". E, quindi, "lunare".

Giorgio de Santillana non è certo estraneo a questa svolta. Anzi, come rileva Pierpaolo Antonello, quando Calvino

> ridefinisce il suo percorso letterario in direzione di una maggiore attenzione nei confronti della razionalità scientifica, questo avviene soprattutto sotto la costellazione concettuale indicata da de Santillana. [Antonello, 2005]

Ma ci sono altri passaggi, cui non sono affatto estranei altri intellettuali di diversa matrice culturale. Come, per esempio, Umberto Eco. I fatti sono noti: nel luglio 1962 sul fascicolo numero 5 della rivista *Menabò*, Italo Calvino ed Elio Vittorini, nell'ambito di una lunga ricerca sul rapporto tra alienazione, sviluppo tecnologico e letteratura, pubblicano un saggio del semiologo bolognese, *Del modo di formare come impegno della realtà*, dove viene ribadito che "non si vince la situazione alienante rifiutandosi di compro-

> L'astro narrante

mettersi con la situazione oggettiva". Ciò non implica affatto, sostiene Eco, una "letteratura sulla società", ma una letteratura capace di esprimere "il disagio di una certa situazione umana", in un'altra forma, più efficace di quella sociologica. Per esempio, una letteratura capace di fornire "una immagine del cosmo quale è suggerito dalla scienza".

Alla proposta di Umberto Eco, Calvino risponde con un lungo saggio pubblicato sullo stesso numero di *Menabò, La sfida del labirinto*. Non possiamo entrare nel dettaglio della risposta. Tuttavia conviene richiamarne alcuni punti.

Calvino concorda con Eco: per aiutare l'uomo a muoversi nel labirinto del mondo, la letteratura deve porsi come nuovo impegno quello di misurarsi con l'immagine del cosmo, così come è suggerito dalla scienza. E, anzi, anticipa questa sua posizione in una lettera che scrive al semiologo il 9 maggio 1962:

> Da anni pensavo di scrivere un manifesto "Per una letteratura cosmica" ma aspettavo di chiarirmi meglio le idee.

Calvino dissente tuttavia da Eco su come muoversi nel nuovo e più complesso mondo. Se per il bolognese il caos non deve fare paura e nel labirinto ci si può muovere senza mappe precise, Calvino sostiene che

> quello che oggi ci serve è una mappa del labirinto la più particolareggiata possibile.

La letteratura come la scienza può costruire queste mappe particolareggiate del labirinto, perché

> l'atteggiamento scientifico e quello poetico coincidono: entrambi sono atteggiamenti insieme di ricerca e di progettazione, di scoperta e di invenzione.

Il dado è ormai tratto, le idee sono chiarite. Servono, a limare i dettagli, anche la conferenza di Giorgio de Santillana del 1963 e la polemica con gli esponenti della neoavanguardia, Angelo Guglielmi e gli altri del Gruppo 63. Il pioniere della nuova "letteratura cosmica" (e "lunare") può iniziare il suo cammino.

Ciò che rende Luna la Luna...

E, infatti, proprio in quei mesi Italo Calvino inizia a buttare giù il primo racconto cosmologico, la prima *cosmicomica*. E la prima *cosmicomica* parla, manco a dirlo, della Luna. Rivela addirittura il gran segreto che stiamo inseguendo dall'inizio di questo nostro libro: ciò che rende Luna la Luna.

Ma, prima di rivelarlo, è giusto porsi la domanda: cosa sono esattamente le cosmicomiche? Be', è Calvino stesso a spiegarlo:

> Combinando in una sola parola i due aggettivi *cosmico* e *comico* ho cercato di mettere insieme cose che mi stanno a cuore. Nell'elemento *cosmico* per me non entra tanto il richiamo dell'attualità "spaziale", quanto il tentativo di rimettermi in rapporto con qualcosa di molto più antico. Nell'uomo primitivo e nei classici il senso cosmico era l'atteggiamento più naturale; noi invece per affrontare le cose troppo grosse abbiamo bisogno d'uno schermo, d'un filtro, e questa è la funzione del *comico*.

Per Calvino il *comico* non è certo il ridanciano. Ma piuttosto a una marcata stilizzazione, qualcosa che ha una grande precisione formale. Proprio come nei *comics*, nelle storielle a vignette in cui un personaggio emblematico – per esempio, il B.C. di Johnny Hart – si trova in situazioni che pure essendo sempre diverse seguono uno schema comune. Le cosmicomiche sono dunque qualcosa di molto serio, perché come annuncia sulla rivista che nel novembre 1964 accoglie le prime, *Il Caffè*,

> hanno dietro di sé soprattutto Leopardi, i *comics* di Popeye (Braccio di Ferro), Samuel Beckett, Giordano Bruno, Lewis Carroll, la pittura di Matta e in certi casi Landolfi, Immanuel Kant, Borges, le incisioni di Grandville.

Ma riprendiamo, almeno per un attimo, il percorso storico lì dove lo avevamo lasciato. Quando, tra l'estate del 1962 e il 1963, svolge la sua polemica con Angelo Guglielmi, Italo Calvino pubblica *Marcovaldo ovvero le stagioni in città* nella collana "Libri per ragazzi" della Einaudi e *La giornata d'uno scrutatore*. È, dunque, molto impegnato.

Eppure, malgrado tutti questi impegni, inizia a leggere libri di

L'astro narrante

astronomia e di cosmogonia. "Da un po' di tempo in qua leggo solo libri si astronomia", confessa per lettera a Domenico Rea (13 maggio 1964). "Io sono capace di trovare immagini solo nell'astronomia o nella genetica", scrive a Hans Magnus Enzensberger nell'ottobre 1965.

E così la frequentazione di testi scientifici di biologia e di astrofisica, di cosmologia e di cosmogonia accende nella sua testa la lampadina delle *cosmicomiche*. I primi esempi di questi esperimenti nuovi che, come egli stesso sottolinea, richiedono una particolare concentrazione e una particolare logica, appaiono, dunque, su *Il Caffè* nel novembre 1964.

I racconti sono annunciati il 13 maggio 1964 da una lettera a Giambattista Vicari, direttore della rivista:

> Caro Vicari,
> mi pare che tu possa dare il via al numero. Della serie di testi che voglio darti (una cosa del tutto nuova), due sono già pronti. Ne farò ancora due o tre, fino a raggiungere una trentina di pagine, appena avrò qualche settimana libera […]. Sarà una cosa nuova e divertente, spero […]. Ma d'altro non preparare niente. La letteratura italiana sta attraversando un momento di trombonaggine generale. Il mio solo terrore è di essere in qualche modo confuso con i tromboni che imperversano.
> Un caro saluto,
> Italo Calvino

L'anno successivo raduna i primi dodici esperimenti in un libro che esce per Einaudi con il titolo *Le Cosmicomiche* (negli anni a venire Calvino pubblicherà altri 21 cosmicomiche, per un totale di 33).

La prima cosmicomica, come abbiamo detto, è *La distanza della Luna*.

> Una volta, secondo Sir George H. Darwin, la Luna era molto vicina alla Terra. Furono le maree che a poco a poco la spinsero lontano: le maree che lei Luna provoca nelle acque terrestri e in cui la Terra perde lentamente energia.

Ogni cosmicomica inizia con un testo (in ogni senso, un pretesto) di poche righe, in cui è riassunta un'ipotesi scientifica. L'incipit di

La distanza della Luna rimanda alla cosiddetta teoria di fissione della Luna proposta a inizio del XX secolo da George H. Darwin, quinto figlio di Charles Darwin ed eminente astronomo.

L'ipotesi di Sir George è che la Luna sia nata per fissione dalla Terra e si sia poi progressivamente allontanata dal pianeta a causa di un principio fisico noto come conservazione del momento angolare.

Il principio dice che l'energia di un sistema autogravitante può essere ridistribuita al suo interno, ma mai perduta, neppure parzialmente.

Il principio si applica anche a un sistema a due corpi, come quello formato dalla Terra e dalla Luna dopo la fissione che ha dato origine al satellite naturale del nostro pianeta. Tuttavia sappiamo che la Terra ruota intorno al proprio asse e che le maree, a causa dell'attrito di scivolamento delle acque sui fondali oceanici, rallentano progressivamente questa rotazione. La Terra, come dice Calvino, nel tempo perde energia. Ma il sistema a due corpi Terra-Luna deve conservare il momento angolare in virtù del principio di cui sopra. E uno dei modi per conservarlo è il progressivo allontanamento dei due oggetti cosmici. In pratica la Luna vede crescere la distanza dalla Terra a causa delle maree che ella stessa genera sul suo e nostro pianeta.

> Lo so bene! - *esclamò il vecchio Qfwfq,* - voi non ve ne potete ricordare ma io sì. L'avevamo sempre addosso, la Luna, smisurata: quando era il plenilunio - notti chiare come di giorno, ma d'una luce color burro -, pareva che ci schiacciasse; quand'era luna-nuova rotolava per il cielo come un nero ombrello portato dal vento; e a luna crescente veniva avanti a corna così basse che pareva lì lì per infilzare la cresta di un promontorio e restarci ancorata. Ma tutto il meccanismo delle fasi andava diversamente che oggigiorno: per via che le distanze del Sole erano diverse, e le orbite, e l'inclinazione non ricordo di che cosa; eclissi poi, con Terra e Luna così appiccicata, ce n'erano tutti i momenti: figuriamoci se quelle due bestione non trovavano modo di farsi continuamente ombra a vicenda.

Calvino non è certo interessato a descrivere il momento angolare di un sistema autogravitante. La *cosmicomica* non ha mai intenzioni divulgative e si svolge su un altro livello. Fiabesco. Protagonista di quasi tutte le cosmicomiche (28, sulle 33 complessive) è Qfwfq, un personaggio

> L'astro narrante

difficile da definire, perché di lui non si sa nulla. Non è nemmeno detto che sia un uomo... si deve calcolare che ha più o meno l'età dell'universo.

In ogni cosmicomica Qfwfq assume forme diverse, indefinite. In realtà è uno spettatore di tutta la storia cosmica, dal Big Bang all'estinzione dei dinosauri, dalla fissione delle cellule alla fissione della Terra da cui nasce la Luna. Ma è uno spettatore attivo, che interviene nella storia e la narra.

Nella prima cosmicomica il vecchio Qfwfq racconta i momenti successivi alla formazione della Luna, quando il satellite naturale inizia ad allontanarsi dalla Terra. Ricorda che a quei tempi la Luna, con la sua orbita ellittica, passava in certi momenti così vicino al nostro pianeta, che si poteva saltarci su, aiutandosi con una scala. E c'era un luogo preciso dove si poteva passare dalla Terra alla Luna: in mare, durante l'alta marea, al largo degli Scogli di Zinco. Manco a dirlo, Qfwfq è uno di quei coraggiosi che ogni volta che la Luna si avvicina si reca in barca agli Scogli di Zinco insieme a un suo cugino sordo, al capitano Vhd Vhd e alla bella moglie del capitano per effettuare il trasbordo cosmico.

I nostri, in effetti, salgono sulla Luna e raccolgono il latte che si forma tra i selenici anfratti a causa della fermentazione di tutta quella massa enorme di animali, piante, alghe e oggetti vari che per attrazione gravitazionale passano periodicamente dal pianeta al satellite.

Il più bravo a salire sulla Luna è il cugino sordo di Qfwfq. Che dall'astro narrante è preso e nell'astro beatamente si perde. Infatti è sempre l'ultimo a ritornare sulla Terra, quando giunge l'ora di tornare. Il cugino sordo è invaghito della Luna. E, fatto strano, la moglie del capitano è inutilmente innamorata del cugino sordo. Ma, come nei poemi cavallereschi di Boiardo e di Ariosto, la trama dell'amore non si esaurisce qui. Qfwfq in persona, infatti, s'innamora della bella donna, nell'indifferenza dell'unico legittimato ad amarla, il capitano della barca, che invece vorrebbe perderla, quella donna, magari sulla Luna, pur di acquistare la sua libertà d'amare.

Nessun sogno d'amore si realizza nella prima cosmicomica di Calvino. Mai. Neppure quello di Qfwfq. Neppure quando si creano, sulla Terra o sulla Luna, le migliori occasioni.

Il compimento del mio sogno d'amore era durato solo quell'istante in cui c'eravamo congiunti roteando tra Terra e Luna.

Solo in un breve e metastabile stato di sospensione tra la dimensione cruda della realtà sulla Terra e la dimensione onirica della speranza sulla Luna, Qfwfq coglie un attimo di felicità e vede, per un istante, realizzarsi i suoi desideri.

In breve, mentre il satellite inizia ad allontanarsi sempre più dal pianeta che perde energia e il passaggio dall'una all'altra dimensione cosmica non è più possibile, la moglie del capitano, pur di conquistare il cuore del cugino sordo che ama la Luna, decide di restare sulla Luna. Di farsi Luna.

E Qfwfq? Be', lui chiude il racconto narrando come, ora che la Luna si è allontanata definitivamente dalla Terra ed

> è diventata quel cerchietto piatto e lontano, sempre con lo sguardo vado cercando lei appena nel cielo si mostra il primo spicchio, e più cresce più m'immagino di vederla, lei o qualcosa di lei ma nient'altro che lei, in cento in mille viste diverse, lei che rende Luna la Luna e ogni plenilunio spinge i cani tutta la notte a ululare e io con loro.

Ecco, dunque, svelato il segreto che abbiamo inseguito lungo tutto questo libro. Ecco ciò che ai nostri occhi rende Luna la Luna: il sogno, la speranza, il desiderio [Sandrelli, 2002].

La Luna diventa la Luna quando l'uomo (la donna) si fa Luna e si trasforma in sogno, speranza, desiderio. È in virtù di quel sogno, di quella speranza, di quel desiderio che la Luna acquista un'anima e diventa una cosa viva e a ogni plenilunio spinge i cani a ululare. E io con loro.

... e ciò che rende Terra la Terra

Secondo i calcoli di H. Gerstenkorn, sviluppati da H. Alfven, i continenti terrestri non sarebbero che frammenti della Luna caduti sul nostro pianeta. La Luna in origine sarebbe stata anch'essa un pianeta gravitante attorno al Sole, fino al momento in cui la vicinanza della Terra non la fece deragliare dalla sua orbita. Catturata dalla gravitazione terrestre, la Luna s'accostò sempre di più, stringendo la sua orbita attorno a noi. A un certo momento la reciproca attrazione prese a deformare la superficie dei due corpi celesti, sollevando onde altissime da cui si staccavano frammenti che vorticavano nello spazio tra Terra e Luna, soprattutto frammenti di materia lunare che finivano per cadere sulla Terra. In seguito, per influsso delle nostre maree, la Luna fu spinta a riallontanarsi, fino a raggiungere la sua orbita attuale. Ma una parte della massa lunare, forse la metà, era rimasta sulla Terra, formando i continenti.

Il grande tema delle cosmicomiche è il rapporto tra il mito e la scienza. Due dimensioni che Calvino, come de Santillana, non vede in opposizione, ma in sinergia. Il mito è stato il primo linguaggio scientifico, il primo principio d'ordine. Ma le due dimensioni, il mito e la scienza, possono incontrarsi ancora oggi. Il luogo ideale per l'incontro è proprio la letteratura. E le cosmicomiche non sono altro che il tentativo, riuscito, di dare espressione alla forza mitica della scienza. Alla sua capacità di creare nuove immagini, nuove fantasie, nuovi percorsi.

La seconda tappa di questo tentativo di Calvino si realizza nel 1967 con la pubblicazione, sempre presso Einaudi, di *Ti con zero*, la raccolta di nuove cosmicomiche, 11 per la precisione. E, ancora una volta, il racconto iniziale, *La molle Luna*, è dedicato all'astro narrante. E ancora una volta è dedicato a una teoria dell'origine del sistema Terra-Luna.

Questa volta però la Luna non scappa via, ma al contrario si avvicina alla Terra. Anzi, proprio come prevedono i calcoli del tedesco Gerstenkorn e dello svedese Alfven, il piccolo pianeta sta per essere catturato dal pianeta più grande. Il racconto parte dall'ipotesi che fin dalla formazione del sistema solare la Luna sia stato un pianeta come gli altri. E che, come gli altri, ha effettuato in piena solitudine tutte le sue rivoluzioni intorno al Sole. Ma ora le cose stanno per cambiare. La Terra sta per cattur̀ar la Luna nel suo campo gravitazionale e ridurla allo stato di satellite naturale. Questa teoria per cattura della formazione del sistema Terra-Luna è alternativa a quella per fissione proposta da George Darwin. Ma non importa. Qfwfq, inviato speciale di Calvino, assiste da protagonista anche a questa scena cosmica incompatibile con quella cui ha assistito pochi anni prima: "La Luna non è più un pianeta e [...] la Terra ha una Luna". Annuncia soddisfatta la sua amica, Sibyl.

Sibyl è un'astronoma. Un'astronoma terrestre e sciovinista. Per lei la Terra – grande, solida, compatta – è un pianeta a buon diritto e merita un suo satellite. La Luna invece, piccola e molle, non è affatto degna di essere un pianeta e merita di diventare un satellite.

Quando la Terra compie la sua missione e aggancia la Luna, Qfwfq si lascia prendere dall'angoscia:

Ma non ci sarà pericolo, per noi?

Sibyl, invece, non ha il minimo dubbio.

Noi siamo sulla Terra, la Terra ha una forza che può tenersi dei pianeti per conto suo, come il Sole. Cosa può contrapporre, Luna, come massa, campo gravitazionale, tenuta d'orbita, consistenza? Luna è molle molle, la Terra è dura, solida, la Terra tiene.

Ma di cos'è fatta, all'origine, la Terra? Be' la Terra è davvero tosta e bella. Unica, nel suo genere. Fatta com'è di lamiera, armature di ferro, cupole di cristallo, pavimenti di gomma, plastica, nylon, acciaio cromato, ducotone, resine sintetiche, plexiglas, alluminio, vinavil, fòrmica, zinco, asfalto, amianto, cemento.

Mentre la Luna è molle molle, fatta com'è di gelatine, muchi, fanghi, foreste, materia vivente... che schifo!

Qfwfq continua a essere preoccupato:

E la Luna, se non tiene?

Sibyl:

Oh, sarà la forza della Terra a farla stare a posto.

E, invece, la Terra non ce la fa a tenerla a posto, la Luna. Non completamente, almeno. Così, mentre i due oggetti cosmici si avvicinano, una cascata di quelle cose molli cade per gravità dalla Luna sulla Terra, come era prevedibile. Ma accade anche ciò che Sibyl non ha assolutamente previsto: la Luna ha più forza di quanto l'astronoma abbia calcolato. Una forza gravitazionale sufficiente ad attrarre a sé pezzi di Terra: superfici di lamiera, armature di ferro, pavimenti di gomma, frammenti di vetro.

Lo scambio di materia tra Terra e Luna è asimmetrico, ma bidirezionale.

Il risultato? La Luna ha cambiato il paesaggio terrestre. All'alba Qfwfq, osservando il disastro, non crede ai propri occhi:

> la Terra attorno a noi era irriconoscibile, ricoperta da un altissimo strato di fango impastato di proliferazioni verdi e di organismi sguscianti. Delle nostre antiche materie terrestri non era più visibile alcuna traccia.

Certo, anche la Luna è cambiata. Qfwfq la vede allontanarsi nel cielo:

> pallida, irriconoscibile anch'essa: aguzzando gli occhi la si scorgeva cosparsa d'una fitta coltre di cocci e schegge e frantumi, lucidi, taglienti, puliti.

E il seguito?

> Il seguito è noto. Dopo centinaia di migliaia di secoli cerchiamo di ridare alla Terra il suo aspetto naturale d'una volta, ricostruiamo la primitiva crosta terrestre di plastica e cemento e lamiera e vetro e smalto e pegamoide. Ma quanto siamo lontani. Per chissà quanto tempo ancora saremo condannati ad affondare nella deiezione lunare, fradicia di clorofilla e succhi gastrici e rugiada e grassi azotati e panna e lacrime.

È stata la Luna, dunque, a rendere Terra la Terra.

A ridurre in questo stato l'astro una volta perfetto. Chissà quando riusciremo a recuperare il paradiso (l'inferno) perduto.

> Quanto ancora ci manca prima di saldare le piastre lisce e esatte del primigenio scudo terrestre in modo da cancellare – o almeno da nascondere – gli apporti estranei e ostili. E coi materiali d'adesso, poi, messi insieme alla bell'e meglio, prodotti d'una Terra corrotta, che invano cercano d'imitare le prime ineguagliabili sostanze.

L'ironia di Calvino è sferzante. Forse potremmo andare sulla Luna e, come Astolfo, recuperare il senno perduto. Già perché pare che il meglio della Terra di una volta ormai sia lì, sul pianeta ridotto allo stato satellitare.

I veri materiali, quelli d'allora, dicono che ormai si trovino soltanto sulla Luna, inutilizzati e alla rinfusa, e che solo per questo metterebbe conto d'andarci: per recuperarli.

Ma, sospetta il vecchio e saggio Qfwfq, anche quando saremo sbarcati sulla Luna non recupereremo il paradiso (l'inferno) perduto.

Io non vorrei far la parte di chi viene sempre a dire cose spiacevoli, ma la Luna sappiamo tutti in che stato è, esposta alle tempeste cosmiche, bucherellata, corrosa, logora. A andarci, avremmo solo la delusione d'apprendere che anche il nostro materiale d'allora – la grande ragione e prova della superiorità terrestre – era roba scadente, di breve durata, che non serve più neanche da rottame.

Andando sulla Luna ci accorgeremmo (ci accorgeremo) di quanto sia sempre stata brutta la Terra. Di come quello che per Sibyl è il paradiso passato e per noi l'inferno futuro sia in realtà materiale scadente, un rottame.

Il rapporto di Calvino con la Luna

No, quella espressa da Calvino nella prima cosmicomica di *Ti con zero* non è una posizione antiscientifica, né antitecnologica. È una fotografia della realtà umana. È questo continuo e ostinato costruire l'inferno e chiamarlo paradiso.

Ma se non riusciremo a conquistarlo, il vero paradiso, dobbiamo almeno tentare di lenirle le pene dell'inferno, dopo averle conosciute.

Che questo sia il suo autentico messaggio, Italo Calvino lo dice chiaramente nella discussione che intrattiene con Anna Maria Ortese sulle pagine del *Corriere della Sera* subito dopo la pubblicazione di *Ti con zero*, il 24 dicembre 1967.

> Scrive Anna Maria Ortese.
>
> Caro Calvino,
> non c'è volta che sentendo parlare di lanci spaziali, di conquiste dello spazio, ecc., io non provi tristezza e fastidio; e nella tristezza c'è del timore, nel fastidio dell'irritazione, forse sgomento e ansia. Mi domando perché.
> Anch'io, come altri esseri umani, sono spesso portata a considerare l'immensità dello spazio che si apre al di là di qualsiasi orizzonte, e a chiedermi cosa c'è veramente, cosa manifesta, da dove ebbe inizio e se mai avrà fine. Osservazioni, timori, incertezze del genere hanno accompagnato la mia vita, e devo riconoscere che per quanto nessuna risposta si presentasse mai alla mia esigua saggezza, gli stessi silenzi che scendevano di là erano consolatori e capaci di restituirmi ad un interiore equilibrio.
> [...] Ora, questo spazio, non importa da chi, forse da tutti i paesi progrediti, è sottratto al desiderio di riposo, di ordine, di beltà, allo straziante desiderio di riposo di gente che mi somiglia. Diventerà fra breve, probabilmente, uno spazio edilizio. O un nuovo territorio di caccia, di meccanico progresso, di corsa alla supremazia, al terrore. Non posso farci nulla, naturalmente, ma questa nuova avanzata della libertà di alcuni, non mi piace. È un lusso pagato da moltitudini che vedono diminuire ogni giorno di più il proprio passo, la propria autonomia, la stessa intelligenza, l'autonomia, la speranza.

La scrittrice, autrice di un acuto e indimenticabile *Il mare non bagna Napoli* con cui ha vinto il Premio Viareggio, è angosciata dal nuovo mondo tecnologico, che trova una clamorosa rappresentazione nei razzi che sfrecciano nello spazio.

La risposta ad Anna Maria Ortese è molto chiara. Conviene riportarla tutta. Perché c'è tutto Calvino. C'è il suo rapporto critico con la scienza e, soprattutto, con la politica che governa l'innovazione tecnologica. C'è un interessante giudizio su Galileo e su Leopardi. E c'è per intero il suo *rapporto con la luna*.

> Cara Anna Maria Ortese,
> guardare il cielo stellato per consolarci delle brutture terrestri? Ma non le sembra una soluzione troppo comoda? Se si volesse

portare il suo discorso alle estreme conseguenze, si finirebbe per dire: continui pure la terra ad andare di male in peggio, tanto io guardo il firmamento e ritrovo il mio equilibrio e la mia pace interiore. Non le pare di "strumentalizzarlo" malamente, questo cielo? Io non voglio però esortarla all'entusiasmo per le magnifiche sorti cosmonautiche dell'umanità: me ne guardo bene. Le notizie di nuovi lanci spaziali sono episodi d'una lotta di supremazia terrestre e come tali interessano solo la storia dei modi sbagliati con cui ancora i governi e gli stati maggiori pretendono di decidere le sorti del mondo passando sopra la testa dei popoli. Quel che mi interessa invece è tutto ciò che è appropriazione vera dello spazio e degli oggetti celesti, cioè *conoscenza*: uscita dal nostro quadro limitato e certamente ingannevole, definizione d'un rapporto tra noi e l'universo extraumano. La luna, fin dall'antichità, ha significato per gli uomini questo desiderio, e la devozione lunare dei poeti così si spiega. Ma la luna dei poeti ha qualcosa a che vedere con le immagini lattiginose e bucherellate che i razzi trasmettono? Forse non ancora; ma il fatto che siamo obbligati a *ripensare* la luna in un modo nuovo ci porterà a ripensare in un modo nuovo tante cose.

Gli *exploits* spaziali sono diretti da persone a cui certo questo aspetto non importa, ma esse sono obbligate a valersi del lavoro di altre persone che invece si interessano allo spazio e alla luna perché davvero vogliono sapere qualcosa di più sullo spazio e sulla luna. Questo qualcosa che l'uomo acquista riguarda non solo le conoscenze specializzate degli scienziati ma anche il posto che queste cose hanno nell'immaginazione e nel linguaggio di tutti: e qui entriamo nei territori che la letteratura esplora e coltiva.

Chi ama la luna davvero non si accontenta di contemplarla come un'immagine convenzionale, vuole entrare in un rapporto più stretto con lei, vuole vedere *di più* nella luna, vuole che la luna *dica di più*. Il più grande scrittore della letteratura italiana di ogni secolo, Galileo, appena si mette a parlare della luna innalza la sua prosa ad un grado di precisione e di evidenza ed insieme di rarefazione lirica prodigiose. E la lingua di Galileo fu uno dei modelli della lingua di Leopardi, gran poeta lunare...

La Luna, dunque, è il nodo intorno a cui tutto sembra aggrovigliarsi e risolversi. Fuori nel cosmo e soprattutto qui sulla Terra.

> L'astro narrante

Lene Waage Petersen sostiene, a ragione, che della Luna Calvino propone tre diverse interpretazioni tematiche [Petersen, 1991]: la Luna è la natura, contrapposta all'artificiale; la Luna è l'inconscio, l'irrazionale, il femminile; la Luna è una qualità stilistica, è la precisione. È la leggerezza.

Ma, forse, per Calvino la Luna è soprattutto una narrazione. La Luna è l'astro narrante. E chi la ama davvero riesce a farle dire di più.

Calvino ripropone la Luna protagonista in almeno altre due cosmicomiche, che pubblica nel 1968 in *La memoria del mondo*. Un libro che raccoglie 20 storie cosmiche e comiche, alcune delle quali inedite. Le prime quattro sono, per l'appunto, *Quattro storie sulla Luna*, di cui due sono quelle già pubblicate rispettivamente in *Le Cosmicomiche* e in *Ti con zero*, ma le altre due – *La Luna come un fungo* e *Le figlie della Luna* – sono del tutto nuove. Non solo perché mai pubblicate prima, ma anche perché si fanno raccontare storie diverse dall'astro narrante.

Diverse, ma non di segno opposto. In *La Luna come un fungo* l'astro racconta tutto il pessimismo razionale di Calvino, spirito critico del povero sfarzo tecnologico che minaccia di conquistare il pianeta.

Così andarono le cose, come sapete, fino ad oggi. Flw, non c'è dubbio, è contenta. Passa nella notte risplendente d'insegne al neon, s'avvolge morbida nella pelliccia di cincillà, sorride al flash dei fotografi. Ma io mi domando se davvero questo mondo è il mio mondo.

No, davvero non è questo il mondo che vuole Qfwfq e vuole Calvino. E questo, in chiusura, è un riconoscimento alla Luna che non ha nulla di consolatorio.

Alle volte alzo lo sguardo alla Luna e penso a tutto il deserto, il freddo, il vuoto che pesano sull'altro piatto della bilancia, e sostengono questo nostro povero sfarzo. Se sono saltato in tempo da questa parte è stato un caso. So che sono debitore alla Luna di quanto ho sulla Terra, a quello che non c'è di quel che c'è.

Nella quarta cosmicomica che Calvino gli dedica, *Le figlie della Luna*, l'astro narrante appare infine malato e stanco, tanto da cedere all'attrazione terrestre e cadere, dalle parti della città di

New York. La metropoli americana che Calvino descrive in questa cosmicomica non è certo quella scintillante che lo ha catturato dieci anni prima. È una città di un futuro che è ormai prossimo all'inferno. Ma anche la Luna è messa male. E chi la osserva si accorge che non è più quella di una volta. Tanto che

> antiche espressioni come "luna piena", "mezzaluna", "ultimo quarto" continuavano a essere usate ma erano soltanto modi di dire: come la si poteva chiamare "piena" quella forma tutta crepe e brecce che pareva sempre sul punto di franare in una pioggia di calcinacci sulle nostre teste? E non parliamo di quando era tempo di luna calante! Si riduceva a una specie di crosta di formaggio mordicchiata, e spariva sempre prima del previsto. A luna nuova, ci domandavamo ogni volta se non sarebbe più tornata a mostrarsi (speravamo che sparisse così?) e quando rispuntava, sempre più somigliante a un pettine che sta perdendo i denti, distoglievamo gli occhi con un brivido.

Quello che Calvino propone in *Le figlie della Luna* sembra un astro giunto al capolinea. Simbolo e avanguardia di un mondo che sta crollando su se stesso.

> La Luna pareva smarrita; abbandonato il solco della sua orbita non sapeva più dove andare; si lasciava trasportare come una foglia secca. Ora sembrava calare a picco verso la Terra, ora avvitarsi in una spirale, ora andare alla deriva. Perdeva quota, questo è certo: per un momento sembrò che andasse a sbattere contro l'Hotel Plaza, invece prese d'infilata il corridoio tra due grattacieli, sparì alla nostra vista verso lo Hudson. Riapparve poco dopo, dalla parte opposta, spuntando da dietro una nuvola, inondando d'una luce calcinosa Harlem e l'East River, e come per l'alzarsi d'un colpo di vento rotolava verso il Bronx.

Ma la Luna smarrita, ridotta a crosta mordicchiata di formaggio, si ritrova ben presto, nel Giorno del Ringraziamento del Consumatore, alla testa di un corteo di scalcagnati fatto di carcasse di automobili, di scheletri di camion cui via via si aggiunge la città dolente, i neri e i portoricani di Harlem. Ma ecco profilarsi lungo le strade di Manhattan un altro corteo, quello del Cliente

L'astro narrante

Soddisfatto, organizzato da un grande magazzino affinché il consumatore possa effettivamente

manifestare la propria gratitudine verso la Produzione che non si stancava di soddisfare ogni suo desiderio.

L'incontro tra le due processioni è inevitabile.

A Madison Square una sfilata incrociò l'altra: ossia ci fu un solo corteo. "Il Cliente Soddisfatto", forse per una collisione con la puntuta superficie della Luna, scomparve, si trasformò in un cencio di caucciù.

Nell'incontro il consumatore soddisfatto scompare e con lui il motivo della sua soddisfazione.

Non si capiva più quali fossero le vecchie [macchine] e quali le nuove: le ruote storte, i parafanghi arrugginiti erano mescolati con le cromature lucide come specchi, con le verniciature di smalto. E dietro al corteo le vetrine si ricoprivano di ragnatele e di muffa, gli ascensori dei grattacieli si mettevano a cigolare e a gemere, i cartelloni pubblicitari ingiallivano.

Un mondo, il mondo rutilante di New York, è finito.

La città aveva consumato se stessa di colpo: era una città da buttar via che seguiva la Luna nel suo ultimo viaggio.

Ma la Luna non è affatto al suo ultimo viaggio. Non è la Luna, speranza della Terra, che crolla su se stessa. Lei, astro errante, si riprende e vola via, totalmente rinnovata, ritornando alla sua antica posizione nello spazio e nell'immaginario dell'uomo. Alcune ragazze, vergini devote della dea Diana, riescono a saltarle sulla groppa all'ultimo momento. E a salvarsi dalla perdizione della Terra.

Sono quelle ragazze che danno, ancora una volta, un'anima all'astro narrante, che la riempiono di nuova speranza per chi resta sulla Terra. Sono loro che, ancora una volta, rendono Luna la Luna.

Passano gli anni e la vicenda di Calvino continua, sempre più intricata e sempre più intrigante. Anche il labirinto del mondo diventa più fitto.

Nel 1969, le figlie di Diana, lì sulla Luna, ricevono la visita dell'uomo. Alle ore 2:56 UTC (tempo coordinato universale) del 21 luglio Neil Armostrong calpesta il suolo dell'astro narrante e proclama: *"That's one small step for man, one giant leap for mankind"*. È un piccolo passo per un uomo, un grande salto per l'umanità.

Nel 1973, quattro anni dopo, Calvino pubblica *Il castello dei destini incrociati*, una raccolta di storie che, con l'abile uso dei tarocchi, manifesta appieno la nuova idea combinatoria di letteratura che ha in mente, con

> un numero finito di elementi le cui combinazioni si moltiplicano a miliardo di miliardi.

I tarocchi che si combinano nella sesta storia, la *Storia di Astolfo sulla Luna*, ritroviamo l'eroe, Astolfo appunto, del grande poeta lunare, Ariosto, che ritorna sulla Luna alla ricerca del senno perduto da Orlando qui sulla Terra.

Ma, questa volta

> Sui bianchi campi della Luna, Astolfo incontra il poeta, intento a interpolare nel suo ordito le rime delle ottave, le fila degli intrecci, le ragioni e le sragioni. Se costui abita nel bel mezzo della Luna, o ne è abitato, come dal suo nucleo più profondo, – ci dirà se è vero che essa contiene il rimario universale delle parole e delle cose, se essa è il mondo pieno di senso, l'opposto della Terra insensata.

Anche la risposta alle domande di Astolfo, questa volta, è diversa. Quasi che il poeta fosse arrivato sulla Luna con l'Apollo 11 e avesse osservato il paesaggio reale che ha visto e violato Neil Armostrong.

> No, la Luna è un deserto – questa era la risposta del poeta, a giudicare dall'ultima carta scesa sul tavolo: la calva circonferenza dell'*Asso di Denari* – da questa sfera arida parte ogni discorso e ogni poema; e ogni viaggio attraverso foreste battaglie tesori banchetti alcove ci riporta qui, al centro di un orizzonte vuoto.

> La Luna è cambiata. Lei non può più restituirci il senno perduto qui sulla Terra. Il che, a ben vedere, lascia aperta una sola opzione. Che Astolfo torni sui suoi passi e inizi a cercare il senno perduto qui, sulla Terra, sia pure al centro di un orizzonte vuoto. Senza farsi troppe illusioni.
>
> E lei, la Luna, che destino avrà, dopo essere stata svelata e violata dall'uomo?
>
> Per saperlo, per sapere la risposta di Calvino, dobbiamo attendere il 1983, quando il signor Palomar, aspettando Mohole, la osserva attentamente per un intero pomeriggio. E poi, a notte, si accorge che, tornata regina dei cieli, non ha più bisogno di lui.
>
> Italo Calvino muore in ospedale a Santa Maria della Scala in provincia di Siena nella notte tra il 18 e il 19 settembre 1985.
>
> Quanto al signor Palomar, si rimette in marcia per raggiungere, passo passo, la saggezza. A tutt'oggi, non risulta sia ancora arrivato.

La Luna e la vocazione profonda della letteratura italiana

> *La luna, appena s'affaccia nei versi dei poeti, ha avuto sempre il potere di comunicare una sensazione di levità, di sospensione, di silenzioso e calmo incantesimo.*
> Italo Calvino

La Luna ci dice che...

La risposta che Italo Calvino ha dato ad Anna Maria Ortese il 24 dicembre 1967 non passa inosservata. Suscita polemica in particolare quella sua chiusura:

> Chi ama la luna davvero non si accontenta di contemplarla come un'immagine convenzionale, vuole entrare in un rapporto più stretto con lei, vuole vedere *di più* nella luna, vuole che la luna *dica di più*. Il più grande scrittore della letteratura italiana di ogni secolo, Galileo, appena si mette a parlare della luna innalza la sua prosa ad un grado di precisione e di evidenza ed insieme di rarefazione lirica prodigiose. E la lingua di Galileo fu uno dei modelli della lingua di Leopardi, gran poeta lunare...

Galileo il più grande scrittore della letteratura italiana? Questa domanda viene proposta più volte a Calvino e, come vedremo, talvolta in maniere veementemente polemica.

Lo scrittore risponde a tambur battente, nella rielaborazione delle risposte a interviste televisive pubblicate nel numero di gennaio-marzo 1968 di *L'Approdo Letterario*.

La risposta contiene cinque punti che chiamiamo a costituire l'ossatura di questo capitolo e il senso stesso di questo nostro libro. Vogliamo metterli in una tabella, questi punti, per metterli nel giusto rilievo.

Galileo	È il più grande scrittore della letteratura italiana e, in particolare, quando parla della Luna raggiunge vette ineguagliabili di precisione ed eleganza.
Dante	Cerca attraverso la parola letteraria di costruire un'immagine dell'universo.
Ariosto	Poeta cosmico e lunare.
Leopardi	La lingua leopardiana – anche del Leopardi poeta – deve molto a Galileo.
La vocazione profonda	Esiste dunque una vocazione profonda della letteratura italiana che passa da Dante a Galileo, da Ariosto a Leopardi: il *ménage a trois* con la filosofia e la scienza. Oggi è venuto il momento di riprenderla.

Tutto il lavoro di Italo Calvino va inquadrato, dunque, in questa prospettiva storica profonda. Che presuppone, tuttavia, un implicito. Che nel loro *ménage a trois* letteratura, scienza e filosofia possano comunicare. Abbiano un linguaggio comune o, almeno, sappiano gli uni intendere i linguaggi degli altri.

Non è scontato. Perché, sostiene nell'intervista a Mladen Machiedo pubblicata nell'ottobre 1968 sul n. 10 della rivista *Kolo* di Zagabria,

> il discorso scientifico tende a un linguaggio puramente formale, matematico, basato su una logica astratta, indifferente al proprio contenuto. Il discorso letterario tende a costruire un sistema di valori in cui ogni parola, ogni segno è un valore per il solo fatto di essere stato scelto e fissato sulla pagina.

Si tratta di linguaggi incommensurabili. In apparenza.

> Non ci potrebbe essere nessuna coincidenza tra i due linguaggi, ma ci può essere (proprio per la loro estrema diversità) una sfida, una scommessa tra loro. In qualche situazione è la letteratura che può servire da molla propulsiva per lo scienziato: come esempio di coraggio nell'immaginazione, nel portare alle estreme conseguenze un'ipotesi ecc. E così in altre situazioni può avvenire il contrario.

In altri momenti

il rigore del linguaggio matematico, della logica formale, può salvare lo scrittore dal logoramento in cui sono scadute parole e immagini per il loro falso uso. Con questo però lo scrittore non deve credere di aver trovato qualcosa di assoluto; anche qui può servirgli l'esempio della scienza: nella paziente modestia di considerare ogni risultato come facente parte di una serie forse infinita d'approssimazioni.

A partire da Dante questa osmosi di idee, di immagini e di immaginazione, con la scienza e la filosofia costituisce "una delle più importanti linee di forza della nostra letteratura".
Testimone la Luna.
Testimone e punto di partenza, la Luna. Si parte infatti dall'astro narrante sia per seguire un percorso tra scienza e letteratura che spalanca, appunto, a nuove narrazioni, ma anche per costruire un linguaggio comune.

Dante, la Luna e Calvino

Carlo Cassola è tra i primi a reagire alla provocazione di Calvino. Il 31 dicembre 1967 il *Corriere della Sera* pubblica un articolo molto duro a firma dello scrittore romano:

> Domenica scorsa, su questo giornale Italo Calvino ha affermato che Galilei è il più grande scrittore italiano di ogni secolo. Io credevo che Galilei fosse il più grande scienziato, ma che la palma di massimo scrittore spettasse a Dante.

Che non si tratti di un'improbabile gara a chi meriti la palma del migliore ma dei fondamenti stessi della letteratura e della cultura, lo dimostrano le parole che seguono:

> Ma mentirei se dicessi che l'affermazione di Calvino mi ha scandalizzato. Lo spirito di dimissioni di molti miei colleghi è giunto a un punto tale che non mi scandalizzo più di niente. L'augurio che rivolgo loro è di liberarsi del complesso di inferiorità nei confronti della cultura scientifica e della tecnologia. E se no, che cambino mestiere.

L'astro narrante

Carlo Cassola, dunque, pone due temi. Il primo è un assoluto: scienza e letteratura sono dimensioni incomunicanti. Hanno nulla da dire l'una all'altra. Irrimediabilmente: Galileo è uno scienziato, dunque non è uno scrittore.

Il secondo tema è più contingente: gli scrittori italiani son subalterni alla cultura umanistica. Una tesi che ha una versione speculare negli ambienti scientifici, secondo cui in Italia sarebbe egemone una cultura umanistica di impronta crociana e gentiliana che impedisce alla cultura scientifica di diffondersi nel paese sia tra le grandi masse, sia tra le classi dirigenti.

Calvino risponde a Cassola, nel già citato intervento su *L'Approdo letterario*. Partendo proprio da Dante. Cosa fa il poeta fiorentino, sostiene l'autore di *Ti con zero*, se non realizzare con un'opera enciclopedica e cosmologica una mappa del mondo e dello scibile e costruire, attraverso la parola letteraria, un'immagine dell'universo?

Come ricorda Massimo Bucciantini, a sostenere con forza le tesi di Calvino interviene con un articolo, *Chi ha paura della scienza?*, pubblicato 4 aprile 1968 in *La Fiera Letteraria*, anche Giulio Preti, un filosofo della scienza che si è laureato a Pavia ed è stato allievo a Milano di Antonio Banfi:

> in prosa e in poesia, persino nella più alta poesia, Dante ha travasato tutte le sue conoscenze teologiche, filosofiche, scientifiche. [Bucciantini, 2007]

In realtà, continua Preti, complice la Luna, Dante ha fatto molto di più: ha ricongiunto scienza, teologia e poesia.

Per esempio,

> nel *Paradiso* ha fatto proprio dell'argomento che tanto lo interessava, delle macchie lunari il contenuto da cui muovere per l'impostazione lirico-teologica di tutta la *Cantica*. Nonostante la programmatica adesione allo stilnovismo, la sua concezione della poesia e del poeta non era certo quella della spontaneità ignorante o della mera liricità autobiografica. Pensava proprio che fosse essenziale, e non solo possibile, all'arte letteraria conseguire quella fusione di precisione scientifica e di rarefazione lirica che Calvino loda in Galileo.

Non c'è davvero nessuno scandalo nell'accostare Galileo a Dante. Non solo entrambi considerano la scienza una mappa del mondo e dello scibile. Ma entrambi raggiungono un grado di precisione e di rarefazione lirica prodigiose proprio quando parlano della Luna, proprio quando chiedono alla Luna di *dire di più*.

Ariosto, la Luna e Calvino

Il rapporto tra Calvino e Ariosto è molto intenso e complesso. Come egli stesso rileva in *Una pietra sopra*.

> Tra tutti i poeti della nostra tradizione, quello che sento più vicino e nello stesso tempo più oscuramente affascinante è Ludovico Ariosto.

Chi, come il danese Lene Waage Petersen, lo ha studiato molto attentamente ha individuato almeno quattro fasi diverse in questa relazione letteraria [Petersen, 1991].

La prima si colloca nell'arco temporale che va dagli esordi come scrittore del ragazzo sanremese fino a tutti gli anni '50. Quando Pavese trova un "sapore ariostesco" nelle sue opere, ma Calvino lo cita esplicitamente di rado. Tuttavia è indubbio che la scoperta della fiaba come strumento letterario utile a descrivere la realtà, anche la realtà più dura, è, anche, una scoperta di Ariosto.

Una seconda fase è quella in cui Ariosto emerge in maniera esplicita. Massime, certo, in *Il cavaliere inesistente*, in cui, accanto al protagonista Agilulfo vi sono molti protagonisti dell'*Orlando Furioso*. Ma in realtà anche nelle storie cosmicomiche troviamo, fortissimo, il "sapore ariostesco". E non solo per la dimensione favolistica.

Una terza fase è, ovviamente, quella dell'*Orlando furioso di Ludovico Ariosto raccontato da Italo Calvino* che si apre tra il 1967, anno in cui Calvino inizia a scrivere la *rinarrazione* del poema di Ariosto, e il 1970, anno in cui pubblica la sua fatica. Uno dei motivi per cui predilige l'opera è perché

> l'Orlando furioso è un'immensa partita di scacchi, [...] una partita smisurata che si dirama in tante partite simultanee.

La struttura del poema di Ariosto è molto vicina alla sua idea di letteratura combinatoria.

Una quarta fase, infine, è quella successiva al 1970 e che ha il suo apice nelle *Lezioni americane*. Qui Italo Calvino individua le sei categorie che condensano il senso della modernità letteraria: la leggerezza, la rapidità, l'esattezza, la visibilità, la molteplicità e compattezza, la densità. Tre di queste (leggerezza, visibilità e molteplicità) sono schiettamente ariostesche.

Ma il rapporto tra Calvino e Ariosto non si esaurisce qui. Esso si fonda su almeno altri due caratteri molto forti. Calvino riconosce in Ariosto,

> questo incredulo italiano del Cinquecento che trae dalla cultura rinascimentale un senso delle realtà senza illusioni

la capacità di costruire con disincanto la mappa del mondo.

L'altro carattere riguarda, ovviamente, la Luna. Ariosto è un poeta cosmico e lunare. E per questa suo essere cosmico e lunare entra – con Dante, Galileo e Leopardi – nel grande filo conduttore della letteratura italiana.

Galileo, la Luna e Calvino

Galileo scrittore, anzi, massimo scrittore italiano di ogni tempo è dunque la pietra della scandalo. E non solo nella polemica con Cassola. La verità è, da un lato, che una parte del mondo letterario italiano non ama – non comprende la scienza. E dall'altro che Calvino stabilisce un rapporto con la scienza così profondo – così maturo – da essere difficilmente inteso.

Di questo rapporto Galileo – poeta cosmico e lunare e (quindi, verrebbe da dire) scienziato – è senza dubbio la figura dominante. All'"artista toscano" Calvino dedica un intero saggio, apparso in Francia nel 1985: *Le livre de la nature chez Galilée*. Dove Calvino riconosce a Galileo il grande merito sia di aver distrutto l'"immagine di inalterabilità della natura", cancellando per sempre "l'opposizione tra cieli immutabili ed elementi terrestri" [Polizzi, 2007], sia di aver fermato l'attenzione sui caratteri, geometrici, in cui è scritto il libro della natura, perché è un alfabeto "che possiede le caratteristiche dell'universalità e della rapidità" [Bucciantini, 2007].

In questo medesimo saggio Calvino seleziona e chiosa molti dei brani di Galileo che Giacomo Leopardi aveva, a sua volta, selezionato e chiosato, nella *Crestomazia della prosa italiana*. Il motivo, tutto sommato, lo ha esposto nella già citata intervista pubblicata sull'*Approdo letterario*, quando alla domanda sul perché ha indicato in Galileo il più grande scrittore della lingua italiana, Calvino risponde:

> Galileo usa il linguaggio non come uno strumento neutro, ma con una coscienza letteraria, con una continua partecipazione espressiva, immaginativa, addirittura lirica.

Una coscienza letteraria che Galileo raggiunge soprattutto quando parla della Luna.

> Leggendo Galileo mi piace cercare i passi in cui parla della Luna: è la prima volta che la Luna diventa per gli uomini un oggetto reale, che viene descritta minutamente come cosa tangibile, eppure appena la Luna compare, nel linguaggio di Galileo si sente una specie di rarefazione, di levitazione, ci si innalza in un'incantata sospensione.

I rimandi di Calvino ai quattro pilastri della letteratura lunare sono continui. E, infatti, ecco comparire Ariosto.

> Non per niente Galileo ammirò e postillò quel poeta cosmico e lunare che fu Ariosto.

La scienza può essere narrata. E Galileo è un grande narratore di scienza, come Calvino sostiene nell'intervista *C'è ancora possibilità di narrare una storia?*, rilasciata a Daniele del Giudice e pubblicata nel 1980 su *Pace e Guerra*:

> Che l'esperimento possa essere narrazione è dimostrato dal caso più evidente di un grande scienziato e grande scrittore: Galileo. Quando Galileo fa un esempio, molto spesso è un bellissimo raccontino...

Il fatto è che Calvino è convinto che non solo la scienza sia una fonte – ormai "la" fonte – di immagini e di stimoli per la letteratura. Ma è convinto anche del contrario. La letteratura è fonte di immagini, di idee, di stimoli per la stessa scienza (chissà quanti Cassola scienziati hanno gridato allo scandalo per questa affermazione?). Eppure, come ha rilevato Leonardo Ricci, Galileo ha proposto la sua teoria dell'invariabilità traendo ispirazione dal canto XVII dell'*Inferno* [Ricci, 2005]. Ma, tornando all'altra intervista, quella pubblicata sull'*Approdo Letterario*, Calvino ha facile gioco nel ricordare che

> l'ideale di sguardo sul mondo che guida anche il Galileo scienziato è nutrito di cultura letteraria.

D'altra parte abbiamo già ricordato non solo l'entusiasmo che Galileo nutre sia per Dante sia per Ariosto, ma anche i suoi attenti e, in alcune parti, originali studi che dedica all'uno e all'altro.

Tutto ciò, sostiene Calvino, mi consente di affermare che Galileo è davvero il più grande scrittore italiano di ogni tempo. E ciò senza affatto sottovalutare Dante. In primo luogo perché nella risposta alla Ortese io

> intendevo dire scrittore di prosa; e allora lì la questione si pone tra Machiavelli e Galileo, e anch'io sono nell'imbarazzo perché amo molto pure Machiavelli. Quel che posso dire è che nella direzione in cui lavoro adesso, trovo maggior nutrimento in Galileo, come precisione di linguaggio, come immaginazione scientifico-poetica, come costruzione di congetture.

E poi perché anche Dante, in un contesto culturale molto diverso, cerca di compiere un'operazione analoga, costruire un'immagine del mondo scientificamente fondata.

L'ammirazione che Calvino ha per Galileo è totale. Ma è, anche, relativamente recente. In realtà Calvino "scopre" Galileo attraverso Leopardi e inizia a frequentarlo, in maniera intensa, all'epoca delle prime cosmicomiche. Ma da quel momento Galileo diventa per lui un maestro di letteratura e un contemporaneo: "esempio altissimo per essere riuscito a stabilire un rapporto *positivo* tra scrittura e mondo" [Bucciantini, 2007].

Leopardi, la Luna e Calvino

Il filo rosso che da Dante a Galileo, passando per Ariosto, lega e fa grande la letteratura italiana giunge infine a Leopardi. È un filo diretto, perché chi segue direttamente si lega, quasi sempre attraverso la Luna, a chi lo ha preceduto. Il poeta di Recanati, sostiene Calvino, è strettamente legato allo scienziato toscano. Molto più strettamente di quanto si creda.

Infatti,

> Leopardi nello *Zibaldone* ammira la prosa di Galileo per la precisione e l'eleganza congiunte. E basta vedere la scelta dei passi che Leopardi fa nella sua *Crestomazia della prosa italiana*, per comprendere quanto la lingua leopardiana – anche del Leopardi poeta – deve a Galileo.

Leopardi deve a Galileo anche la convinzione profonda che non c'è opposizione tra poesia e scienza. Che, anzi, la poesia attraverso l'uso di una lingua che è insieme esatta ed elegante, può mettersi alla ricerca della verità sul mondo.

Anche sul rapporto tra Calvino e Leopardi molto è stato scritto. Anche di come questo rapporto sia mediato dalla Luna. Vale la pena, però, ricordare alcune sue dirette considerazioni, espresse nelle *Lezioni americane*:

> Giacomo Leopardi a quindici anni scrive una storia dell'astronomia di straordinaria erudizione, in cui tra l'altro compendia le teorie newtoniane. La contemplazione del cielo notturno che ispirerà a Leopardi i suoi versi più belli non era solo un motivo lirico; quando parlava della luna Leopardi sapeva esattamente di cosa parlava.
> Leopardi, nel suo ininterrotto ragionamento sull'insostenibile peso del vivere, dà alla felicità irraggiungibile immagini di leggerezza: gli uccelli, una voce femminile che canta da una finestra, la trasparenza dell'aria, e soprattutto la luna.
> La luna, appena s'affaccia nei versi dei poeti, ha avuto sempre il potere di comunicare una sensazione di levità, di sospensione, di silenzioso e calmo incantesimo. In un primo momento volevo dedicare questa conferenza tutta alla luna: seguire le

apparizioni della luna nelle letteratura d'ogni tempo e paese. Poi ho deciso che la luna andava lasciata tutta a Leopardi. Perché il miracolo di Leopardi è stato di togliere al linguaggio ogni peso fino a farlo assomigliare alla luce lunare. Le numerose apparizioni della luna nelle sue poesie occupano pochi versi ma bastano a illuminare tutto il componimento di quella luce o a proiettarvi l'ombra della sua assenza.

Che altro dire, se non che ora siamo in grado di risalire lungo il filo che da Leopardi porta a Galileo e ad Ariosto e a Dante e di trovare nella costellazione di libri e di proposte che riempie quasi un millennio la vocazione profonda della letteratura italiana.

La vocazione profonda della letteratura italiana

Una pietra sopra è il libro in cui sono raccolte le tracce di questa ricerca a opera di Italo Calvino. Una ricerca che si conclude con successo. Una di queste tracce risale al 28 settembre 1967, quando *The Times Literary Supplement* pubblica un saggio di Calvino su *Filosofia e letteratura*. C'è scritto:

> Il rapporto tra filosofia e letteratura è una lotta.

Il motivo di questa lotta è molto semplice da individuare. Entrambi, lo sguardo della filosofia e lo sguardo della letteratura, cercano di attraversare l'opacità del mondo. Ma lo sguardo dei filosofi, quando l'attraversa,

> ne cancella lo spessore carnoso [e, n.d.a.] riduce la varietà dell'esistente a una ragnatela di relazioni tra concetti generali, [fissando] le regole per cui un numero finito di pedine muovendosi su una scacchiera esaurisce un numero forse infinito di combinazioni.

La metafora della scacchiera ritorna spesso in Calvino. E lo aiuta a definire il gioco degli scrittori, che al contrario dei filosofi

> agli astratti pezzi degli scacchi sostituiscono re regine cavalli torri con un nome, una forma determinata, un insieme d'attri-

buti reali o equini, al posto della scacchiera distendono campi di battaglia polverosi o mari in burrasca.

Insomma ridanno carne all'astratto mondo dei filosofi, riducendo il generale al particolare, individuando uno sviluppo possibile delle infinite storie che si possono creare sulla scacchiera.

Ma ecco che ritornano i filosofi,

> a dimostrare che l'operazione compiuta dagli scrittori è riducibile a un'operazione delle loro, che le torri e gli alfieri determinati non erano che concetti generali travestiti.

Ricomincia l'eterna lotta. L'eterna opposizione tra filosofia e letteratura. Tra rigore logico e storia carnosa. Ma il bello è che

> L'opposizione letteratura-filosofia non esige d'essere risolta; al contrario, solo se considerata permanente e sempre nuova ci dà la garanzia che la sclerosi delle parole non si chiude sopra di noi come una calotta di ghiaccio.

Filosofia e letteratura sono dunque sempre in tensione. E questa tensione è vivificatrice per entrambe. È creativa. Ma per essere tale occorre che

> i due contendenti non devono mai perdersi di vista ma nemmeno intrattenere rapporti troppo ravvicinati.

In realtà ci sono dei luoghi in cui filosofia e letteratura possono incontrarsi e persino scambiarsi effusioni.

> Il terreno tradizionale per l'abbraccio tra filosofia e letteratura è l'etica.

Tutto ciò è sempre stato vero e l'analisi di Calvino, per quanto non scontata perché non universalmente accettata, non avrebbe alcun carattere originale. Ma i tempi in cui viviamo hanno dei caratteri originali. Tutto sta cambiando. Domani sarà molto diverso dall'oggi. E se vogliamo almeno cercare di indirizzar lo sviluppo dell'oggi verso un futuro desiderabile e non un futuro che non vorremmo, abbiamo bisogno di effettuare analisi nuove. Anche del millenario e conflittuale rapporto tra letteratura e filosofia.

In realtà se voglio che il mio quadro possa valere non solo per l'oggi ma anche per il domani, devo comprendervi un elemento che ho finora trascurato. Quello che stavo descrivendo come un matrimonio a letti separati, va visto come un *ménage à trois*: filosofia, letteratura, scienza. La scienza si trova di fronte a problemi non dissimili da quelli della letteratura; costruisce modelli del mondo continuamente messi in crisi, alterna metodo induttivo e deduttivo, e deve sempre stare attenta e non scambiare per leggi obiettive le proprie convenzioni linguistiche. Una cultura all'altezza della situazione ci sarà soltanto quando la problematica della scienza, quella della filosofia e quella della letteratura si metteranno continuamente in crisi a vicenda.

La novità è dunque l'irruzione della scienza, che sta rimodellando il mondo. E che sta rimodellando le immagini del mondo. Una cultura all'altezza della situazione, ovvero una cultura capace di incidere sul mondo, dovrà dunque costruirsi come in un gioco a tre, in cui ciascuno mette continuamente in crisi gli altri due partner.

Ma a ben vedere non dobbiamo inventarci nulla di particolarmente nuovo. Perché momenti in cui la letteratura, la filosofia e la scienza si sono trovate abbracciate in un gioco alto e creativo ce ne sono stati molti nella storia della cultura umana. In principal modo nella storia della cultura italiana.

Anzi, a ben vedere...

Saltiamo di nuovo alla ormai consueta intervista su *L'Approdo Letterario*. Dunque, a ben vedere...

> questa è una vocazione profonda della letteratura italiana che passa da Dante a Galileo: l'opera letteraria come mappa del mondo e dello scibile, lo scrivere mosso da una spinta conoscitiva che è ora teologica ora speculativa ora stregonesca ora enciclopedica ora di filosofia naturale ora di osservazione trasfigurante e visionaria.

Costruire, come hanno fatto Dante e Ariosto, Galileo e Leopardi, immagini dell'universo, mappe del mondo e dello scibile. In gioco

perenne tra i fatti e le teorie continuamente aggiornati degli scienziati, la ragnatela di relazioni tra concetti generali individuati dai filosofi, e lo spessore carnoso delle narrazioni letterarie che rendono umana – che rendono più umana – la partita.
Certo, questa

> è una vocazione che esiste in tutte le letterature europee ma che nella letteratura italiana è stata direi dominante sotto le più varie forme, e ne fa una letteratura così diversa dalle altre, così difficile, ma anche così insostituibile.

Non c'è alcuna letteratura in Europa e nel mondo che possa vantare autori che, come Dante e Galileo, Ariosto e Leopardi e Bruno, abbiano fatto toccare al *ménage a trois* scienza-filosofia-letteratura vette così alte. E così promettenti.
Purtroppo

> questa vena negli ultimi secoli è diventata più sporadica, e da allora certo la letteratura italiana ha visto diminuire la sua importanza: oggi forse è venuto il momento di riprenderla.

Tutta la vicenda letteraria – e forse non solo letteraria – di Italo Calvino è racchiusa in questo progetto: riabbracciare la vocazione profonda della letteratura italiana. Riprendere il cammino di Dante e Galileo, di Ariosto e Bruno e Leopardi. La sensazione che ha è quella di aver imbroccato la via giusta.

> Devo dire che negli ultimi tempi – forse per il tipo di cose che mi sono messo a scrivere – la letteratura italiana è diventata per me più indispensabile di quanto non lo fosse prima; in certi momenti ho la sensazione che la via che sto seguendo mi riporti nel vero alveo dimenticato della tradizione italiana.

Dopo la morte di Calvino, dopo il 1985, il mondo ha accelerato. I cambiamenti sono diventati più profondi. Il labirinto ancor più inestricabile. E di quella mappa c'è sempre più bisogno.
 Torniamo nell'alveo dimenticato della tradizione italiana.
 Torniamo alla Luna.

Bibliografia

Allègre Claude (1994) *Storia della Terra*, Marsilio, Venezia
Antonelli Roberto (1979) *Seminario romanzo*, Bulzoni, Roma
Antonello Pierpaolo, Gilson Simon A. (a cura di) (2004) *Science and Literature in Italian Culture. From Dante to Calvino*, Legenda – European Humanities Research Centre, Oxford
Antonello Pierpaolo (2005) *Il ménage a quattro*, le Monnier Università, Firenze
Aquilecchia Giovanni (2007) La cena delle ceneri, in: Asor Rosa Alberto (a cura di) *Letteratura italiana*, vol. 8, Einaudi/La biblioteca di Repubblica-L'Espresso, Roma
Angelini Cesare (1970) *Nostro Ottocento*, Forni, Bologna
Ariosto Ludovico (1992) *Orlando Furioso*, edizione Garzanti, Milano
Asor Rosa Alberto (a cura di) (2007) *Letteratura italiana*, Einaudi/La biblioteca di Repubblica-L'Espresso, Roma
Bacon Francis (1975) *Scritti filosofici*, a cura di Paolo Rossi, UTET, Torino
Barański Zygmunt (2004) Per similitudine di abito scientifico: Dante, Cavalieri and the Sources od Medieval Philosophical Poetry, in: Antonello Pierpaolo, Gilson Simon A. (2004) *Science and Literature in Italian Culture*, Legenda – European Humanities Research Association, University of Oxford, Oxford
Barbacci Silvana (2003) Processi di osmosi tra scienza e musica nell'epoca della rivoluzione scientifica, *Jekyll.comm*, 4, marzo 2003 http://jekyll.sissa.it/jekyll_comm/
Bassi Simonetta (2004) The Lunar Renaissance: Images of the Moon in Ludovico Ariosto and Giordano Bruno, in Pierpaolo Antonello, Simon A. Gilson (2004) *Science and Literature in*

Italian Culture, European Humanities Research Association, University of Oxford, Oxford

Battistini Andrea (1989) *Galilei*, Laterza, Bari

Battistini Andrea (1993) *Introduzione*, in: Galileo Galilei (1993) *Sidereus Nuncius*, Marsilio, Venezia

Bellone Enrico (1998) *Galileo*, I grandi della scienza, *Le Scienze*, Repubblica-L'Espresso, Roma

Beretta Marco (2002) *Storia materiale della scienza*, Bruno Mondadori, Torino

Biémont Émile (2002) *Ritmi del tempo*, Zanichelli, Bologna

Bologna Corrado (2007) Orlando Furioso di Ludovico Ariosto, in: Asor Rosa Alberto (a cura di) (2007) *Letteratura italiana*, volume 6, Einaudi/La biblioteca di Repubblica-L'Espresso, Roma

Borsellino Nino, Pedullà Walter (a cura di) (2004) *Storia generale della letteratura Italiana*, Federico Motta Editore-Gruppo Editoriale L'Espresso, Roma

Boiardo Matteo Maria, *Orlando Innamorato*, Einaudi (1974), Torino

Boyde Patrick (1979) *Retorica e stile nelle liriche di Dante*, Liguori, Napoli

Boyde Patrick (1981) *Dante Philomythes and Philosopher: Man in the Cosmos*, Cambridge University Press, Cambridge

Boyde Patrick (1993) *Perception and Passion in Dante's "Comedy"*, Cambridge University Press, Cambridge

Boyde Patrick, Russo Vittorio (a cura di) (1995) *Dante e la scienza*, Angelo Longo, Ravenna

Boyde Patrick (2000) *Human Vices and Human Worth in Dante's "Comedy"*, Cambridge University Press, Cambridge

Britton John, Walker Christopher (1997) Astronomia e astrologia in Mesopotamia, in: Walker Christopher (a cura di) (1997) *L'astronomia prima del telescopio*, Dedalo, Bari

Bruno Giordano (1941) *De la causa, principio et uno*, CEDAM, Padova

Bruno Giordano (1980) L'immenso e gli innumerevoli, in *Opere latine*, edizione Carlo Monti, UTET; traduzione del *De innumerabilibus, immenso et in figurabili*, in: *Opera latine* conscripta (1879-1884) edizione Francesco Fiorentino, Morano e Le Monnier, Firenze

Bruno Giordano (1985) *Spaccio de la bestia trionfante*, Rizzoli, Milano

Bruno Giordano (1994) *Un'autobiografia*, Procaccini, Napoli

Bruno Giordano (1995) *La cena delle ceneri*, Mondadori, Milano

Bruno Giordano (2006) *De l'infinito universo e mondi*, Sapere Edizioni, Padova
Bruno Giordano (2008) *La magia dei vincoli*, Filema, Napoli
Bucciantini Massimo (2003) *Galileo e Keplero*, Einaudi, Torino
Bucciantini Massimo (2007) *Italo Calvino e la scienza*, Einaudi, Torino
Calvino Italo (1965) *Cosmicomiche*, Einaudi, Torino
Calvino Italo (1970) *Orlando Furioso di Ludovico Ariosto*, Mondadori, Milano
Calvino Italo (1971) *Fiabe italiane*, Einaudi, Torino
Calvino Italo (1992) Presentazioni, in: Ariosto Ludovico (1992) *Orlando Furioso*, edizione Garzanti, 1992, Milano
Calvino Italo (1993) *Lezioni americane*, Garzanti, Milano
Calvino Italo (1994) *Saggi*, Mondadori, Milano
Calvino Italo (1994b) *Palomar*, Mondadori, Milano
Calvino Italo (2002) *Una pietra sopra. Discorsi di letteratura e società*, Mondadori, Milano
Capocci Ernesto (1856) *Illustrazioni cosmografiche della Divina Commedia*, Stamperia dell'Iride (ristampa anastatica dell'opera originale a cura dell'Osservatorio Astronomico di Capodimonte, 2000), Napoli
Cassirer Ernst (1963) *Storia della filosofia moderna*, Einaudi, Torino
Chiarini Giuseppe (1905) *Vita di Giacomo Leopardi*, Barbera, Siena
Ciliberto Michele (1996) *Introduzione a Bruno*, Laterza, Bari
Ciliberto Michele (2004) Giordano Bruno, in: Nino Borsellino e Walter Pedullà (a cura di) *Storia generale della letteratura Italiana*, vol. V, Federico Motta Editore-Gruppo Editoriale L'Espresso, Roma
Copernico Niccolò (1975) *De revolutionibus orbium coelestium*, Einaudi, Torino
D'Amico Luigi (2008) Dante e la scienza, in: Cutolo Paolo, D'Amico Luigi (2008) *I classici e la scienza*, Tironiana, Napoli
Dante Alighieri (1968) *La Divina Commedia*, edizione a cura di Natalino Sapegno, 2° ed. ricomposta, La Nuova Italia, Firenze
Dante Alighieri (1986) *Opere minori*, sezione a cura di Angelo Jacomuzzi, vol. 2, UTET, Torino
Dante Alighieri (2006) *La Divina Commedia*, edizione a cura di Vittorio Sermonti, Rizzoli, Milano
Della Corte Alessandro (2008) *Giacomo leopardi. Il pensiero scientifico*, Firenze Atheneum, Firenze
De Sanctis Francesco(1983) *Giacomo Leopardi*, Editori Riuniti, Roma

Di Meo Antonio (1998) *Leopardi copernicano*, Demos, Cagliari
Donne John (1611) *Anatomy of the World*, Nonesuch Press, Londra
Drake Stillman (1970b) Renaissance Music and Experimental Science, *Journal of the History of Ideas* (1970) XXXI, pp. 83-500
Drake Stillman (1981) *Galileo*, Dall'Oglio, Milano
Drake Stillman (1992) *Galileo Galilei pioniere della scienza*, Muzzio, Roma
Dreyer Johan Ludwig Emil (1980) *Storia dell'astronomia da Talete a Keplero*, Feltrinelli, terza edizione, Milano
Duncan David Ewing (1999) *Il Calendario*, Piemme, Milano
Eco Umberto (5 luglio 1962) *Del modo di formare come impegno della realtà*, Menabò
Eisenstein Elizabeth L. (2000) *Le rivoluzioni del libro*, Il Mulino, Bologna
Epicuro (1986) *Opere, frammenti, testimonianze*, Laterza, Bari
Festa Egidio (2007) *Galileo*, Laterza, Bari
Firpo Luigi (1949) *Il processo di Giordano Bruno*, Edizioni scientifiche italiane, Napoli
Gàbici Franco (2000) *Astronomia e letteratura in Leopardi e Pascoli*, Il Planetario di Ravenna, Ravenna
Galilei Galileo (1890) *Opere*, edizione nazionale a cura di A. Favaro, Barbèra, Firenze
Galilei Galileo (1992) *Il Saggiatore*, Feltrinelli, Milano
Galilei Galileo (1993) *Sidereus Nuncius*, Marsilio, Venezia
Galilei Galileo (1999) *Lettere teologiche*, Piemme, Milano
Gallo Carlo (1998) *L'Astronomia Egizia*, Muzzio, Roma
Garin Eugenio (1993) *Scienza e vita civile nel Rinascimento italiano*, Laterza, Bari
Gatti Hilary (2001) *Giordano Bruno e la scienza del Rinascimento*, Raffaello Cortina, Milano
Gentili Sonia (2007) Convivio di Dante Alighieri, in: Asor Rosa Alberto (a cura di) (2007) *Letteratura italiana*, Vol. 2, Einaudi/La biblioteca di Repubblica-L'Espresso, Roma
Geymonat Ludovico (1969) *Galileo Galilei*, Einaudi, Torino
Gioanola Elio (1995) *Leopardi, la malinconia*, Jaca Book, Milano
Granada Miguel A. (1996) *El debate cosmológico en 1588*, Bibliopolis, Napoli
Granada Miguel A. (2002) *Giordano Bruno*, Herder, Barcellona
Gratton Livio (1987) *Cosmologia*, Zanichelli, Bologna

Greco Pietro (2002) *Einstein e il ciabattino. Dizionario asimmetrico dei termini scientifici di interesse filosofico*, Editori Riuniti, Roma
Greco Pietro, Picardi Ilenia (2005) *Hiroshima, la fisica riconosce il peccato*, L'Unità, Roma
Inglese Giorgio (2002) *Dante: guida alla Divina Commedia*, Carocci, Roma
Koestler Arthur (1991) *I sonnambuli. Storia delle concezioni dell'Universo*, 2° ed., Jaca Book, Milano
Koyré Alexandre (1970) *Dal mondo chiuso all'universo infinito*, Feltrinelli, Milano
Leopardi Giacomo, Hack Margherita (2002) *Storia dell'astronomia*, Edizioni dell'Altana, Roma
Leopardi Giacomo (2007) *Tutte le poesie e tutte le prose*, edizione a cura di Felici Lucio, Trevi Emanuele, Newton Compton, Roma
Levi Primo (1997) *Opere*, Einaudi, Torino
Limone Giuseppe (2002) *Giordano Bruno: dall'eresia della fede alla geometria della ragione*, http://www.unina2.it/dipscienzegiuridiche/Giordano%20Bruno.%20Dall%27eresia%20della%20fede%20alla%20geometria%20della%20speranza.htm
Lo Sardo Eugenio (2007) *Il cosmo degli antichi*, Donzelli, Roma
Lucrezio (2005) *De rerum natura*, UTET, Torino
Malaguti Maurizio (2002) Alighieri, Dante, in: Tanzella Nitti Giuseppe, Strumia Alberto (a cura di) (2002) *Dizionario interdisciplinare di scienza e fede*, Vol. 2, Urbania University Press e Città Nuova, Roma
Maravall José Antonio (1985) *La cultura del barocco*, Il Mulino, Bologna
Marino Giovanni Battista (1975) *Adone*, Laterza (il riferimento è ai versi 42-44 del X canto), Bari
Masani Alberto (1996) *La cosmologia nella storia*, La Scuola, Brescia
Mercuri Roberto (2007) Comedia di Dante Alighieri, in: Asor Rosa Alberto (a cura di) *Letteratura italiana*, Vol. 2, Einaudi/La biblioteca di Repubblica-L'Espresso, Roma
Mercuri Roberto (2007b) Genesi della tradizione letteraria italiana in Dante, Petrarca e Boccaccio, in: Asor Rosa Alberto (a cura di) (2007) *Letteratura italiana*, Vol. 1, Einaudi/La biblioteca di Repubblica-L'Espresso, Roma
Miele Michele (2002) Bruno, Giordano (1548-1600), in: Tanzella-Nitti Giuseppe, Strumia Alberto (2002) *Dizionario interdisciplinare di Scienza e Fede*, Urbania University Press, Roma

Monod Jacques (1970) *Il caso e la necessità*, Mondadori, Milano
Montefredini Francesco (1881) *La vita e le opere di Giacomo Leopardi*, Fratelli Dumolard, Milano
Oldoni Massimo (2004) Il Medioevo Latino, in: Borsellino Nino, Pedullà Walter (a cura di) (2004) *Storia generale della letteratura Italiana*, Vol. 1, Federico Motta Editore-Gruppo Editoriale L'Espresso, Roma
Osiander Andrea (1975) Ad lectorem de hypothesibus huius operis, Praefatio, in: Copernico Niccolò (1975) *De revolutionibus orbium coelestium*, Einaudi, Torino
Parodi Ernesto Guglielmo (1965) *Poesia e storia nella Divina Commedia*, edizione a cura di G. Folena e P. V. Mengaldo, Neri Pozza, Milano
Petersen Lene Waage (1991) *Calvino lettore dell'Ariosto*, Revue Romane, Bind 26 (1991) 2, http://tidsskrift.dk/visning.jsp?markup=&print=no&id=94295
Petrocchi Giorgio (2004) *Vita di Dante*, Laterza, Bari
Petrocchi Giorgio (2007) La Toscana nel Duecento, in: Asor Rosa Alberto (a cura di), *Letteratura italiana*, Vol. 1, Einaudi/La biblioteca di Repubblica-L'Espresso, Roma
Plutarco (2002) *Il volto della Luna*, Adelphi, Milano
Polizzi Gaspare (2003) *Leopardi e "le ragioni della verità"*, Carocci, Roma
Polizzi Gaspare (2004) The Natural Science in Leopardi's Early Writings, in: Antonello Pierpaolo, Simon A. Gilson (a cura di) (2004) *Science and Literature in Italian Culture. From Dante to Calvino*, Legenda – European Humanities Research Centre, Oxford
Polizzi Gaspare (2007) *Galileo in Leopardi*, Le Lettere, Firenze
Polizzi Gaspare (2008) *"... per le forze eterne della materia". Natura e scienza in Giacomo Leopardi*, FrancoAngeli, Milano
Porro Mario (2006) *Letteratura come filosofia naturale*, Medusa, Napoli
Renzetti Roberto (1984) Giordano Bruno anticipatore di Galilei, Sapere, **50**, pp. 16-20
Renucci Paul (1974) La cultura, vol. 2, in: Ruggiero Romano, Corrado Vivanti (a cura di) (1974) *Storia d'Italia*, Einaudi, Torino
Ricci Leonardo (2005) History of science: Dante's insight into galilean invariance, Nature, **434**, p. 717
Romano Giuliano (2006) *Introduzione all'astronomia*, Muzzio, Roma
Ronchi Vasco (1958) *Il cannocchiale di Galileo e la scienza del Seicento*, Einaudi, Torino

Rossi Paolo (1997) *La nascita della scienza in Europa*, Laterza, Bari
Rossi Paolo (1998) *Storia della scienza moderna e contemporanea*, UTET, Torino
Rota Paolo (1997) *Lune leopardiane. Quattro letture testuali*, Clueb, Bologna
Ruggles Clive (1997) Archeoastronomia in Europa, in: Christopher Walker (a cura di) *L'astronomia prima del telescopio*, Dedalo, Bari
Russo L. (2001) *La rivoluzione dimenticata*, 2° ed. ampliata, Feltrinelli, Milano
Russo L. (2003) *Flussi e riflussi. Indagine sull'origine di una teoria scientifica*, Feltrinelli, Milano
Russo V. (2004) La poesia del duecento, in: Borsellino Nino, Pedullà Walter (a cura di) (2004) *Storia generale della letteratura Italiana*, vol. 1, Federico Motta Editore-Gruppo Editoriale L'Espresso, Roma
Russo V. (2004b) Le rime della maturità e dell'esilio, in: Borsellino Nino, Pedullà Walter (a cura di) (2004) *Storia generale della letteratura Italiana*, vol. 2, Federico Motta Editore-Gruppo Editoriale L'Espresso, Roma
Russo V. (2004c) La "Commedia", in: Borsellino Nino, Pedullà Walter (a cura di) (2004) *Storia generale della letteratura Italiana*, vol. 2, Federico Motta Editore-Gruppo Editoriale L'Espresso, Roma
Sandrelli Stefano (2002) *Le cosmicomiche di Italo Calvino*, www.torinoscienza.it, http://www.torinoscienza.it/img/pdf/it/s10/00/000d/00000d4a.pdf
Sapegno Natalino (1968) Commento, in: Dante Alighieri, *La Divina Commedia*, edizione a cura di Natalino Sapegno, 2° ed. ricomposta, La Nuova Italia, Firenze
Sapegno Natalino (1973) *Profilo storico della letteratura italiana*, La Nuova Italia, Firenze
Sermonti Vittorio (1988) *L'Inferno di Dante*, Rizzoli, Milano
Singer Charles (1961) *Breve storia del pensiero scientifico*, Einaudi, Torino
Sobel Dava (1998) *La figlia di Galileo*, Rizzoli, Milano
Tanzella Nitti Giuseppe, Strumia Alberto (a cura di) (2002) *Dizionario interdisciplinare di scienza e fede*, Urbania University Press e Città Nuova, Roma
Tartaro Achille (2004) Dante Alighieri. Le testimonianze autobiografiche, in: Borsellino Nino, Pedullà Walter (a cura di) (2004)

Storia generale della letteratura Italiana, vol. 2, Federico Motta Editore-Gruppo Editoriale L'Espresso, Roma

Tartaro Achille (2004b) Il "Convivio", in: Borsellino Nino, Pedullà Walter (a cura di) (2004) *Storia generale della letteratura Italiana*, vol. 2, Federico Motta Editore-Gruppo Editoriale L'Espresso, Roma

Varvaro Alberto (2007) Il regno normanno-svevo, in: Asor Rosa Alberto (a cura di) (2007) *Letteratura italiana*, Einaudi/La biblioteca di Repubblica-L'Espresso, Roma

Verdet Jean-Pierre (1995) *Storia dell'astronomia*, Longanesi, Milano

Vossler Karl (1925) *Leopardi*, Ricciardi, Massa

Walker Christopher (a cura di) (1997) *L'astronomia prima del telescopio*, Dedalo, Bari

Wells Ronald A. (1997) Astronomia in Egitto, in: Christopher Walker (a cura di), *L'astronomia prima del telescopio*, Dedalo, Bari

Weisskopf Victor (1992) *Le gioie della scoperta*, Garzanti, Milano

Wildgen Wolfgang (2008) *Giordano Bruno tra cosmologia e commedia*, http://www.fb10.uni-bremen.de/homepages/wildgen/pdf/koskomital.pdf

Yates Frances A. (2006) *Giordano Bruno e la tradizione ermetica*, Laterza, Bari

Zanarini Gianni (2001) *Appassionato rigore*, CUEN, Napoli

i blu

Passione per Trilli
Alcune idee dalla matematica
R. Lucchetti

Tigri e Teoremi
Scrivere teatro e scienza
M.R. Menzio

Vite matematiche
Protagonisti del '900 da Hilbert a Wiles
C. Bartocci, R. Betti, A. Guerraggio, R. Lucchetti (a cura di)

Tutti i numeri sono uguali a cinque
S. Sandrelli, D. Gouthier, R. Ghattas (a cura di)

Il cielo sopra Roma
I luoghi dell'astronomia
R. Buonanno

Buchi neri nel mio bagno di schiuma *ovvero*
L'enigma di Einstein
C.V. Vishveshwara

Il senso e la narrazione
G. O. Longo

Il bizzarro mondo dei quanti
S. Arroyo

Il solito Albert e la piccola Dolly
La scienza dei bambini e dei ragazzi
D. Gouthier, F. Manzoli

Storie di cose semplici
V. Marchis

Noveper**nove**
Segreti e strategie di gioco
D. Munari

Il ronzio delle api
J. Tautz

Perché Nobel?
M. Abate (a cura di)

Alla ricerca della via più breve
P. Gritzmann, R. Brandenberg

Gli anni della Luna
1950-1972: l'epoca d'oro della corsa allo spazio
P. Magionami

Chiamalo x!
ovvero **Cosa fanno i matematici?**
E. Cristiani

L'astro narrante
La luna nella scienza e nella letteratura italiana
P. Greco

Di prossima pubblicazione

Il fascino oscuro dell'inflazione
Alla scoperta della storia dell'Universo
P. Fré

Sai cosa mangi?
La scienza del cibo nell'era di Obama
R. Hartel, A.K. Hartel

ISBN 978-88-470-1098-7
€ 22,00

Finito di stampare nel mese di marzo 2009

GPSR Compliance

The European Union's (EU) General Product Safety Regulation (GPSR) is a set of rules that requires consumer products to be safe and our obligations to ensure this.

If you have any concerns about our products, you can contact us on

ProductSafety@springernature.com

In case Publisher is established outside the EU, the EU authorized representative is:

Springer Nature Customer Service Center GmbH
Europaplatz 3
69115 Heidelberg, Germany

www.ingramcontent.com/pod-product-compliance
Lightning Source LLC
LaVergne TN
LVHW040733250326
834688LV00031B/273